Kohlhamme

Reiner Heuschen
Bernhard Hölscher

Prüfungsleitfaden für die Feuerwehren

Eine Lernhilfe für die Aus- und Weiterbildung

2., überarbeitete Auflage 2006

Verlag W. Kohlhammer

2., überarbeitete Auflage 2006

Umschlag: Gestaltungskonzept Peter Horlacher
Gesamtherstellung:
W. Kohlhammer Druckerei GmbH + Co. KG, Stuttgart
Printed in Germany

ISBN 3-17-018933-6

Vorwort

Ohne fundierte Aus- und Fortbildung kann keine qualifizierte Arbeit geleistet werden. Das gilt nicht nur für das Berufsleben, sondern erst recht für die immer komplizierter werdenden Feuerwehreinsätze. Zu einer guten und gründlichen Ausbildung gehört aber zwangsläufig auch eine Lernerfolgskontrolle. Solche Prüfungen werden zum großen Teil von zu beantwortenden Fragen bestimmt.

Mit gezielten Fragen die umfassenden Themengebiete des Brandschutzwesens und der Hilfeleistung abzudecken, ist Sinn und Zweck dieses Buches. Es bietet damit unter anderem eine gute Voraussetzung für eine gründliche Prüfungsvorbereitung.

Die langjährige Lehrtätigkeit der beiden Autoren am Institut der Feuerwehr Nordrhein-Westfalen, ergänzt durch ihre praktischen Erfahrungen in der Feuerwehrarbeit, garantiert eine gezielte Fragenauswahl mit den dazugehörigen begründeten Antworten.

Das vorliegende Buch kann als sinnvolle Ergänzung zur Prüfungsvorbereitung sowie auch als Nachschlagewerk bei der gezielten Suche nach Antworten auf fachspezifische Fragen hervorragend genutzt werden. Nicht nur die reine nüchterne Beantwortung von Fragen, sondern auch detailliertes Hintergrundwissen wird durch die ausführliche Beantwortung vermittelt.

Der Fragenkatalog stellt eine sinnvolle Ergänzung bereits vorhandener Fachliteratur dar und schließt somit eine Lücke in diesem Bereich.

Dipl.-Ing. Walter Jonas
Vorsitzender des Landesfeuerwehrverbandes Nordrhein-Westfalen

Inhaltsverzeichnis

Fragen

Antworten

Fragen

1 Atmung, Atemschutzgeräte, Atemschutzüberwachung

1.1 Atmung

1.1.1 Beim Atmungssystem wird zwischen den oberen und unteren Atemwegen unterschieden. Welche Bereiche werden zu den oberen und welche zu den unteren Atemwegen gerechnet?

1.1.2 Erklären Sie die Begriffe »äußere« und »innere« Atmung.

1.1.3 Wovon ist der Luftverbrauch eines Menschen abhängig?

1.1.4 Wie hoch ist der ungefähre Luftverbrauch eines erwachsenen Menschen bei
a) Ruhe,
b) leichter Arbeit,
c) mittelschwerer Arbeit,
d) schwerer Arbeit,
e) kurzzeitiger Schwerstarbeit?

1.1.5 Nennen Sie die ungefähre Zusammensetzung der ein- und der ausgeatmeten Luft.

1.1.6 Welche Auswirkungen hat der Kohlenstoffdioxidgehalt der Umluft auf die Atmung?

1.1.7 Welche Aufgaben übernehmen die roten Blutkörperchen bei der Atmung?

1.1.8 Was versteht man unter dem Begriff »Exspiration«?

1.1.9 Welche Faktoren können außer körperlicher Belastung ebenfalls zu einer Steigerung der Atemfrequenz führen?

1.2 Atemschutzgeräte

1.2.1 Welche besondere Rolle kommt dem Atemschutz bei Einsätzen der Feuerwehr zu?

1.2.2 In welche Gruppen werden die Atemschutzgeräte nach DIN EN 133 beziehungsweise FwDV 7 eingeteilt?

1.2.3 Welche Geräte werden als umluftunabhängige Atemschutzgeräte bezeichnet?

1.2.4 In welche Gruppen kann man die frei tragbaren Isoliergeräte unterteilen?

1.2.5 Welche Anforderungen werden an die Träger von Atemschutzgeräten gestellt?

1.2.6 Wer ist für die Feststellung der Atemschutztauglichkeit zuständig?

1.2.7 Was ist bei Einsatzkräften zu beachten, die die Anforderungen des Atemschutzes nicht erfüllen?

1.2.8 Was versteht man unter einem Atemanschluss?

1.2.9 Welche Atemanschlüsse kennt die DIN EN 134?

1.2.10 Welche Atemschutzmaske wird bei der Feuerwehr verwendet?

1.2.11 Erklären Sie die Begriffe Gasfilterklasse und Partikelfilterklasse.

1.2.12 Mit Hilfe von Kennfarben lassen sich die Gasfilter unterscheiden. Nennen Sie die Kennfarben und den dazu gehörenden Filtertyp.

1.2.13 Welche Einsatzgrundsätze gelten beim Tragen von Filtergeräten?

1.2.14 Bei welcher Tätigkeit der Feuerwehr könnten Filtergeräte eingesetzt werden?

1.2.15 Was sind Brandfluchthauben?

1.2.16 Gegen welche Stoffe sollen Brandfluchthauben schützen?

1.2.17 Bei welchen Tätigkeiten können Schlauchgeräte verwendet werden?

1.2.18 Wie hoch ist in etwa die Gebrauchszeit eines Pressluftatmers?

1.2.19 Welche allgemeinen Einsatzgrundsätze sind beim Einsatz von Atemschutzgeräten zu beachten?

1.2.20 Bei welchen Einsätzen kann eine Person allein unter Atemschutz vorgehen?

1.2.21 Welche Regenerationsgeräte kennen Sie?

1.2.22 Geben Sie eine kurze Funktionsbeschreibung eines Regenerationsgerätes.

1.2.23 Welches Ziel soll durch die praktische Atemschutzausbildung erreicht werden?

1.2.24 Nennen Sie einige Anforderungen, die an eine praktische Atemschutzausbildung gemäß FwDV 7 gestellt werden.

1.2.25 In welchen Abständen sollten die Atemschutzübungen durchgeführt werden?

1.3 Atemschutzüberwachung

1.3.1 Welches Ziel soll durch eine systematische Atemschutzüberwachung erreicht werden?

1.3.2 Was soll in der Registrierung bei der Atemschutzüberwachung festgehalten werden?

1.3.3 Welche Regelwerke bilden die rechtliche Grundlage für die Atemschutzüberwachung?

1.3.4 Um eine Atemschutzüberwachung im Einsatz zu erreichen, sollte eine sinnvolle taktische Einsatzgliederung aufgestellt werden. Wie könnte eine derartige Gliederung aussehen?

1.3.5 Welche Aufgabe kommt beim Einsatz auf jeden Atemschutzgeräteträger, unabhängig von der Atemschutzüberwachung, zu?

1.3.6 Für welche Aufgaben ist der Truppführer beim Atemschutzeinsatz verantwortlich?

1.3.7 Für welche Aufgaben trägt der Gruppenführer bei der Atemschutzüberwachung die Verantwortung?

1.3.8 Welche materiellen Voraussetzungen sind für die Atemschutzüberwachung erforderlich?

1.3.9 Worauf ist bei der Atemschutzüberwachung zu achten?

2 Ausbilden

2.1 Was sind Lernziele?

2.2 Was soll durch die Festschreibung von Lernzielen erreicht werden?

2.3 Lernziele lassen sich in verschiedene Lernzielkategorien unterteilen. Welche Lernzielkategorien sind Ihnen bekannt?

2.4 Was versteht man unter kognitiven Lernzielen?

2.5 Was versteht man unter affektiven Lernzielen?

2.6 Was sind psychomotorische Lernziele?

2.7 Was sind Lernzielklassen?

2.8 Was sind Lernzielstufen?

2.9 Was ist bei der Gestaltung von Folien für Overhead-Projektoren zu beachten?

2.10 Was sollte man beim Arbeiten mit Overhead-Folien beachten?

2.11 Was ist beim Umgang mit den Overhead-Projektoren zu beachten?

2.12 Was sollte beim Umgang mit einem Flipchart beachtet werden?

2.13 Wozu sollen die unterschiedlichen Medien (z. B. Folien und Arbeitsblätter) im Unterricht dienen?

2.14 Was sind visuelle Medien?

2.15 Nennen Sie einige Beispiele für auditive Medien.

2.16 Nennen Sie einige Beispiele für audiovisuelle Medien.

2.17 Was will man durch den Einsatz der unterschiedlichen Medien erreichen?

2.18 Worin besteht der Nachteil von Wandtafel und Flipchart als Ausbildungsmittel?

2.19 Worauf sollte beim Einsatz der verschiedenen Medientechniken während des Unterrichtes geachtet werden?

2.20 Welche Fehler eines Ausbilders sind beim so genannten »Blickkontakt« möglich?

2.21 Was ist beim Einsatz der Körpersprache durch den Ausbilder zu beachten?

2.22 Was sollte man als Ausbilder sprachlich beachten?

2.23 Was sind »einfache und verständliche« Wörter?

2.24 Was sind »einfache und verständliche« Sätze?

2.25 Wovon hängt eine gute Sprechtechnik ab?

2.26 Worauf ist beim Sprechtempo zu achten?

2.27 Was ist bei der Wahl der Vortragslautstärke zu beachten?

2.28 Sollte man während des Unterrichtes auf den Gebrauch von Dialekt verzichten?

2.29 Welche Bedeutung kommt einer Pause während eines Vortrages zu?

2.30 Was ist zu beachten, wenn Fragen an die Zuhörer gerichtet werden?

2.31 Was soll durch Fragen im Unterrichtsgespräch erreicht werden?

2.32 Wie sollte man beim Stellen von Fragen innerhalb des Unterrichts vorgehen?

3 Baukunde

3.1 DIN 4102, Brandverhalten von Baustoffen und Bauteilen

3.1.1 Welchen Themenkreis behandelt die DIN 4102?

3.1.2 Aus welchen Teilen besteht die DIN 4102?

3.1.3 Beschreiben Sie den Unterschied zwischen einem Baustoff und einem Bauteil.

3.1.4 Wie unterscheiden sich Baustoffe der Baustoffklasse A1 und A2?

3.1.5 In welche Baustoffklassen werden die brennbaren Baustoffe eingeteilt?

3.1.6 Ist der Einbau leicht entflammbarer Baustoffe (B3-Baustoffe) zulässig?

3.1.7 Die DIN 4102 unterscheidet Bauteile und Sonderbauteile. Beschreiben Sie den Unterschied im Sinne dieser Norm.

3.1.8 Mit welchen Kurzbezeichnungen sind nachfolgende Sonderbauteile nach DIN 4102 zu kennzeichnen?
a) Feuerschutzabschlüsse,
b) Lüftungsleitungen,
c) Brandschutzklappen in Lüftungsleitungen,
d) Kabelabschottungen,
e) Rohrabschottungen.

3.1.9 Wie werden strahlungsdurchlässige und strahlungsundurchlässige Verglasungen nach DIN 4102 gekennzeichnet?

3.1.10 Sie finden auf einer Feuerschutztür die Bezeichnung T 30-RS. Was bedeutet diese Bezeichnung?

3.1.11 Erläutern Sie den Unterschied zwischen einer T 30 Feuerschutztür und einer T 30-RS-Feuerschutztür.

3.1.12 Welche Bedeutung haben nachfolgende Kurzbezeichnungen?
a) W 30
b) T 90
c) K 90

d) E 90
e) G 30

3.1.13 Was bedeuten nachfolgende Kurzbezeichnungen nach DIN 4102?
a) F 30 A
b) F 30 B
c) F 90 AB
d) F 60 B

3.1.14 Brandschutzverglasungen können als G-Verglasungen und als F-Verglasungen ausgeführt werden. Nennen Sie die Unterschiede zwischen beiden Verglasungsarten. Welche Verglasung ist die hochwertigere?

3.1.15 Welche Anforderungen werden an Feuerschutztüren außer der vorgeschriebenen Feuerwiderstandsdauer noch gestellt?

3.1.16 Auf einer Feuerschutztür finden Sie die Bezeichnung T 90-2. Was bedeutet diese Bezeichnung?

3.1.17 Außer der vorgeschriebenen Feuerwiderstandsdauer müssen Brandwände nach T 3 der DIN 4102 noch zwei weitere Anforderungen erfüllen. Welche Anforderungen sind das?

3.1.18 Nennen Sie mindestens drei Baustoffe, aus denen Brandwände nach T 3 der DIN 4102 errichtet werden können.

3.1.19 In eine Brandwand soll aus betrieblichen Gründen eine Feuerschutztür eingebaut werden. Welche Feuerschutztür ist zu wählen?

3.1.20 Nennen Sie zwei technische Lösungsmöglichkeiten zur Durchführung von Lüftungsleitungen durch Brandwände.

3.1.21 Ist die Verwendung brennbarer Baustoffe für die Erstellung von Brandwänden zulässig?

3.1.22 Nennen Sie die wesentlichen Unterschiede zwischen einer Brandwand und einer F 90-Wand.

3.1.23 Mit welchem zusätzlichen Bauteil müssen alle zweiflügligen Feuerschutztüren ausgestattet sein?

3.1.24 Können Feuerschutztüren aus brennbaren Baustoffen bestehen?

3.1.25 Welche Bauarten von Feuerschutzabschlüssen sind Ihnen bekannt?

3.1.26 Erläutern Sie die Begriffe harte Bedachung und weiche Bedachung nach Teil 7 der DIN 4102.

3.1.27 Nennen Sie einige Beispiele für harte und weiche Bedachungen.

3.1.28 Nennen Sie die Bestandteile einer Brandschutzverglasung.

3.1.29 Nennen Sie die grundsätzlichen Unterschiede, die zwischen Feuerschutztüren und Rauchschutztüren bestehen.

3.1.30 Welche Materialien gelten außer den herkömmlichen Baustoffen im Sinne der DIN 4102 ebenfalls als Baustoffe?

3.1.31 Die Prüfung der Baustoffe erfolgt nach einer so genannten Ofenprüfung und nach einer Brandschachtprüfung. Beschreiben Sie den Unterschied zwischen beiden Prüfungsarten nach DIN 4102.

3.1.32 Erläutern Sie den Unterschied zwischen einem A2-Baustoff und einem B1-Baustoff nach DIN 4102. Welche der vorgenannten Baustoffklassen ist aus der Sicht des vorbeugenden Brandschutzes zu bevorzugen?

3.1.33 Ordnen Sie den baurechtlichen Benennungen *feuerhemmend* und *feuerbeständig* die jeweiligen Feuerwiderstandsdauern nach DIN 4102 zu.

3.1.34 Erklären Sie den Begriff Einheitstemperaturzeitkurve in Bezug auf die Bauteilprüfung nach DIN 4102.

3.1.35 Welcher Unterschied besteht zwischen der Einheitstemperaturzeitkurve und einer herkömmlichen Brandverlaufskurve?

3.1.36 Was wird durch ein Prüfzeugnis in Bezug auf die Bauteilprüfung nach DIN 4102 dokumentiert?

3.1.37 Nennen Sie die Feuerwiderstandsklassen nach Teil 2 der DIN 4102.

3.1.38 Beschreiben Sie die Unterschiede zwischen Brandwänden und Komplextrennwänden.

3.1.39 Wie groß darf die Leckrate bei einflügeligen und bei zweiflügeligen Rauchschutztüren maximal sein?

3.2 Der Baustoff Holz

3.2.1 Nennen Sie die Zündtemperatur von Bauteilen aus dem Baustoff Holz.

3.2.2 Wie groß ist die Abbrandrate von Bauteilen aus dem Baustoff Holz?

3.2.3 Nach welchem Abbrand rechnen Sie mit dem Einsturz tragender Holzbauteile?

3.2.4 Wie kündigt sich im Brandfall der Einsturz tragender Holzbauteile an?

3.2.5 Welche vorbeugenden Schutzmaßnahmen sind Ihnen bekannt, um Holzbauteile im Brandfall zu schützen?

3.2.6 Ein Holzbalken, Abmessung 10 cm × 10 cm ist allseitig dem Feuer ausgesetzt. Nach welchem Abbrand besteht Einsturzgefahr?

3.2.7 Warum halten Holzleimbinder einem Brand länger stand als herkömmliches Bauholz?

3.2.8 Welche Bauteile sind bei Dachstuhlbränden besonders zu schützen (kühlen)?

3.2.9 Benennen Sie die nachfolgenden Dachformen.

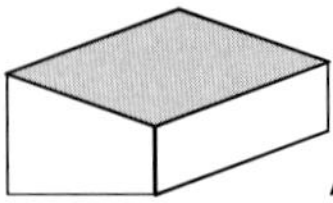
A

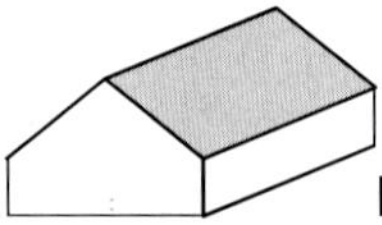
B

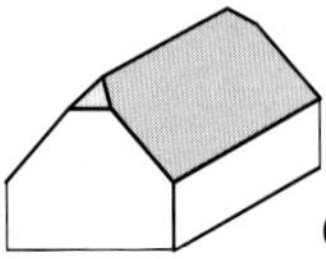
C

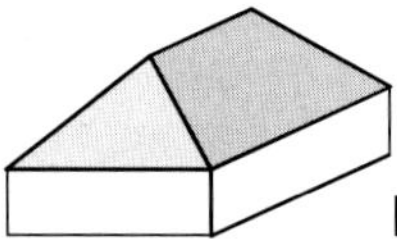
D

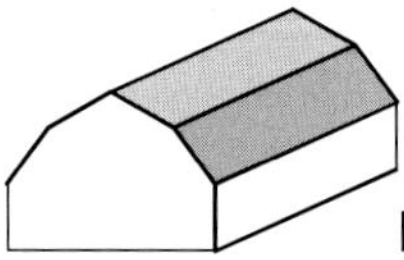
E

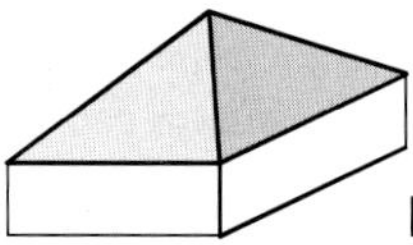
F

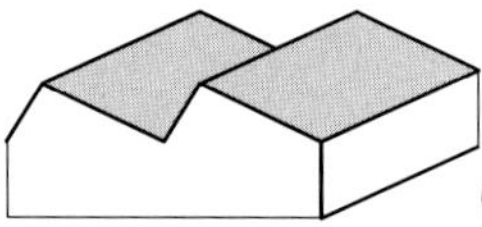
G

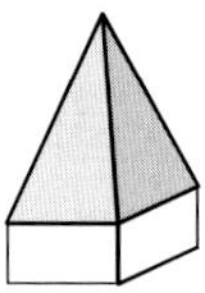
H

3.2.10 Nennen Sie die Ihnen bekannten Dachkonstruktionen.

3.2.11 Beschreiben Sie das Brandverhalten von Nagelbindern.

3.2.12 Von welchen Faktoren ist das Brandverhalten tragender Holzkonstruktionen abhängig?

3.2.13 Aus welchen chemischen Elementen besteht der Baustoff Holz?

3.2.14 Beurteilen Sie die Längenausdehnung von Bauteilen aus dem Baustoff Holz im Brandfall. Ist Holz ein guter oder ein schlechter Wärmeleiter?

3.2.15 Ist die Holzart ausschlaggebend für das Brandverhalten von Holzbaustoffen?

3.2.16 Erläutern Sie den Begriff Knotenpunkte in Bezug auf tragende Holzbauteile.

3.2.17 Welche Verbindungselemente werden zwischen tragenden Holzbauteilen eingebaut?

3.2.18 Warum sind die Knotenpunkte einer Holzkonstruktion im Brandfall von ausschlaggebender Bedeutung?

3.2.19 Erklären Sie die unterschiedliche Wirkungsweise von Imprägnierung und Schutzanstrich als vorbeugende Maßnahme für Holzbauteile im Brandfall.

3.2.20 Welche Schutzmaßnahmen ermöglichen die Einstufung von Holzbauteilen in Feuerwiderstandsklassen?

3.2.21 Erklären Sie den grundsätzlichen Unterschied zwischen Bekleidung und Überdimensionierung als Schutzmaßnahme für Holzbauteile im Brandfall.

3.2.22 In welchen Formen finden Vollhölzer Verwendung?

3.2.23 Von welchen Faktoren ist die Widerstandsfähigkeit von Holz gegen Entzündung abhängig?

3.2.24 Bei welchen Temperaturen bildet sich im Brandfall eine Holzkohlenschicht?

3.2.25 Warum schützt eine Holzkohlenschicht den noch verbleibenden Holzquerschnitt im Brandfall?

3.2.26 Beurteilen Sie Holzverbindungselemente aus Blech und Stahl (Nagelplattenverbinder) im Brandfall.

3.2.27 Beurteilen Sie Rissbildungen in Bezug auf das Brandverhalten tragender Holzbauteile.

3.3 Der Baustoff Stahl

3.3.1 Benennen Sie die kritische Temperatur für Bauteile aus dem Baustoff Stahl.

3.3.2 Beschreiben Sie das Verhalten tragender Stahlbauteile im Brandfall.

3.3.3 Um welches Maß dehnt sich ein Bauteil aus Stahl im Brandfall aus?

3.3.4 Ein 10 Meter langer Stahlträger wird während eines Brandes um 400 K erwärmt. Um welches Maß dehnt sich der Stahlträger aus?

3.3.5 Wie verhalten sich Stahlbauteile, die während eines Brandes um mehr als 500 K erwärmt werden?

3.3.6 In welchen Fällen ist auch bei Stahlbauteilen mit schlagartigem Einsturz im Brandfall zu rechnen?

3.3.7 Welche vorbeugenden Schutzmaßnahmen gegen Wärmeeinwirkung im Brandfall sind Ihnen für Bauteile aus Stahl bekannt?

3.3.8 Welche Bedeutung hat der U/A-Faktor in Bezug auf das Tragverhalten von Stahlbauteilen im Brandfall?

3.3.9 Erläutern Sie den Begriff Natürliche Rauchabzugsanlage (NRA). Ist es möglich, durch den Einbau einer solchen Anlage eine Stahlkonstruktion im Brandfall zu schützen?

3.3.10 Erklären Sie den Unterschied zwischen Stahlbauteilen und Gusseisenbauteilen. Wie verhalten sich Bauteile aus diesen Werkstoffen im Brandfall?

3.3.11 Bei einem Brandeinsatz in einer älteren Industrieanlage kühlen Sie eine Gusseisenstütze mit dem Löschwasserstrahl. Mit welchen Gefahren müssen Sie rechnen?

3.3.12 In einer Industriehalle wird eine Kranbahn direkt neben einer Brandwand errichtet (Bahn läuft parallel zur Brandwand). Welche Gefahr besteht im Brandfall?

3.3.13 Eine Stahlhallenkonstruktion ist durch Nieten und Schrauben miteinander verbunden. Welche Gefahr besteht, wenn bei einem Brand diese Verbindungselemente wärmebeaufschlagt werden?

3.3.14 Bei welcher Temperatur weist ein Stahlbauteil nur noch 50 % seiner ursprünglichen Festigkeit auf?

3.3.15 Warum ist die Abschätzung der Einsturzgefahr von Stahlbauteilen im Brandfall problematisch?

3.3.16 Erklären Sie den Begriff abschmelzbare Flächen in Bezug auf Schutzmaßnahmen für Stahlhallen im Brandfall.

3.3.17 Eine mögliche Schutzmaßnahme für Stahlbauteile im Brandfall ist die Überdimensionierung des Querschnittes. Erklären Sie das Wirkprinzip dieser Schutzmaßnahme.

3.3.18 Vergleichen Sie das Verhalten von Stahlstützen und Stahlverbundstützen im Brandfall. Welche Konstruktion ist aus Sicht der Feuerwehr besser zu bewerten?

3.3.19 Erklären Sie Aufbau und Wirkungsweise eines Feuerschutzanstriches für Stahlbauteile.

3.3.20 Mit welchen Gefahren müssen Sie auch nach dem Brand einer Stahlkonstruktion bei Aufräum- und Nachlöscharbeiten rechnen?

3.4 Der Baustoff Beton/Stahlbeton

3.4.1 Aus welchen Baustoffen bestehen Betonbauteile?

3.4.2 Welche Betonarten sind Ihnen bekannt?

3.4.3 Erklären Sie das Zusammenwirken von Stahl und Beton in bewehrten Betonbauteilen.

3.4.4 Welche Kräfte nimmt der Beton, welche Kräfte nimmt der darin enthaltene Stahl auf?

3.4.5 Erklären Sie die Aufgabe der Zuschlagstoffe in Betonbauteilen.

3.4.6 Wo befindet sich die Zugzone bei nachfolgenden Bauteilen:
a) Betondecke,
b) Balkon (Kragarm)?

3.4.7 Nennen Sie die kritische Temperatur von Stahlbetonbauteilen im Brandfall.

3.4.8 Von welchen Faktoren ist das Verhalten tragender Stahlbetonbauteile im Brandfall abhängig?

3.4.9 Welche Maßnahmen sind Ihnen bekannt, um Stahlbetonbauteile vorbeugend für den Brandfall zu schützen?

3.4.10 Zeichnen Sie die Lage der Zugbewehrung in das nachfolgende Stahlbetonbauteil (Decke, Balken auf zwei Stützen) ein.

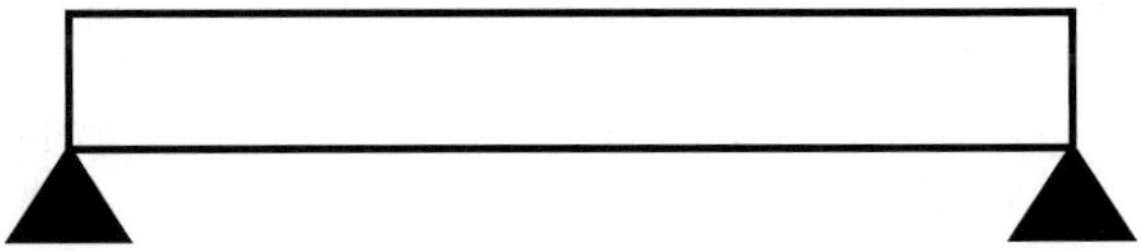

3.4.11 Welche Kräfte treten in Stahlbetonbauteilen auf?

3.4.12 Beschreiben Sie das Verhalten von Betonbauteilen im Brandfall.

3.4.13 Nach einem Brand werden häufig so genannte Betonabplatzungen vorgefunden. Wie kommen diese zustande?

3.4.14 Welche Gefahr besteht bei einem Brand, wenn großflächige Betonabplatzungen vorhanden sind.

3.4.15 Erklären Sie den Unterschied zwischen Leichtbeton, Normalbeton und Schwerbeton.

3.4.16 In einen Betonbalken sind zusätzlich Stahlbügel oder -körbe eingebaut worden. Erklären Sie die Funktion dieser Bauteile.

3.4.17 Ab welcher Temperatur zersetzen sich die einzelnen Bestandteile des Zementsteines?

3.4.18 Ab welcher Temperatur werden die Zuschlagstoffe im Beton angegriffen?

3.4.19 Welche Möglichkeiten sind Ihnen bekannt, um nachträglich Betonbauteile vorbeugend für den Brandfall zu schützen?

3.5 Spannbeton

3.5.1 Erklären Sie die Funktionsweise von Spannbeton.

3.5.2 Nennen Sie die kritische Temperatur für Bauteile aus Spannbeton.

3.5.3 Vergleichen und bewerten Sie das Brandverhalten von Bauteilen aus Beton und Spannbeton.

3.5.4 Welche Vorteile weist Spannbeton gegenüber Normalbeton auf?

3.5.5 Warum ist bei Bränden mit dem schlagartigen Einsturz von Spannbetonbauteilen zu rechnen?

3.5.6 Woran sind Spannbetonbauteile äußerlich erkennbar?

3.5.7 Welche Schutzmaßnahmen sind Ihnen für Spannbetonbauteile bekannt, um die Feuerwiderstandsdauer im Brandfall zu erhöhen.

3.6 Mauerwerk

3.6.1 Wie werden Mauersteine nach Vorkommen und Herstellung eingeteilt?

3.6.2 Warum verhalten sich künstliche Steine bei einem Brand besser als natürliche Steine?

3.6.3 Beschreiben Sie das Brandverhalten von Mauerwerksbauteilen.

3.6.4 Bei welchen Mauerwerksbauteilen rechnen Sie insbesondere auch nach einem Brand mit Einsturzgefahren?

3.6.5 Mit welchen Gefahren rechnen Sie, wenn Schornsteine nach einem Dachstuhlbrand frei stehen?

3.6.6 Wie verhalten sich Natursteine mit dichtem Gefüge (Erstarrungsgesteine) im Brandfall?

3.6.7 Wie bewerten Sie das Brandverhalten gebrannter Steinerzeugnisse?

3.6.8 Wie sind Gipsbauplatten in Bezug auf eine Brandbeaufschlagung zu bewerten?

3.7 Baukunde, allgemeine Fragen

3.7.1 Warum müssen sich Feuerwehrführungskräfte besonders gut mit dem Brandverhalten der Baukonstruktionen aus den verschiedenen Baustoffen auskennen?

3.7.2 Bezeichnen Sie nachfolgende Gebäudeteile mit den richtigen Fachausdrücken.

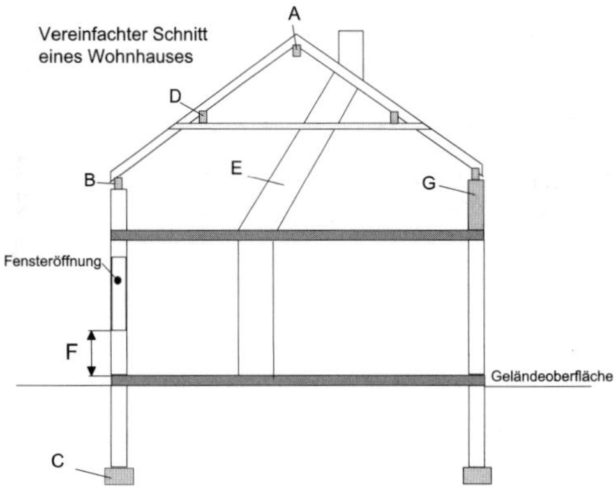

3.7.3 Wie verhalten sich preußische Kappendecken im Brandfall und wo sind diese zu finden?

3.7.4 Bezeichnen Sie die an nachfolgendem Dach gekennzeichneten Bauteile.

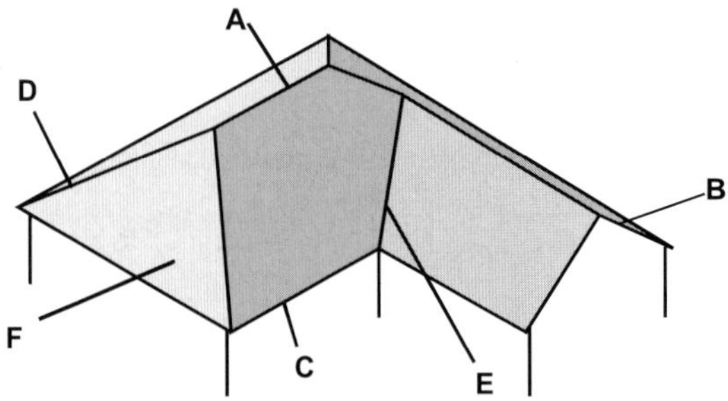

3.7.5 Definieren Sie den Begriff Statik in Bezug auf Gebäude und bauliche Anlagen.

3.7.6 Welche Kräfte wirken auf ein Gebäude?

3.7.7 Nennen Sie die gesetzlichen Grundlagen, die bei der Errichtung und Änderung baulicher Anlagen beachtet werden müssen.

3.7.8 Erklären Sie den Begriff Bauteilspannung.

3.7.9 Welche Möglichkeiten sind Ihnen bekannt, um die Druckspannung einer Holzstützenkonstruktion zu verringern?

3.7.10 Erklären Sie nachfolgende Begriffe:
a) Druckfestigkeit,
b) Zugfestigkeit,
c) Biegefestigkeit,
d) Schubfestigkeit,
e) Scherfestigkeit.

3.7.11 Welche Gefahr besteht, wenn brennbare Kunststoffe in Gebäude eingebaut werden?

3.7.12 Welche Gruppen von Kunststoffen, die in bauliche Anlagen eingebaut werden, sind Ihnen bekannt?

3.7.13 Erklären Sie die unterschiedlichen Eigenschaften von *Thermoplasten, Duroplasten* und *Elastomeren* im Brandfall und nennen Sie einige Vertreter dieser Gruppen.

3.7.14 Welche Funktion haben Sperrstoffe und Dämmstoffe?

3.7.15 Kunststoffe können brennend abtropfen und tropfend abbrennen. Erklären Sie den Unterschied.

3.7.16 Erklären Sie den Unterschied zwischen tragenden Wänden, aussteifenden Wänden und nichttragenden Wänden.

3.7.17 Was ist der Unterschied zwischen Einfeldträgern und Durchlaufträgern?

3.7.18 Was sind *gezogene* oder auch *geschleifte* Schornsteine?

3.7.19 Welche Aufgaben übernehmen die Windrispen in einem Sparrendach?

3.7.20 Erklären Sie Aufbau und Wirkungsweise von Pfettendachkonstruktionen.

3.7.21 Worin besteht der Unterschied zwischen Bauart und Bauweise?

3.7.22 Welche Bauarten sind Ihnen bekannt?

3.7.23 Welcher Unterschied besteht zwischen offener und geschlossener Bauweise?

4 Brandlehre

4.1 Allgemeines

4.1.1 Was ist die Aufgabe der Brandlehre?

4.1.2 Welche Voraussetzungen sind für eine Verbrennung erforderlich?

4.1.3 Erklären Sie den Unterschied zwischen einem Brand und einem Feuer.

4.1.4 Was versteht man unter dem Begriff Brennen?

4.1.5 Was sind Brandklassen?

4.1.6 Wozu soll die Brandklasseneinteilung dienen?

4.1.7 Welche Brände umfasst die Brandklasse A?

4.1.8 Welche Brände gehören zur Brandklasse B?

4.1.9 Welche Brände umfasst die Brandklasse C?

4.1.10 Welche Brände gehören zur Brandklasse D?

4.1.11 Welche Brände gehören zur Brandklasse F?

4.1.12 Nennen Sie Beispiele für Stoffe, die sowohl mit Glut als auch mit Flamme verbrennen können.

4.1.13 Nennen Sie Beispiele für Stoffe, die nur mit Glut verbrennen können.

4.1.14 Was ist Glut?

4.1.15 Was sind Partikelfunken?

4.1.16 Welchen Einfluss übt der Sauerstoff auf die Verbrennungsgeschwindigkeit aus?

4.1.17 Erklären Sie die Begriffe Oxidation und Oxid.

4.1.18 Gibt es Stoffe, die zur Verbrennung keinen Sauerstoff aus der Umluft benötigen?

4.1.19 Was sind Katalysatoren?

4.1.20 Erklären Sie den Begriff homogene Katalyse.

4.1.21 Erklären Sie den Begriff heterogene Katalyse.

4.1.22 Nennen sie einige Beispiele für eine heterogene Katalyse.

4.1.23 Was sind Brandgase?

4.1.24 Erläutern Sie die Begriffe Rauch und Qualm.

4.1.25 Was ist eine exotherme Reaktion?

4.1.26 Was ist eine endotherme Reaktion?

4.1.27 Erklären Sie den Begriff Heizwert.

4.1.28 Welcher Unterschied besteht zwischen dem Brenn- und Heizwert eines Stoffes (unterer und oberer Heizwert)?

4.1.29 Was ist unter dem Begriff Abbrandrate zu verstehen?

4.1.30 Was ist eine Explosion?

4.1.31 Erklären Sie die Begriffe Detonation und Deflagration.

4.1.32 Was ist eine Verpuffung?

4.1.33 Erklären Sie den Begriff Staubexplosion und geben Sie Beispiele für Bereiche an, in denen eine Staubexplosion auftreten kann.

4.1.34 Erklären Sie den Begriff Implosion.

4.1.35 Erklären Sie den Begriff der Zündquelle und nennen Sie einige Beispiele hierzu.

4.1.36 Erklären Sie die Begriffe Wärmestau und Selbstentzündung.

4.1.37 Nennen Sie einige Beispiele für selbstentzündliche Stoffe.

4.1.38 Was beschreibt die van't Hoffsche Regel?

4.1.39 Erklären Sie den Begriff Brandtemperatur.

4.1.40 Was versteht man unter dem Begriff Mindestverbrennungstemperatur?

4.1.41 Wann besteht die Gefahr eines Flash-overs?

4.2 Wärme und Wärmeübertragung

4.2.1 Erklären Sie den Begriff Wärme.

4.2.2 In welcher Einheit wird die Wärme angegeben?

4.2.3 Erklären Sie den Begriff Temperatur.

4.2.4 Erklären Sie den Begriff Wärmeübertragung.

4.2.5 Unter welcher Voraussetzung kann eine Wärmeübertragung stattfinden?

4.2.6 Zwischen welchen Arten von Wärmetransport wird unterschieden?

4.2.7 Wie funktioniert die Wärmeleitung?

4.2.8 Wie funktioniert die Wärmeströmung?

4.2.9 Wie funktioniert die Wärmestrahlung?

4.2.10 Welche physikalischen Veränderungen können durch die Erwärmung von Stahl entstehen?

4.2.11 Warum dehnen sich Stoffe bei der Erwärmung aus?

4.2.12 Nennen Sie einige Beispiele für gute beziehungsweise schlechte Wärmeleiter.

4.2.13 Warum ist die Wärmeleitfähigkeit in den verschiedenen Materialien so unterschiedlich?

4.2.14 Wie kann es durch Wärmeleitung zu einer Brandentstehung kommen? Begründen Sie Ihre Antwort mit Hilfe eines Beispiels.

4.2.15 Welche Gefahren können sich durch die Erwärmung von Stahlträgern ergeben?

4.2.16 Welcher Körper kann Wärmestrahlung abgeben?

4.2.17 Von welchen Körpern wird die Wärmestrahlung besonders gut aufgenommen?

4.2.18 Wird die Wärmestrahlung stets vollständig absorbiert?

4.2.19 Was sagt das Abstandsgesetz aus?

4.2.20 Erläutern Sie kurz das Gesetz von Stefan-Boltzmann.

4.2.21 Nennen Sie die Ausbreitungsrichtung der drei Wärmetransportarten.

4.2.22 Was versteht man unter dem Begriff Wärmeübergang?

4.2.23 Erklären Sie den Begriff Wärmedurchgang.

4.3 Sicherheitstechnische Kennzahlen

4.3.1 Was sind sicherheitstechnische Kennzahlen und welche Aufgabe sollen sie erfüllen?

4.3.2 Nennen Sie einige Beispiele für sicherheitstechnische Kennzahlen.

4.3.3 Was ist eine explosionsfähige Atmosphäre?

4.3.4 Was ist ein explosionsfähiges Gemisch?

4.3.5 Erklären Sie den Begriff Explosionsbereich.

4.3.6 Erklären Sie die Begriffe untere und obere Explosionsgrenze.

4.3.7 Welche Stoffe sind gefährlicher, solche mit einem kleinen oder mit einem großen Explosionsbereich?

4.3.8 Nennen Sie einige Stoffe mit einem kleinen beziehungsweise einem großen Explosionsbereich.

4.3.9 Welche Gefahr kann sich durch das Ablöschen von brennbaren Flüssigkeiten oder Gasen in geschlossenen Räumen ergeben?

4.3.10 Was versteht man unter dem Flammpunkt einer brennbaren Flüssigkeit?

4.3.11 Wie unterscheidet sich der Brennpunkt einer brennbaren Flüssigkeit von ihrem Flammpunkt?

4.3.12 Was versteht man unter der Zündtemperatur einer explosionsfähigen Atmosphäre?

4.3.13 Erklären Sie den Begriff Verdunstungszahl.

4.3.14 Was versteht man unter dem Begriff Abbrandrate?

4.3.15 Wovon ist die Abbrandrate abhängig?

5 Brandmeldeanlagen

5.1 Allgemeines

5.1.1 Welche Aufgabe hat eine Brandmeldeanlage?

5.1.2 Warum werden Brandmeldeanlagen eingebaut?

5.1.3 Nennen Sie einige Gründe, Brandmeldeanlagen im Baugenehmigungsverfahren zu fordern.

5.1.4 Nach welchen Sonderbauverordnungen sind Brandmeldeanlagen zu fordern?

5.1.5 Zu welchen übergeordneten Anlagen gehören Brandmeldeanlagen nach VDE 0833?

5.1.6 Erklären Sie das Eingabe-Verarbeitungs-Ausgabeprinzip (EVA-Prinzip) in Bezug auf Brandmeldeanlagen.

5.1.7 Wie beurteilen Sie den Löschverlauf eines Brandes bei eingebauter Brandmeldeanlage?

5.1.8 Was ist eine flächendeckende Brandmeldeanlage?

5.1.9 Was ist zu beachten, wenn Feuerschutztüranlagen auf Brandmeldeanlagen aufgeschaltet werden?

5.1.10 Welche EN-Normen, DIN- Normen und VDE- Vorschriften sind in Bezug auf Brandmeldeanlagen maßgebend?

5.2 Aufbau und Bestandteile von Brandmeldeanlagen

5.2.1 Welche Aufgaben hat eine Brandmeldezentrale?

5.2.2 Welche Anzeigemöglichkeiten bietet eine Brandmeldezentrale?

5.2.3 Warum werden Brandmeldeanlagen mit Feuerwehrbedienfeldern ausgerüstet?

5.2.4 Welche Anzeigemöglichkeiten bietet ein Feuerwehrbedienfeld?

5.2.5 Was ist bezüglich der Energieversorgung von Brandmeldeanlagen zu beachten?

5.2.6 Erklären Sie in Bezug auf Brandmeldeanlagen die Begriffe Primärleitung und Sekundärleitung.

5.2.7 Was erfasst eine Brandmeldezentrale?

5.2.8 Benennen Sie die Farben der Leuchtdioden für nachfolgende Zustände:
a) Betrieb,
b) Alarm,
c) Störung.

5.2.9 Benennen Sie die unterschiedlichen Betriebszustände von Brandmeldeanlagen.

5.2.10 Warum sind Brandmeldezentralen grundsätzlich mit einem Zählwerk auszustatten?

5.2.11 Welche technische Einrichtung ermöglicht die einheitliche Bedienung von Brandmeldezentralen?

5.2.12 Im Feld 2 eines Feuerwehrbedienfeldes finden Sie die Information ÜE ausgelöst (gelbes Dauerlicht). Welche Bedeutung hat dieses Dauerlicht?

5.2.13 Ist es erlaubt, Brandmeldeanlagen nur aus dem öffentlichen Stromnetz mit Energie zu versorgen?

5.2.14 Welche Möglichkeiten zur Weiterleitung von Brandmeldungen über Brandmeldeanlagen sind Ihnen bekannt?

5.2.15 Auf welche Störfaktoren werden Primärleitungen überwacht?

5.2.16 Innerhalb welchen Zeitraumes müssen Störungen in Primärleitungen erkannt und angezeigt werden?

5.2.17 Wie beurteilen Sie die so genannten Standleitungen in Bezug auf die Sicherheit der Datenweiterleitung?

5.2.18 Wie beurteilen Sie Telefonwählgeräte in Bezug auf die Weiterleitung von Brandmeldungen?

5.2.19 Was sind Feuerwehrschlüsseldepots (FSD)?

5.2.20 Was ist in Bezug auf den Standort des Feuerwehrschlüsseldepots bei eingezäuntem Gelände zu beachten?

5.2.21 Feuerwehrschlüsseldepots sind mit sogenannten Umstellschlössern ausgestattet. Welchen Zweck erfüllen diese Umstellschlösser?

5.2.22 Warum werden in der Nähe von Feuerwehrschlüsseldepots Freischaltelemente eingebaut?

5.3 Brandmelder

5.3.1 Erklären Sie den Unterschied zwischen einem automatischen und einem nicht automatischen Brandmelder.

5.3.2 Wie funktioniert ein Wärmemaximalmelder?

5.3.3 Was ist ein Wärmedifferenzialmelder?

5.3.4 Nennen Sie einige Möglichkeiten der Messwertaufnahme bei Wärmedifferenzialmeldern und Wärmemaximalmeldern.

5.3.5 Erklären Sie die Funktionsweise von Flammenmeldern.

5.3.6 Welche unterschiedlichen Arten von Rauchmeldern sind Ihnen bekannt?

5.3.7 Wie arbeitet ein optischer Rauchmelder?

5.3.8 Wie arbeitet ein Ionisationsrauchmelder?

5.3.9 Orden Sie den nachfolgenden Brandkenngrößen mögliche Melderarten zu:
a) Rauch,
b) Temperatur,
c) Strahlung.

5.3.10 Nennen Sie mögliche Standorte von Druckknopfmeldern.

5.3.11 Erklären Sie den Unterschied zwischen Streulichtprinzip und Durchlichtprinzip in Bezug auf optische Rauchmelder.

5.3.12 Erklären Sie den »Tyndall-Effekt« in Bezug auf optische Rauchmelder.

5.3.13 Erläutern Sie die Wirkungsweise von Infrarot-Linearmeldern.

5.3.14 Wie groß ist die Fläche, die Sie mit einem Melderpaar Infrarot-Linearmelder abdecken können?

5.3.15 In einem Gebäude sind Ionisationsrauchmelder eingebaut worden. Was ist nach einem Brand unbedingt zu tun?

5.3.16 Erklären Sie den Unterschied zwischen Infrarot-Flammenmeldern und Ultraviolett-Flammenmeldern.

5.3.17 Nennen Sie die Ihnen bekannten Wärmemelder.

5.3.18 Erklären Sie die Wirkungsweise von Absaugsystemen.

5.3.19 Wo werden Absaugsysteme eingebaut? Nennen Sie einige Vorteile dieser Systeme.

5.3.20 Welche Melderarten können in Absaugsystemen verwendet werden?

6 Einsatzlehre

6.1 Einsatzplanung und -vorbereitung

6.1.1 Welche wichtigen Angaben sollten in einem Alarmplan enthalten sein?

6.1.2 Welche besondere Aufgabe kommt den Alarm- und Ausrückeordnungen zu?

6.1.3 Was soll durch die Alarm- und Ausrückeordnung festgelegt werden?

6.1.4 Auf eine gute Orts- und Objektkenntnis ist bei den Feuerwehren besonderer Wert zu legen. Warum?

6.1.5 Welche Faktoren gehören zu einer guten Ortskenntnis?

6.1.6 Welche Objekte können besonders gefährdet sein?

6.1.7 Feuerwehrpläne für bauliche Anlagen sind nach der DIN 14 095 zu erstellen. Welche Aufgabe kommt einem solchen Feuerwehrplan zu?

6.1.8 An welcher Stelle des Feuerwehrplanes sollen die Hauptzufahrt beziehungsweise der Hauptzugang eingezeichnet sein?

6.1.9 Welche Angaben sollen in einem Feuerwehrplan enthalten sein?

6.1.10 Welche Bedeutung kommt den Farben *Blau, Rot, Gelb* und Grau in einem Feuerwehrplan zu?

6.1.11 Was bedeutet die Bezeichnung *-1 +E +6* in einem Feuerwehrplan?

6.1.12 Welche Aufgaben haben Raster in einem Feuerwehrplan?

6.1.13 Welche Raster werden in der Regel bei Feuerwehrplänen verwendet?

6.2 Einsätze bei Waldbränden

6.2.1 In welcher Jahreszeit treten die meisten Waldbrände auf?

6.2.2 Wovon wird die Ausbreitungsgeschwindigkeit von Waldbränden beeinflusst?

6.2.3 Welche Arten von Waldbränden kennen Sie?

6.2.4 Was sind Erdfeuer und mit welchen taktischen Maßnahmen lassen sie sich bekämpfen?

6.2.5 Was ist ein Boden- oder Lauffeuer und wie lässt es sich bekämpfen?

6.2.6 Nennen Sie Maßnahmen, mit denen Wipfelfeuer oder Totalbrände bekämpft werden können.

6.2.7 Wie würden Sie ein Stammfeuer bekämpfen?

6.2.8 Welche Geräte können bei einem Waldbrand eingesetzt werden?

6.3 Einsätze bei Hochbauunfällen

6.3.1 Nennen Sie einige Einsturzursachen von Hochbauten.

6.3.2 Sie wollen Bauteile aus Stahlbeton/Mauerwerk/Holz abstützen, da diese einzustürzen drohen. Mit welchen spezifischen Gewichten haben Sie ungefähr zu rechnen?

6.3.3 Welche Versorgungseinrichtungen sind nach einem Gebäudeeinsturz abzustellen, beziehungsweise abzuschiebern?

6.3.4 Welche grundsätzlichen Maßnahmen sind zu ergreifen, wenn Sie sich eingestürzten Gebäuden nähern?

6.3.5 Was ist in jedem Fall zu veranlassen, wenn Sie die Einsatzstelle eines eingestürzten Gebäudes verlassen?

6.3.6 Welche Tragkraft besitzt eine geschosshohe Rundholzstütze aus Nadelholz der Güteklasse II (Durchmesser 12 cm)?

6.3.7 In einem teilweise eingestürzten Gebäude befindet sich eine Rutschfläche (Dr. Maak). Wo vermuten Sie verschüttete Personen?

6.3.8 Benennen Sie die Ihnen bekannten Schadenelemente nach Dr. Maak.

6.3.9 Wodurch kann bei einem eingestürzten Gebäude eine *Schichtung* entstehen?

6.3.10 Welche Gefahr besteht, wenn Schichtungen bewegt werden?

6.3.11 Worin besteht der Unterschied zwischen einem ausgegossenen Raum und einem eingeschlämmten Raum nach Dr. Maak?

6.3.12 Was ist zu tun, um das Schadenselement *eingeschlämmter Raum* bei eingestürzten Gebäuden zu verhindern?

6.3.13 Woraus besteht das Füllmaterial eines mit Schichtung ausgepressten Raumes?

6.3.14 Bei einem eingestürzten Gebäude haben sich angeschlagene Räume gebildet. Wie beurteilen Sie die Überlebenschancen der darin befindlichen Personen?

6.3.15 Bei einem Gebäudeeinsturz sind nur *versperrte Räume* entstanden. Welche grundsätzlichen Maßnahmen sind zu veranlassen?

6.3.16 Sie wollen eine Person aus einem Schwalbennest über die Drehleiter retten. Mit welcher Gefahr rechnen Sie beim Übersteigen auf die auskragende Deckenplatte?

6.4 Einsätze bei Tiefbauunfällen

6.4.1 Benennen Sie einige Ursachen für Tiefbauunfälle.

6.4.2 Von welchen Faktoren ist die Standfestigkeit von Böden abhängig?

6.4.3 Welcher Böschungswinkel ist einzuhalten bei:
a) Sand, Kies, Mutterboden,
b) Ton, Lehm,
c) Fels?

6.4.4 Was haben Sie als Einsatzleiter bei eingestürzten Baugruben besonders zu beachten?

6.4.5 Bis zu welcher Tiefe dürfen Baugruben und Gräben bei stehenden Böden ohne Verbau erstellt werden?

6.4.6 Wie weit sind Aushub und Gerätschaften von Baugruben mindestens entfernt zu lagern, um unzulässige Belastungen und Einstürze zu vermeiden?

6.4.7 Welche Verbauarten können Sie an Tiefbaustellen vorfinden?

6.4.8 Was haben Sie als Einsatzleiter bei Tiefbauunfällen insbesondere in Bezug auf die Einsatzkräfte zu beachten?

6.4.9 Was haben Sie als Einsatzleiter zu veranlassen, wenn eine Rettung von eingeklemmten Personen in einem Grabenverbau durch Aufspreizen der Grabenwandungen nicht möglich ist?

6.4.10 Erläutern Sie den Begriff *minieren* in Bezug auf die Bergung verschütteter Personen.

6.5 Einsätze von Überdruckbelüftern

6.5.1 Was soll durch eine Belüftung erreicht werden?

6.5.2 Welche Belüftungsverfahren kennen Sie?

6.5.3 Was sind mechanische Belüftungsmethoden?

6.5.4 Welche Arten von Überdruckbelüftung kennen Sie?

6.5.5 Wie können Überdruckbelüfter eingesetzt werden?

6.5.6 Welche Einsatzgrundsätze sind beim Einsatz von Überdruckbelüftern zu beachten?

6.5.7 Welche Gefahren können sich durch eine Überdruckbelüftung ergeben?

7 Fahrzeug- und Pumpenkunde

7.1 Fahrzeugkunde, Begriffe und Definitionen

7.1.1 In welcher DIN/EN wird ein einheitliches Bezeichnungssystem für Feuerwehrfahrzeuge festgelegt?

7.1.2 Was legt die DIN/EN 1846-1 für die Feuerwehrfahrzeuge fest?

7.1.3 Was ist ein Feuerwehrfahrzeug?

7.1.4 Wozu dienen Wechselaufbauten?

7.1.5 Benennen Sie die Gewichtsklassen, in die Feuerwehrfahrzeuge mit mehr als zwei Tonnen Gesamtgewicht einzuordnen sind.

7.1.6 Beschreiben Sie die Unterschiede zwischen:
a) straßenfähigen,
b) geländefähigen,
c) geländegängigen Feuerwehrfahrzeugen.

7.1.7 Welche Fahrzeugtypen gehören zu den Löschfahrzeugen?

7.1.8 Was ist ein Löschfahrzeug?

7.1.9 Nennen Sie die Ihnen bekannten Löschfahrzeuge.

7.1.10 Was ist ein Sonderlöschfahrzeug?

7.1.11 Erklären Sie den Begriff Hubrettungsfahrzeug.

7.1.12 Welche Fahrzeuge gehören zu der Gruppe der Hubrettungsfahrzeuge?

7.1.13 Beschreiben Sie Konstruktion und Aufbau einer Drehleiter.

7.1.14 Nennen Sie die Ihnen bekannten Drehleitern nach DIN 14701 Teil 2.

7.1.15 Aus welchen Konstruktionsbauteilen besteht eine Hubarbeitsbühne?

7.1.16 Für welche Einsatzfälle sind Rüst- und Gerätefahrzeuge konzipiert?

7.1.17 Nennen Sie die Norm für den Rüstwagen (RW).

7.1.18 Erläutern Sie den Begriff Krankenkraftwagen der Feuerwehr.

7.1.19 Nennen Sie die Ihnen bekannten Krankenkraftwagen der Feuerwehr.

7.1.20 Angesichts der zunehmenden Anzahl der Gefahrgutunfälle werden Gerätewagen Gefahrgut beschafft. Zur Bekämpfung welcher Schäden werden diese Fahrzeuge eingesetzt?

7.1.21 Welcher genormte Gerätewagen Gefahrgut ist Ihnen bekannt?

7.1.22 Was sind Einsatzleitwagen und wie werden sie eingesetzt?

7.1.23 Benennen Sie die Ihnen bekannten, genormten Einsatzleitwagen.

7.1.24 Erklären Sie den Begriff Leermasse in Bezug auf Feuerwehrfahrzeuge.

7.1.25 Welche Anforderungen werden bezüglich der Motorleistung für Feuerwehrfahrzeuge gestellt?

7.1.26 Welche Anforderungen werden an allradangetriebene Feuerwehrfahrzeuge gestellt?

7.1.27 Für welche Entfernung muss der Kraftstoffbehälterinhalt eines Feuerwehrfahrzeuges ausgelegt sein?

7.1.28 Nennen Sie einige Zusatzausstattungen für Feuerwehrfahrzeuge.

7.1.29 Welche materiellen Vorschriften werden den Aufbauherstellern von Feuerwehrfahrzeugen gemacht?

7.1.30 Wie muss die feuerwehrtechnische Beladung verlastet sein?

7.1.31 Welche Bauteile dürfen über den Überhangwinkel von Feuerwehrfahrzeugen hinausragen?

7.1.32 Erklären Sie nachfolgende Begriffe:
a) Fahrzeuglänge,
b) Fahrzeugbreite,
c) Fahrzeughöhe,
d) Radstand,
e) Spurweite.

7.1.33 Was ist ein Rampenwinkel und wie wird er gemessen?

7.1.34 Erläutern Sie den Begriff Überhangwinkel in Bezug auf die zulässigen Steigungen von Feuerwehrzufahrten.

7.1.35 Was verstehen Sie unter dem Begriff Massenreserve eines Feuerwehrfahrzeuges?

7.1.36 Mit welchen zusätzlichen Beladungseinheiten können LF 10/6 und (H)LF 20/16 bei Gewichts- und Raumreserven ausgestattet werden?

7.1.37 Beschreiben Sie Aufbau und Einsatzwert eines Rüstwagens und eines Gerätewagens Gefahrgut nach DIN 14555.

7.1.38 Welche Zusatzbeladungsgegenstände sind für den Rüstwagen möglich?

7.1.39 Ein Tanklöschfahrzeug ist nach EN 1846-1 wie folgt gekennzeichnet:
EN 1846-1-M-1-6-800-10/2000-1
Welche Angaben beinhaltet diese Kennzeichnung?

7.2 Hubrettungsfahrzeuge

7.2.1 Zu welchem Zweck werden Hubrettungsfahrzeuge bei den Feuerwehren verwendet?

7.2.2 Nennen Sie die drei häufigsten Fahrzeuggruppen, die zu den Hubrettungsfahrzeugen gehören.

7.2.3 Aus welchen Bauteilen besteht ein Hubrettungsfahrzeug?

7.2.4 Erklären Sie nachfolgende Begriffe:
a) Hubrettungssatz,
b) Hubrettungsausleger,
c) Rettungskorb.

7.2.5 Erklären Sie nachfolgende Begriffe in Bezug auf ein Hubrettungsfahrzeug:
a) Aufrichtewinkel,
b) Querneigungswinkel,
c) Längsneigungswinkel.

7.2.6 Erklären Sie den Unterschied zwischen Rettungshöhe und Nennrettungshöhe in Bezug auf ein Hubrettungsfahrzeug der Feuerwehr.

7.2.7 Erklären Sie den Unterschied zwischen Ausladung und Nennausladung in Bezug auf ein Hubrettungsfahrzeug der Feuerwehr.

7.2.8 Erklären Sie nachfolgende Begriffe:
a) Nennlast,
b) Prüflast,
c) Nutzlast,
d) Zusatzlast,

in Bezug auf Hubrettungsfahrzeuge der Feuerwehr.

7.2.9 Wie sind Benutzungsfeld und Benutzungsgrenze sowie Freistandsfeld und Freistandsgrenze in Bezug auf Hubrettungsfahrzeuge der Feuerwehr definiert?

7.2.10 Was ist ein Auflagerfeld?

7.2.11 Wie wird die Stützbreite b in Metern gemessen?

7.2.12 Wie wird die Rüstzeit t_R in Sekunden gemessen?

7.2.13 Erklären Sie den Unterschied zwischen statischer und dynamischer Prüfung in Bezug auf die Überprüfung der Standsicherheit von Hubrettungsfahrzeugen.

7.2.14 Ist die statische Überlastprüfung eine Standsicherheitsprüfung?

7.2.15 Welche Fahrzeuge verbergen sich hinter nachfolgenden Kurzbezeichnungen?
a) DL,
b) DLK,
c) GM,
d) TM.

7.2.16 Welche Lasten sind für Hubrettungsfahrzeuge anzusetzen?

7.2.17 Erklären Sie die praktische Standsicherheitsprüfung für ein Hubrettungsfahrzeug.

7.2.18 Wie wird die Stabilität des Hubrettungssatzes praktisch geprüft?

7.2.19 Aus welchem Grund wird bei Hubrettungsfahrzeugen eine Getriebesperre eingebaut?

7.2.20 Nennen Sie einige Anforderungen, die an die Abstützung von Hubrettungsfahrzeugen gestellt werden.

7.2.21 Welche Einrichtungen für den Betrieb des Hubrettungssatzes sind Ihnen bekannt?

7.2.22 Hubrettungssätze können im Notbetrieb gefahren werden. Wie funktioniert das?

7.2.23 Welche Abhängigkeiten bestehen zwischen dem Hauptsteuerstand und dem Steuerstand im Korb einer Drehleiter?

7.2.24 Welche Anforderungen sind an die Steuerstände von Hubrettungsfahrzeugen zu stellen?

7.2.25 Erklären Sie die Funktion des Totmannschalters.

7.2.26 Nennen Sie
a) die maximal zulässige Gesamtmasse,
b) die maximale Fahrzeuglänge,
c) die maximale Fahrzeugbreite,
d) die maximale Fahrzeughöhe,

für eine Drehleiter.

7.2.27 Nennen Sie die Ihnen bekannten Drehleitern mit maschinellem Antrieb.

7.2.28 Was ist der Unterschied zwischen einer DL 18-12 und einer DLK 18-12?

7.2.29 Nennen Sie einige Anforderungen, die an Drehleitern gestellt werden.

7.2.30 Wie hoch ist die Brückenbelastbarkeit einer Drehleiter im aufgelegten Zustand?

7.2.31 Nennen Sie einige Anforderungen, die an Rettungskörbe zu stellen sind.

7.2.32 Welche Angaben finden Sie auf dem Typenschild eines Rettungskorbes?

7.2.33 Welche Zusatzeinrichtungen sind an Rettungskörben für zwei Personen zulässig?

7.3 Feuerwehrpumpen

7.3.1 Was sind Feuerwehrpumpen?

7.3.2 In welche zwei Gruppen können Feuerwehrpumpen eingeteilt werden?

7.3.3 Welche Feuerwehrpumpen zur Förderung von Wasser sind Ihnen bekannt?

7.3.4 Nennen Sie einige Pumpen zur Förderung sonstiger Flüssigkeiten.

7.3.5 Erklären Sie die Begriffe *geodätische Saughöhe* und *geodätische Nennsaughöhe.*

7.3.6 Erklären Sie den Begriff Schließdruck.

7.3.7 Was verstehen Sie unter dem Begriff Förderdruck?

7.3.8 Erklären Sie die Begriffe Nennförderdruck und Nennförderstrom.

7.3.9 Erklären Sie die Begriffe Nennförderleistung und Nenndrehzahl.

7.3.10 Was versteht man unter dem Begriff Entlüftungszeit?

7.3.11 Nennen Sie fünf allgemeine Anforderungen, die an Feuerlöschkreiselpumpen gestellt werden.

7.3.12 Was wird allgemein unter dem Begriff Garantiepunkt in Bezug auf Feuerlöschkreiselpumpen verstanden?

7.3.13 Welche Bezeichnung muss eine Feuerlöschkreiselpumpe nach EN 1028-1 aufweisen? Geben Sie hierzu ein Beispiel an.

7.3.14 Welche genormten Feuerlösch- und Lenzkreiselpumpen nach EN 1028-1 sind Ihnen bekannt?

7.3.15 Von welchen Faktoren ist die Leistung einer Feuerlöschpumpe abhängig?

7.3.16 Erklären Sie den Begriff Leitrad in Bezug auf Feuerlöschkreiselpumpen.

7.3.17 Laufräder werden bauartbedingt unterschieden. Welche Bauarten sind Ihnen bekannt?

7.3.18 Welche Entlüftungseinrichtungen für Feuerlöschkreiselpumpen kennen Sie?

7.3.19 Erklären Sie den Begriff Kavitation in Bezug auf Feuerlöschkreiselpumpen.

7.3.20 Welche physikalischen Bedingungen werden bei Leistungsangaben für Feuerlöschkreiselpumpen zugrundegelegt?

7.3.21 In Bezug auf Druckangaben für Feuerlöschkreiselpumpen finden Sie nachfolgende Kurzbezeichnungen: p_e, p_a und p_0. Wofür stehen diese Bezeichnungen?

7.3.22 In welcher Maßeinheit werden Förderströme für Feuerlöschkreiselpumpen üblicherweise angegeben?

7.3.23 In welcher Maßeinheit wird die Förderleistung für Feuerlöschkreiselpumpen angegeben?

7.3.24 Nach welcher Formel kann die Förderleistung einer Feuerlöschkreiselpumpe überschlägig berechnet werden?

7.3.25 Erklären Sie den Begriff Pumpendrehsinn in Bezug auf Feuerlöschkreiselpumpen.

8 Feuerwehr-Dienstvorschriften

8.1 Nennen Sie die zurzeit eingeführten Dienstvorschriften, welche für die Feuerwehr Bedeutung besitzen.

8.2 Was soll durch die bundeseinheitliche Einführung der Feuerwehr-Dienstvorschriften erreicht werden?

8.3 Wer ist für die Einführung der Feuerwehr-Dienstvorschriften in den Bundesländern verantwortlich?

8.4 Was ist bei der Fahrzeugaufstellung gemäß der Feuerwehr-Dienstvorschriften zu beachten?

8.5 Was ist entsprechend der Feuerwehr-Dienstvorschrift unter dem Begriff *retten* zu verstehen?

8.6 Welchen Löscheinsatz kennt die FwDV 3?

8.7 Wann wird ein Einsatz mit Bereitstellung durchgeführt?

8.8 Welche Aufgaben hat ein Einheitsführer (Gruppe, Staffel oder selbstständiger Trupp) gemäß FwDV 3 zu beachten?

8.9 Welche Punkte hat ein Einheitsführer bei einem Löscheinsatz mit Bereitstellung in seinem Befehl anzusprechen?

8.10 Was ist bei einem Befehl zu einem Löscheinsatz ohne Bereitstellung anzusprechen?

8.11 Was hat zu geschehen, wenn von einer Einsatzkraft eine besondere Gefahr festgestellt wird?

8.12 Wie setzt sich der Zugtrupp nach FwDV 3 zusammen?

8.13 Welche Aufgabe kommt dem Führungsassistenten gemäß FwDV 3 zu?

8.14 Was wird durch die FwDV 8 geregelt?

8.15 Welche Anforderungen werden an Feuerwehrtaucher gestellt?

8.16 Welche Gründe führen zu einer vorzeitigen Nachuntersuchung der Tauchertauglichkeit?

8.17 Erklären Sie den Unterschied zwischen einer Signalleine und einer Telefonleine.

8.18 Welche Mindestausrüstung muss für jeden Taucher bereitgestellt werden?

8.19 Welche Aufgabe hat der Tauchereinsatzführer im Einsatz?

8.20 Was ist bei Wintertaucheinsätzen zu beachten?

8.21 Welche Leiterlängen und Rettungshöhen besitzen die nachfolgenden Leitern gemäß FwDV 10?
a) Klappleiter,
b) vierteilige Steckleiter,
c) dreiteilige Schiebleiter,
d) Hakenleiter.

8.22 Auf welche beiden Arten lässt sich die Steckleiter vornehmen?

8.23 Wie können die tragbaren Leitern bestiegen werden?

8.24 Wie groß sollte der Anstellwinkel bei tragbaren Leitern sein?

8.25 Welche Einsatzgrundsätze sind bei der Klapp- und Hakenleiter zu beachten?

8.26 Was ist bei der Vornahme von Strahlrohren über tragbare Leitern zu beachten?

8.27 Was hat mit schadhaften Leitern zu erfolgen?

8.28 Welche Sicherheitsabstände sind beim Einsatz von tragbaren Leitern im Bereich spannungsführender Anlagen einzuhalten?

9 Führungslehre

9.1 Grundsätze

9.1.1 Erklären Sie den Begriff Führung.

9.1.2 Welche Faktoren bestimmen eine Führerpersönlichkeit?

9.1.3 Was ist ein Befehl?

9.1.4 Welche Arten von Befehlen kennt die FwDV 100?

9.1.5 Erklären Sie den Unterschied zwischen den einzelnen Befehlsarten nach der FwDV 100?

9.1.6 Wann darf ein Befehl nicht befolgt werden?

9.1.7 Wann muss ein Befehl nicht befolgt werden?

9.1.8 Durch welche Maßnahmen kann ein Befehl durchgesetzt werden?

9.1.9 Wodurch erhält der Befehlende seine Befugnis zum Befehlen?

9.1.10 Auf welchen Säulen basiert der Gehorsam?

9.1.11 Welche Führungsstile kennen Sie?

9.1.12 Erklären Sie kurz den Unterschied zwischen dem autoritären und dem kooperativen Führungsstil.

9.1.13 Erklären Sie den Laissez-faire-Führungsstil.

9.1.14 Welche Faktoren beeinflussen die Wahl des Führungsstils?

9.1.15 Welcher Führungsstil wird bei der Feuerwehr angewandt?

9.1.16 Welche Vor- und Nachteile besitzt der autoritäre Führungsstil? Nennen Sie einige Beispiele.

9.1.17 Welche Vor- und Nachteile besitzt der kooperative Führungsstil? Nennen Sie einige Beispiele.

9.1.18 Welche Vor- und Nachteile besitzt der Laissez-fair-Führungsstil? Nennen Sie einige Beispiele.

9.1.19 Wodurch kann ein Vorgesetzter seine Autorität festigen?

9.1.20 Welche Punkte sollte ein Vorgesetzter bei der Überwachung der Ausführung seiner Befehle und Aufträge beachten?

9.2 Einsatztaktik

9.2.1 Was versteht man unter dem Begriff Taktik?

9.2.2 Auf welche Grundsätze sollte sich die Einsatztaktik stützen?

9.2.3 Welche Grundsätze zur Sicherheit des Einsatzpersonals sind zu beachten?

9.2.4 Was ist unter dem Begriff Strategie im Sinne des Brand- und Katastrophenschutzes zu verstehen?

9.2.5 Erklären Sie den Unterschied zwischen der Auftragstaktik und der Befehlstaktik.

9.2.6 Wie kann ein Zug gemäß FwDV 3 eingesetzt werden?

9.2.7 Welche Bestandteile sollte der Befehl eines Zugführers mindestens enthalten?

9.2.8 Wann sollen die Befehlselemente „Mittel“, „Ziel“ und „Weg“ vom Zugführer verwendet werden?

9.2.9 Um welche Befehlselemente kann der Befehl des Zugführers gemäß FwDV 3 ergänzt werden?

9.2.10 Wann sollte der Zugführer die Informationen über die „Lage“ und zur „Durchführung“ an seine nachgeordneten Einheitsführer geben?

9.2.11 Welche Mannschaftsstärke sollte ein Zug in der Regel umfassen?

9.2.12 Wie lautet die Bezeichnung von Einheiten mit einem Gruppengleichwert größer 2 ⅓?

9.2.13 Nennen Sie den Gruppengleichwert für die verschiedenen taktischen Einheiten.

9.3 Führung im Einsatz

9.3.1 Aus welchen Teilen setzt sich das Führungssystem gemäß der FwDV 100 zusammen?

9.3.2 Welche Führungsgrundsätze sollten bei der Wahrnehmung von Führungsaufgaben beachtet werden?

9.3.3 Was versteht man unter der Führungsorganisation?

9.3.4 Wie setzt sich eine Einsatzleitung entsprechend der FwDV 100 zusammen?

9.3.5 Welche Befugnisse können einer/einem Einsatzleiterin/Einsatzleiter auf Grund gesetzlicher Bestimmungen gegenüber Dritten übertragen worden sein?

9.3.6 Woraus sollte eine Führungseinheit mindestens bestehen?

9.3.7 Welche Führungseinheiten kennen Sie?

9.3.8 In welche Sachgebiete kann eine Einsatzleitung gegliedert werden und welche Aufgaben werden von den Sachgebieten wahrgenommen?

9.3.9 Das S 1 ist für den Bereich Personal/Innerer Dienst zuständig. Welche Aufgaben sind hier im Detail wahrzunehmen?

9.3.10 Welche wesentlichen Aufgaben gehören zum Tätigkeitsgebiet des S 2?

9.3.11 Nennen Sie einige Aufgabenfelder des S 3.

9.3.12 Welche Aufgabenbereiche hat das S 4 zu bearbeiten? Nennen Sie einige Beispiele.

9.3.13 Welche wesentlichen Aufgaben gehören zum Tätigkeitsgebiet des S 5?

9.3.14 Nennen Sie einige Aufgabenfelder des S 6.

9.3.15 Welche Vertreter anderer Behörden können in einem Stab der Einsatzleitung zugegen sein?

9.3.16 Welche Arten von Befehlsstellen kennt die FwDV 100?

9.3.17 Was versteht man unter einer Führungsebene?

9.3.18 Was versteht man unter dem Führungsvorgang?

9.3.19 In welche Teile untergliedert sich der Führungsvorgang?

9.3.20 Worauf kommt es bei der Erkundung an?

9.3.21 Welche Fragen gilt es bei der Beurteilung der Lage zu klären?

9.3.22 Wozu dient die Beurteilung?

9.3.23 Welche Teile muss ein Befehl immer enthalten?

9.3.24 Welche Aufgabe hat die Kontrolle?

9.3.25 Welche Aufgaben erfüllen Führungsmittel?

9.3.26 Welche Einteilung für Führungsmittel kennen Sie?

9.3.27 Nennen Sie einige Beispiele für Mittel zur Informationsgewinnung.

9.3.28 Was sind Verbindungsorgane?

9.4 Kfz-Marsch geschlossener Verbände

9.4.1 Was versteht man unter einem Kfz-Marsch?

9.4.2 Über welche wesentlichen Merkmale muss ein geschlossener Verband verfügen?

9.4.3 Was soll durch einen Kfz-Marsch eines geschlossenen Verbandes erreicht werden?

9.4.4 Aus wie vielen Fahrzeugen sollte eine Kfz-Kolonne maximal bestehen?

9.4.5 Wann ist eine Aufteilung des marschierenden Verbandes in Einzelgruppen sinnvoll?

9.4.6 Welche Aufgabe hat der Führer eines geschlossenen Verbandes zu erfüllen?

9.4.7 Welche Aufgabe kommt dem Marschführer beim Fahren im geschlossenen Verband zu?

9.4.8 An welcher Stelle sollte das schwerste Fahrzeug des geschlossenen Verbandes fahren?

9.4.9 Von welchen Kriterien hängt die festzulegende Marschgeschwindigkeit ab?

9.4.10 Welche Richtwerte sollten für die Marschgeschwindigkeit auf den unterschiedlichen Straßen angesetzt werden?

9.4.11 Welche Fahrzeugabstände sind innerhalb eines geschlossenen Verbandes einzuhalten?

9.4.12 Was ist bei der Erkundung der Marschstrecke zu berücksichtigen?

9.4.13 Welche Angaben sollten in einem Marschbefehl enthalten sein?

9.4.14 Was ist vom Marschführer beim Befahren von Steigungen und Gefällen zu beachten?

9.4.15 Wie sollten sich Fahrer verhalten, deren Fahrzeug während des Marsches ausfällt?

9.4.16 Bei wem sind die beabsichtigten Marschvorhaben anzumelden?

10 Gefahren der Einsatzstelle

10.1 Allgemeine Gefahren

10.1.1 Welche Gefahren werden durch das allgemeine Gefahrenschema AAAA-CEEEE beschrieben?

10.1.2 Werden durch das allgemeine Gefahrenschema alle Gefahren erfasst mit denen man an Einsatzstellen konfrontiert werden kann?

10.1.3 Durch welche Umstände können sich Gefahren im Verkehrsbereich ergeben?

10.1.4 Worauf sollten Sie achten, wenn Ihre Einsatzkräfte im Verkehrsbereich tätig werden?

10.1.5 Mit welchen Mitteln lassen sich Einsatzstellen im Verkehrsbereich absichern?

10.1.6 In welchem Abstand sind Einsatzstellen auf einer Bundesautobahn abzusichern?

10.1.7 In welchem Abstand ist die Absicherung der Einsatzstelle auf Bundes- und Landstraßen vorzunehmen?

10.1.8 Innerhalb einer geschlossenen Ortschaft ist eine Absicherung der Straße durchzuführen. In welchem Abstand soll dies erfolgen?

10.1.9 Was ist beim Rückwärtsfahren von Einsatzfahrzeugen zu beachten?

10.1.10 Welche besonderen Gefahren können sich für Einsatzkräfte bei Einsätzen auf dem Gelände der Deutschen Bahn AG ergeben?

10.1.11 Was veranlassen Sie als Einsatzleiter bei Einsätzen auf dem Gelände der Deutschen Bahn AG?

10.1.12 Durch welche Maßnahmen können Unfälle an Einsatzstellen weitestgehend ausgeschlossen werden?

10.1.13 Welche umwelt- und witterungsbedingten Gefahren können sich an einer Einsatzstelle ergeben?

10.2 Ausbreitung des Schadenereignisses

10.2.1 Was versteht man in der Gefahrenlehre unter dem Begriff Ausbreitung des Schadenereignisses?

10.2.2 Welche baulichen Mängel können zu einer Brandausbreitung beitragen? Nennen Sie einige Beispiele hierzu.

10.2.3 Nennen Sie einige Beispiele für betriebliche Mängel, die zu einer Brandausbreitung beitragen können.

10.2.4 Was ist eine Feuerbrücke?

10.2.5 Erklären Sie den Unterschied zwischen einem Flugfeuer und Funkenflug.

10.2.6 Welche Wärmeübertragungsarten sind Ihnen bekannt?

10.2.7 Erläutern Sie den Begriff Wärmestau an einem praktischen Beispiel.

10.2.8 Wie können löschtechnische Fehler zu einer Brandausbreitung beitragen?

10.2.9 In welchen Betrieben kann mit einer Staubexplosion gerechnet werden?

10.2.10 Was haben vorgehende Einsatzkräfte zu beachten, damit Staubexplosionen nach Möglichkeit verhindert werden?

10.2.11 Was haben Sie als Einsatzleiter zu veranlassen, wenn Sie vermuten, dass durch Giftstoffe verunreinigtes Löschwasser anfällt?

10.2.12 An welcher Stelle der Brandstelle ist die Wärmestrahlung größer, an der dem Wind zugewandten oder der dem Wind abgewandten Seite?

10.3 Atomare Gefahren

10.3.1 Nennen Sie einige Bereiche, in denen es zur Anwendung von radioaktiven Stoffen kommen kann.

10.3.2 Zwischen welchen Strahlungsarten wird unterschieden?

10.3.3 Welche Reichweiten besitzen die verschiedenen Strahlungsarten?

10.3.4 Mit Hilfe welcher Materialien lassen sich die unterschiedlichen Strahlenarten abschirmen?

10.3.5 Nennen Sie mögliche Auswirkungen der radioaktiven Strahlung auf den menschlichen Körper.

10.3.6 Von welchen Faktoren hängt der Grad der Schädigung bei einer Gamma-Bestrahlung ab?

10.3.7 Entsprechend der FwDV 500 werden Räume und Bereiche, in denen radioaktive Stoffe gelagert oder verwendet werden, in Gefahrengruppen unterteilt. Welche Gefahrgruppen sind dies und wie werden sie voneinander unterschieden?

10.3.8 Welche Anforderungen werden an die Schutzkleidung der Einsatzkräfte für einen Einsatz im Bereich der verschiedenen Gefahrgruppen gestellt?

10.3.9 Wie ist bei Unfällen im Zusammenhang mit Transporten radioaktiver Stoffe vorzugehen?

10.3.10 Wie erfolgt die Kennzeichnung von Versandstücken für radioaktive Stoffe nach der ADR?

10.3.11 Welche besonderen Gefahren können sich an Einsatzstellen mit radioaktiven Substanzen für die Einsatzkräfte der Feuerwehr ergeben?

10.3.12 Erklären Sie den Begriff Kontamination.

10.3.13 Erklären Sie den Begriff Inkorporation.

10.3.14 Wie kann es zu einer Inkorporation kommen?

10.3.15 Mit welchen Maßnahmen kann man sich vor einer Inkorporation schützen?

10.3.16 Durch welche Schutzmaßnahmen lässt sich eine Reduzierung der äußeren Bestrahlung erreichen?

10.3.17 Beim Transport von radioaktivem Material auf der Straße ist es zu einem Unfall gekommen. Der Fahrer des Fahrzeuges ist schwer verletzt. Kann in einem solchen Fall zur Menschenrettung auch ohne Sonderausrüstung vorgegangen werden?

10.4 Atemgifte

10.4.1 Was sind Atemgifte?

10.4.2 Bei welchen Einsätzen muss man mit dem Vorhandensein von Atemgiften rechnen?

10.4.3 In welche Gruppen werden die Atemgifte im Hinblick auf ihre physiologische Wirkung eingeteilt?

10.4.4 Welche Eigenschaften weisen die Atemgifte der Gruppe 1 auf?

10.4.5 Was kennzeichnet die Atemgifte der Gruppe 2?

10.4.6 Methan gehört zur Gruppe 1 der Atemgifte. In welchen Bereichen muss mit der Anwesenheit von Methan gerechnet werden?

10.4.7 Nennen Sie einige Vertreter der Atemgiftgruppe 1.

10.4.8 Wo muss mit dem Vorhandensein von Chlor gerechnet werden?

10.4.9 Was sind nitrose Gase und wo muss mit ihrem Auftreten gerechnet werden?

10.4.10 Welches Atemgift der Gruppe 2 kann in Fäkaliengruben oder der Kanalisation neben Methan noch entstehen?

10.4.11 Nennen Sie weitere Vertreter der Atemgifte der Gruppe 2.

10.4.12 Erläutern Sie kurz den Unterschied zwischen Kohlenstoffmonoxid und Kohlenstoffdioxid.

10.4.13 Was ist Stadtgas?

10.4.14 Wie können Sie ermitteln, ob Atemgifte leichter oder schwerer sind als Luft?

10.4.15 Welche Kriterien ziehen Sie zur Beurteilung von Atemgiften heran?

10.4.16 Nennen Sie einige Atemgifte der Gruppe 3.

10.4.17 Bei der Zersetzung welcher Kunststoffe ist mit der Bildung von Blausäure zu rechnen?

10.5 Angstreaktion

10.5.1 Was versteht man unter Angst?

10.5.2 Welche Gefahren können sich durch Angstreaktionen ergeben?

10.5.3 Nennen Sie Beispiele für Angstreaktionen.

10.5.4 Was ist bei Personen, welche Angstzustände zeigen, zu beachten?

10.5.5 Kann Angst auch bei Tieren auftreten?

10.5.6 Was versteht man unter Panik?

10.6 Chemische Stoffe

10.6.1 Was ist unter dem Begriff chemische Stoffe zu verstehen?

10.6.2 Welche Eigenschaften können chemische Stoffe aufweisen?

10.6.3 Was sind ätzende Stoffe?

10.6.4 Was sind reizende Stoffe?

10.6.5 Welche Möglichkeiten der Giftaufnahme in den menschlichen Körper kennen Sie?

10.6.6 Über welche Eigenschaften können umweltgefährdende Chemikalien verfügen?

10.6.7 Was sind stickstoffhaltige Düngemittel und welche Gefahr kann von ihnen ausgehen?

10.6.8 Welche Gefahren können sich durch das unkontrollierte Freiwerden von Mineralölprodukten ergeben?

10.6.9 In welchen Betrieben müssen Sie mit dem Vorhandensein von Laugen und Säuren rechnen?

10.6.10 Erklären Sie den Begriff Neutralisation.

10.6.11 Was ist der pH-Wert?

10.6.12 Was sind Indikatorpapiere und wozu dienen sie?

10.6.13 Was sind polychlorierte Biphenyle und wo werden sie eingesetzt?

10.6.14 Welche Pyrolyseprodukte können bei der thermischen Zersetzung von polychlorierten Biphenylen auftreten?

10.6.15 Nach einem Brandeinsatz ergaben die Analysenwerte eine erhöhte Kontamination der Einsatzkleidung und -geräte mit Dioxin. Wie ist in einem solchen Fall zu verfahren?

10.6.16 Wie sind Einsatzkräfte zu behandeln, bei denen der Verdacht einer Kontamination oder einer Inkorporation mit Dioxinen vorliegt?

10.7 Explosionen

10.7.1 Was ist eine elektrostatische Aufladung und wie lässt sie sich verhindern?

10.7.2 Erklären Sie den Begriff Temperaturklasse.

10.7.3 Erklären Sie den Zusammenhang zwischen der Temperaturklasse eines elektrischen Betriebsmittels und der Zündtemperatur eines brennbaren Stoffes.

10.7.4 In welche beiden Gruppen können die ex-geschützten elektrischen Betriebsmittel eingeteilt werden?

10.7.5 Was ist eine Implosion?

10.7.6 Wozu dienen Explosimeter?

10.7.7 Welche Sicherheitsmaßnahmen sind bei Einsätzen in explosionsgefährdeten Bereichen zu beachten?

10.7.8 Gase werden häufig in Stahldruckflaschen transportiert. In welchen Aggregatzuständen können die Gase in diesen Behältnissen vorliegen?

10.7.9 Nennen Sie einige Beispiele für Gase, die unter Druck verdichtet, unter Druck verflüssigt oder unter Druck gelöst transportiert werden.

10.7.10 Was besagt das Gesetz von Boyle-Mariotte und wo findet es seine Anwendung?

10.7.11 Erklären Sie das Gesetz von Gay-Lussac.

10.7.12 Erklären Sie das Gesetz von Amontons.

10.7.13 Durch welche äußeren Einflüsse kann es bei Acetylen zu einer Zersetzung kommen und welche besondere Gefahr besteht hierbei?

10.7.14 Welche Gefahr kann sich für einen vorgehenden Trupp durch die Erwärmung von Spraydosen ergeben?

10.7.15 Ein Behältnis wurde vollständig mit einer Flüssigkeit gefüllt und fest verschlossen. Was kann bei einer Erwärmung des Behältnisses und damit der Flüssigkeit geschehen?

10.7.16 Was versteht man unter einem Flash-over?

10.7.17 Was sind Anzeichen für einen Flash-over?

10.7.18 Erläutern Sie den Begriff Backdraft.

10.7.19 Was sind Anzeichen für einen Backdraft?

10.8 Elektrizität

10.8.1 Wie lautet das Ohm'sche Gesetz?

10.8.2 Ab welcher Stromstärke können Unfälle an elektrischen Anlagen für Menschen tödlich sein?

10.8.3 Zu welchen Verletzungen kann ein elektrischer Schlag von 230 V führen?

10.8.4 Ab welcher Spannung spricht man von einer Hochspannungsanlage?

10.8.5 Was ist ein Spannungstrichter?

10.8.6 Unter welchen Bedingungen rechnen Sie mit einem besonders großen und wann mit einem kleinen Spannungstrichter?

10.8.7 Eine Menschenrettung macht es erforderlich, dass Sie sich einem Spannungstrichter nähern müssen. Was haben Sie hierbei zu beachten?

10.8.8 Das Ende einer gerissenen Hochspannungsleitung liegt auf dem Boden. Bis zu welchem Abstand können Sie sich der Auftreffstelle – etwa zu einer Menschenrettung – nähern?

10.8.9 Welche Mindestabstände haben Sie bei der Vornahme von Einsatzgeräten im Bereich von Hochspannungsanlagen mit einer Spannung von:
380 kV, 220 kV, 110 kV und 1 kV einzuhalten?

10.8.10 Sie führen eine Brandbekämpfung in einer elektrischen Anlage durch, deren Spannung Ihnen unbekannt ist. Welche Mindestabstände sind bei der Vornahme eines C-Rohres einzuhalten?

10.8.11 Eine spannungsführende Leitung (Fahrdraht) der Deutschen Bahn AG ist zwar abgeschaltet, aber nicht geerdet. Welcher Sicherheitsabstand ist einzuhalten?

10.8.12 Welche Sicherheitsregeln sind bei Einsätzen in spannungsführenden Anlagen zu beachten?

10.9 Einsturz

10.9.1 Bei welchen Mauerwerksbauteilen rechnen Sie im Brandfall insbesondere mit Einsturzgefahren?

10.9.2 Welche Spannungsarten können vom Mauerwerk gut, und welche schlecht aufgenommen werden?

10.9.3 Sie stellen als Einsatzleiter bei der Erkundung fest, dass etwa 50 % einer tragenden Holzkonstruktion abgebrannt sind. Außerdem nehmen Sie knarrende Geräusche wahr. Womit rechnen Sie?

10.9.4 Welche Bauteile einer Dachkonstruktion sind zu schützen (kühlen) um Einsturzgefahren im Brandfall zu verhindern?

10.9.5 In welchen Fällen können Baukonstruktionen aus dem Baustoff Stahl schlagartig einstürzen?

10.9.6 Infolge Brandeinwirkung ist ein Gebäudeteil großflächig eingestürzt. Was haben Sie als Einsatzleiter generell zu veranlassen?

10.9.7 Nennen Sie einige Einsturzursachen von Hochbauten.

10.9.8 Nennen Sie einige Einsturzursachen von Tiefbaustellen.

10.9.9 Sie wollen einige Bauteile aus Stahlbeton, Mauerwerk und Holz abstützen, da diese einzustürzen drohen. Mit welchen Gewichten haben Sie ungefähr zu rechnen?

10.9.10 Welche Tragfähigkeit besitzt eine geschosshohe Rundholzstütze aus Nadelholz der Güteklasse II (Durchmesser 10 cm)?

10.9.11 Sie haben den Auftrag, Sicherungsmaßnahmen an einem Gebäude vorzunehmen, das einsturzgefährdet ist. Welche Stützen stehen zur Verfügung?

10.10 Erkrankung/Verletzung

10.10.1 Was ist unter einer Erkrankung/Verletzung im Sinne des Gefahrenschemas zu verstehen?

10.10.2 Auch Feuerwehrleute können im Einsatzgeschehen verletzt werden. Nennen Sie Körperpartien die besonders gefährdet sind.

10.10.3 Wodurch kann man Verletzungen vorbeugen?

10.10.4 Zu welchen Verletzungen kann es oftmals bei Feuerwehrangehörigen im Einsatz kommen?

11 Gefährliche Stoffe und Güter

11.1 Chemische Grundlagen

11.1.1 Wie werden die nachfolgenden Aggregatzustandsänderungen bezeichnet?
a) fest → flüssig,
b) flüssig → gasförmig,
c) fest → gasförmig,
d) gasförmig → fest,
e) gasförmig → flüssig,
f) flüssig → fest.

11.1.2 Worin besteht der Unterschied zwischen einem reinen Stoff und einem Stoffgemenge?

11.1.3 Was sind Elemente und wie viele natürlich vorkommende Elemente gibt es auf der Erde?

11.1.4 Nach welchem Schema sind die Elemente im Periodensystem der Elemente (PSE) angeordnet?

11.1.5 Erklären Sie den Atomaufbau anhand des Modells von Niels Bohr.

11.1.6 Aus welchen Elementarteilchen ist der Atomkern aufgebaut?

11.1.7 Welche Bedeutung kommt den Protonen und Neutronen beim Atomaufbau zu?

11.1.8 Welche Aufgabe kommt den Neutronen im Atomkern zu?

11.1.9 Wie sind die Elektronen am Atomaufbau beteiligt?

11.1.10 Was sind Valenzelektronen?

11.1.11 Wie lassen sich die Elemente im periodischen System unterteilen?

11.1.12 Welche Gemeinsamkeiten haben die Elemente einer Gruppe?

11.1.13 Über welche Gemeinsamkeit verfügen die Elemente einer Periode?

11.1.14 Nennen Sie die Namen für die acht Hauptgruppen des Periodensystems der Elemente.

11.1.15 Was sind Isotope?

11.1.16 Erklären Sie die Begriffe absolute und relative Atommasse.

11.1.17 Erklären Sie den Begriff der atomaren Masseneinheit.

11.1.18 Was versteht man unter der Molekülmasse?

11.1.19 Was besagt das Gesetz von der Erhaltung der Masse?

11.1.20 Was besagt das Gesetz von den konstanten Proportionen?

11.1.21 Was besagt das Gesetz von den multiplen Proportionen?

11.1.22 Was wird durch eine chemische Gleichung beschrieben?

11.1.23 Was ist ein Mol?

11.1.24 Was sind Ionen?

11.1.25 Erklären Sie den Begriff Kationen.

11.1.26 Was sind Anionen?

11.1.27 Welche Arten von chemischen Bindungen kennen Sie?

11.1.28 Erklären Sie das Prinzip der Ionenbindung.

11.1.29 Erklären Sie das Prinzip der Atombindung.

11.1.30 Erklären Sie das Prinzip der Metallbindung.

11.1.31 Über welche Eigenschaften verfügen Stoffe mit einer Ionenbindung?

11.1.32 Über welche Eigenschaften verfügen Stoffe mit einer Atombindung?

11.1.33 Über welche Eigenschaften verfügen Stoffe mit einer Metallbindung?

11.2 Rechtliche Grundlagen

11.2.1 Welchen Zweck soll das Chemikaliengesetz erfüllen?

11.2.2 Was sind gefährliche Stoffe oder gefährliche Zubereitungen im Sinne des Chemikaliengesetzes?

11.2.3 Was bedeutet die Abkürzung BetrSichV?

11.2.4 Was sind Munitionsbrandklassen?

11.2.5 Welche Gefahr kann von den unterschiedlichen Munitionsbrandklassen ausgehen?

11.2.6 Zusätzlich zu einer Kennzeichnung mit den Munitionsbrandklassenschildern können Zusatzschilder mit einer Kurzbezeichnung des Stoffes vorhanden sein. Was bedeuten in diesem Zusammenhang die Abkürzungen:

a) WP,
b) NP,
c) CN,
d) HC,
e) TH.

11.2.7 Bei den gefährlichen Stoffen und Gütern wird zwischen verschiedenen Sicherheitskennzeichnungen unterschieden. Welche sind Ihnen bekannt?

11.2.8 Auch Rohrleitungen können, entsprechend dem Durchflussstoff, farblich gekennzeichnet sein. Für welche Durchflussstoffe steht hierbei die Farbe:

a) grün,
b) orange,
c) violett?

11.2.9 Welche Vorschrift regelt den Gefahrguttransport auf der Straße?

11.2.10 Entsprechend ihrer Gefahreigenschaften werden die gefährlichen Stoffe nach der ADR in verschiedene Klassen eingeteilt. Welche Klassen sind Ihnen bekannt?

11.2.11 Zur Kennzeichnung von Tankfahrzeugen beim Transport von Gefahrgut werden oftmals orangefarbene Warntafeln mit Nummern verwendet. Wie lautet die Bezeichnung für die Ziffern in der oberen beziehungsweise unteren Hälfte dieser Tafeln?

11.2.12 Welche Bedeutung kommt den einzelnen Ziffern der Gefahrnummer zu?

11.2.13 Worauf weist eine Verdopplung einer Ziffer innerhalb der Gefahrnummer hin?

11.2.14 Welche Bedeutung besitzt die Gefahrnummer 22?

11.2.15 Welche Bedeutung besitzt die Gefahrnummer 333?

11.2.16 Welche Bedeutung besitzt die Gefahrnummer 99?

11.2.17 Was sind Gefahrzettel?

11.2.18 Wie sind Eisenbahnkesselwagen zu kennzeichnen wenn sie verflüssigte Gase enthalten?

11.2.19 Ein Binnenschiff ist mit einem blauen Kegel gekennzeichnet. Was bedeutet dies?

11.2.20 Welche Kennzeichnung muss ein Binnenschiff beim Transport von explosionsgefährlichen Stoffen führen?

11.2.21 Wofür steht die Abkürzung TUIS?

11.2.22 Welche Hilfe kann TUIS leisten?

11.3 Messgeräte und Schutzkleidung

11.3.1 Was sind Kurzzeitröhrchen?

11.3.2 Welche Unterschiede bestehen zwischen Skalen- und Farbabgleichprüfröhrchen?

11.3.3 Warum ist in einigen Kurzzeitröhrchen eine Reagenzampulle enthalten?

11.3.4 Erklären Sie den Begriff Querempfindlichkeit.

11.3.5 Warum kann die Kombination von Prüfröhrchen und Pumpsystemen unterschiedlicher Hersteller bei quantitativen Messungen zu Messfehlern führen?

11.3.6 Was ist eine Simultanmessung?

11.3.7 Was ist bei der Lagerung von Prüfröhrchen zu beachten?

11.3.8 Was ist bei der Entsorgung verwendeter Prüfröhrchen zu beachten?

11.3.9 Wozu dienen Explosimeter?

11.3.10 Kann mit Hilfe der Explosimeter eine genaue Schadstoffkonzentration ermittelt werden?

11.3.11 Von Zeit zu Zeit beziehungsweise nach jedem Einsatz bedürfen Explosimeter einer erneuten Kalibrierung. Warum?

11.3.12 Erklären Sie kurz das Prinzip der Sauerstoffmessgeräte.

11.3.13 Vor welchen Gefahren soll der Träger eines Chemikalienschutzanzuges geschützt werden?

11.3.14 Welche Faktoren beeinflussen die Schutzwirkung der Chemikalienschutzanzüge?

11.3.15 Welcher Chemikalienschutzanzug wird bei den Feuerwehren am häufigsten verwendet?

11.3.16 Chemikalienschutzanzüge sind häufig aus mehreren Schichten aufgebaut. Welche Aufgabe haben die einzelnen Schichten?

11.3.17 Welches Material wird wahrscheinlich am häufigsten zur Herstellung der Außenbeschichtung der Chemikalienschutzanzüge verwendet?

11.4 Gefahrguteinsätze

11.4.1 Erklären Sie den Begriff Gaspendelverfahren.

11.4.2 Ist Torf ein geeignetes Mittel zur Aufnahme von ausgelaufener konzentrierter Salpetersäure?

11.4.3 Häufig sind Gefahrgut-Umfüllpumpen nicht selbstansaugend, welches Problem kann hierdurch im Einsatz entstehen?

11.4.4 Häufig werden Stoffe phlegmatisiert transportiert. Was ist hierunter zu verstehen?

11.4.5 Für wen gilt die Betriebssicherheitsverordnung?

11.4.6 Was versteht man im Sinne der Betriebssicherheitsverordnung unter einem explosionsgefährdeten Bereich?

11.4.7 Was versteht man im Sinne der Betriebssicherheitsverordnung unter einer explosionsfähigen Atmosphäre?

11.4.8 Entsprechend der Betriebssicherheitsverordnung werden zur Vermeidung von Explosionen die explosionsgefährdeten Bereiche in Zonen unterteilt. Welche Zonen kennen Sie und welche Bedingungen können in den verschiedenen Zonen herrschen?

11.4.9 Welche gasförmigen Stoffe können bei der Reaktion von Säuren mit Metallen entstehen?

11.4.10 Warum ist die Identifizierung des Stoffes bei Gefahrgutunfällen so wichtig?

11.4.11 Vor welche Probleme kann man gestellt werden, wenn es zu einem Unfall mit Stückgut gekommen ist?

11.4.12 Welche Möglichkeiten der Identifikation von Gefahrgut sind bei den unterschiedlichen Transportmitteln vorhanden?

11.4.13 Welche Möglichkeiten zur Identifizierung von Gefahrgut können in Gebäuden oder stationären Anlagen vorhanden sein?

11.4.14 Worauf ist bei der Aufstellung der Einsatzfahrzeuge an einer Einsatzstelle mit Gefahrgut zu achten?

11.4.15 Welchen Sicherheitsabstand sollten nicht unmittelbar beteiligte Einsatzkräfte zunächst von der Einsatzstelle einhalten?

11.4.16 Welche Maßnahmen sind in der Regel bei allen Einsätzen und Gefahrenlagen mit gefährlichen Gütern zu treffen?

11.4.17 Welche abschließenden Maßnahmen sind nach einem Gefahrguteinsatz durchzuführen?

11.4.18 Was hat mit den Personen zu erfolgen, die unmittelbaren Kontakt mit gefährlichen Stoffen hatten?

11.5 Einsätze in Gegenwart von biologischen Arbeitsstoffen

11.5.1 Welche Richtlinie macht eine Aussage über den Feuerwehreinsatz in Anlagen mit biologischen Arbeitsstoffen?

11.5.2 Über welchen Geltungsbereich verfügt die vfdb-Richtlinie 10/02?

11.5.3 Was sind biologische Arbeitsstoffe im Sinne der vfdb-Richtlinie 10/02?

11.5.4 Welchen Gesundheitsgefahren können Kräfte, die an Einsatzorten tätig werden an denen biologische Arbeitsstoffe vorhanden sind, ausgesetzt sein?

11.5.5 Wie können biologische Arbeitsstoffe inkorporiert werden?

11.5.6 Wie werden Bereiche in denen mit biologischen Arbeitsstoffen umgegangen wird für die Feuerwehr eingeteilt?

11.5.7 Wie sind Einsatzkräfte zu schützen, die in Bereichen der Gefahrengruppe I B tätig werden müssen?

11.5.8 Wie sind Einsatzkräfte zu schützen, die in Bereichen der Gefahrengruppe II B tätig werden müssen?

11.5.9 Wie sind Einsatzkräfte zu schützen, die in Bereichen der Gefahrengruppe III B tätig werden müssen?

11.5.10 Wie ist im Zusammenhang mit Transportunfällen mit Gefahrgütern der Klasse 6.2 ADR beziehungsweise RID vorzugehen?

11.5.11 Wer kann eine fachkundige Person im Sinne der vfdb-Richtlinie 10/02 sein?

11.5.12 Welche Objekte mit biologischen Arbeitsstoffen sind zu erfassen?

11.5.13 Für welche Objekte sind Feuerwehrpläne zu erstellen?

11.5.14 Welche wichtigen Punkte sollten in den Feuerwehrplänen für biologische Anlagen enthalten sein?

11.5.15 Wie setzt sich die Mindestausrüstung für Einsätze im Bereich der Gefahrengruppe II B zusammen?

11.5.16 Wie setzt sich die Mindestausrüstung für Einsätze im Bereich der Gefahrengruppe III B zusammen?

11.5.17 Wonach richtet sich die Festlegung des Absperrbereiches bei Einsätzen mit biologischen Arbeitsstoffen?

11.5.18 Dürfen Türen und Fenster in Anlagen mit biologischen Arbeitsstoffen geöffnet werden?

11.5.19 Der Bereich einer biologischen Anlage ist mit einer Schleuse versehen. Was haben Sie hierbei zu beachten?

11.5.20 Wie lässt sich eine Kontamination oder Inkorporation mit biologischen Stoffen an der Einsatzstelle feststellen?

11.5.21 Unter Einhaltung welcher Schutzmaßnahmen kann eine Menschenrettung im Bereich der Gefahrengruppe III B durchgeführt werden?

11.5.22 Was ist bei der Rettung von Tieren zu beachten?

11.5.23 Was ist bezüglich des anfallenden Löschwassers in biologischen Anlagen zu beachten?

11.5.24 Welche Informationen sind für den Einsatzablauf in biologischen Anlagen von Bedeutung?

11.5.25 Wie sollen die Versorgung und der Transport von kontaminationsverdächtigen Verletzten erfolgen?

11.5.26 Welche Verletzungen von Einsatzkräften in Bereichen mit biologischen Arbeitsstoffen sind dem Einsatzleiter zu melden?

11.5.27 Was hat mit kontaminationsverdächtigen Personen und Gegenständen zu erfolgen?

11.5.28 Welche speziellen Hygienemaßnahmen sind für das Einsatzpersonal durchzuführen?

11.5.29 Was ist bei der Dokumentation von Einsätzen mit biologischen Arbeitsstoffen zu beachten?

11.5.30 Wie lange ist die Dokumentation von Einsätzen mit biologischen Arbeitsstoffen aufzubewahren?

11.5.31 Wie ist bei späteren Erkrankungen zu verfahren, die im Zusammenhang mit den biologischen Arbeitsstoffen stehen könnten?

12 Gerätekunde

12.1 Rettungsgeräte

12.1.1 Welche Geräte gehören zu den Rettungsgeräten nach Gruppe 4 der DIN 14800?

12.1.2 Welche tragbaren Leitern kommen bei der Feuerwehr zum Einsatz?

12.1.3 Wie sind tragbare Leitern grundsätzlich in Stellung zu bringen, um Verletzungen zu vermeiden?

12.1.4 Welche Sicherheitsabstände sind einzuhalten, wenn tragbare Leitern in der Nähe von spannungsführenden Anlagen aufgestellt werden?

12.1.5 Skizzieren Sie die Seilführung der dreiteiligen Schiebleiter.

12.1.6 Beschreiben Sie vereinfacht, wie die dreiteilige Schiebleiter aus Holz geprüft wird.

12.1.7 Bis zu welchem Geschoss kann der zweite Rettungsweg über die vierteilige Steckleiter sichergestellt werden?

12.1.8 Wie wird die vierteilige Steckleiter geprüft?

12.1.9 Bis zu welcher Rettungshöhe sind Sprungtücher einsetzbar?

12.1.10 Sie führen eine Sichtprüfung an einem Sprungtuch durch. Worauf haben Sie besonders zu achten?

12.1.11 Wie lang darf die Rüstzeit und die Zeit zur Wiederherstellung der Einsatzbereitschaft zwischen zwei Sprüngen beim Sprungpolster SP 16 maximal sein?

12.1.12 Wie unterscheiden sich Sprungpolster und Sprungretter?

12.1.13 Welche Geräte gehören zu den Sanitäts- und Wiederbelebungsgeräten nach DIN 14800?

12.1.14 Erklären Sie Funktion und Wirkungsweise der Schaufeltrage.

12.1.15 Benennen Sie mindestens 15 Rettungsgeräte, die nach den Grundsätzen für die Prüfung der Ausrüstung und Geräte der Feuerwehr zu überprüfen sind.

12.1.16 In welcher Form sind Hebebänder aus synthetischen Fasern wiederkehrend zu prüfen?

12.1.17 Wie sind Hebebänder aus synthetischen Fasern aufzubewahren und zu reinigen?

12.1.18 Wann sind Hebebänder aus synthetischen Fasern auszumustern?

12.1.19 Mit welchen Rettungsgeräten können LF 10/6 und LF 16/12 bei Gewichts- und Raumreserve zusätzlich beladen werden?

12.1.20 Nach welchen Vorschriften sind die Rettungsgeräte der Feuerwehr zu prüfen und zu warten?

12.1.21 Welcher Personenkreis ist berechtigt, die Wartung und Prüfung von Rettungsgeräten der Feuerwehr durchzuführen?

12.2 Elektrische Betriebsmittel

12.2.1 Welche Beleuchtungsgeräte finden bei der Feuerwehr Verwendung?

12.2.2 Warum muss Blendung bei der Ausleuchtung von Einsatzstellen vermieden werden?

12.2.3 Wovon ist die Schattenbildung bei der Ausleuchtung von Einsatzstellen abhängig?

12.2.4 Sie finden auf einem Beleuchtungsgerät die Kennzeichnung IP 23. Welche Bedeutung hat diese Kennzeichnung?

12.2.5 Wie hoch ist die maximal zulässige Oberflächentemperatur von elektrischen Betriebsmitteln in den Temperaturklassen T1 bis T6?

12.2.6 Wie lang darf die Kabelleitung, die Sie an die Steckdose eines Stromerzeugers anschließen, maximal sein?

12.2.7 Welche tragbaren Stromerzeuger finden bei der Feuerwehr Verwendung?

12.2.8 Wozu eignen sich tragbare und fest eingebaute Stromerzeuger der Feuerwehr?

12.2.9 Welche Schutzmaßnahme wird für Stromerzeuger in Bezug auf das Auftreten von gefährlichen Berührungsspannungen angewandt?

12.2.10 Welche Prüfungen sind für den Antriebsmotor von tragbaren Stromerzeugern durchzuführen?

12.2.11 Welche Prüfungen sind für den Generator tragbarer Stromerzeuger durchzuführen?

12.2.12 Wozu dienen Lüftungsgeräte der Feuerwehr?

12.2.13 Beschreiben Sie Instandhaltung und Prüfung für Lüftungsgeräte.

12.2.14 Wozu dienen elektrische Tauchpumpen der Feuerwehr?

12.2.15 Erläutern Sie Instandhaltung und Prüfung für elektrische Tauchpumpen.

12.2.16 In Bezug auf elektrische Betriebsmittel werden explosionsgefährdete Bereiche in Zonen eingeteilt. Welche Zonen sind Ihnen bekannt und welche Bedeutung haben diese Zonen?

12.2.17 Welche Kennzeichnung von explosionsgeschützten Betriebsmitteln ist Ihnen in Bezug auf die Zündschutzarten bekannt?

12.2.18 Welche Sensoren für Messgeräte sind Ihnen bekannt?

12.2.19 Erläutern Sie den Begriff »kalibrieren« in Bezug auf die Messgeräte der Feuerwehr.

12.3 Arbeitsgeräte

12.3.1 Welche Arbeitsgeräte stehen der Feuerwehr zur technischen Hilfeleistung zur Verfügung?

12.3.2 Nennen Sie einige technische Geräte zum Bewegen von Lasten.

12.3.3 Sie finden auf einem Spreizer die Bezeichnung SP 30 beziehungsweise SP 45. Was geben diese Bezeichnungen an?

12.3.4 Sie finden auf einem Schneidgerät die Bezeichnung S 90 beziehungsweise S 150. Was besagen diese Bezeichnungen?

12.3.5 Wie groß ist die maximale Zugkraft beziehungsweise Druckkraft eines Rettungszylinders?

12.3.6 Bei welchen Feuerwehreinsätzen finden Lufttheber Verwendung?

12.3.7 Nennen Sie die Ihnen bekannten Bauarten von Lufthebern.

12.3.8 In welchen Zeitabständen sind Drahtseile einer Sichtprüfung zu unterziehen?

12.3.9 Wann sind Drahtseile auszumustern?

12.3.10 Was besagt die Bezeichnung TP 4/1? Zu welchem Zweck wird dieses Arbeitsgerät verwendet?

12.3.11 Welche Ausbildung zur Aneignung von Fachkenntnissen ist für Einsatzkräfte, die mit Motorkettensägen umgehen vorgeschrieben?

12.3.12 Welche persönliche Schutzausrüstung ist beim Umgang mit Motorkettensägen zu tragen?

12.3.13 Nennen Sie die Bauteile einer Motorkettensäge, die zum sicheren Betrieb beitragen.

12.3.14 Wie groß ist der Fallbereich eines Baumes anzusehen?

12.3.15 Nennen Sie einige Arbeitsgeräte, die sich auf dem Dekontaminationsfahrzeug befinden.

12.3.16 Welche Strahlenschutzmessgeräte kennen Sie?

12.3.17 Sind mit einem Dosisleistungswarngerät Alpha- und Beta-Strahlung erfassbar?

13 Kampfmittel

13.1 Konventionelle Kampfmittel

13.1.1 In welche beiden Gruppen werden die konventionellen Kampfmittel eingeteilt?

13.1.2 Was sind Explosivstoffe?

13.1.3 In welche Gruppen lassen sich die Explosivstoffe unterteilen?

13.1.4 Welche Aufgabe haben die Schießstoffe?

13.1.5 Welche Abbrandgeschwindigkeiten können Schießstoffe erreichen?

13.1.6 Welche Zahlenwerte können die Abbrandgeschwindigkeiten von Sprengstoffen erreichen?

13.1.7 Nennen Sie einige Vertreter der Gruppe der Sprengstoffe.

13.1.8 Wozu dienen Zündstoffe?

13.1.9 Nennen Sie Beispiele für einige Zündstoffe.

13.1.10 Nennen Sie Beispiele für brandstiftende Kampfmittel.

13.1.11 Was ist Napalm?

13.1.12 Welche Wirkung hat Napalm auf den Menschen?

13.2 ABC-Kampfmittel

13.2.1 Auf welchem Prinzip beruhen die energieliefernden Prozesse bei atomaren Kampfmitteln?

13.2.2 Welche Spaltstoffe wurden für den Bau der ersten Atombomben verwendet?

13.2.3 Mit welchem konventionellen Sprengstoff vergleicht man die Sprengkraft von nuklearen Sprengkörpern?

13.2.4 Was ist eine Wasserstoffbombe?

13.2.5 Auf welchem Prinzip beruht der energieliefernde Prozess der Kernfusionssprengkörper?

13.2.6 Was ist eine Neutronenbombe?

13.2.7 Was ist ein Drei-Phasen-Sprengkörper?

13.2.8 Wie kommt die bei der Detonation atomarer Sprengkörper freigesetzte Energie zur Wirkung?

13.2.9 Wie setzt sich die Anfangsstrahlung atomarer Sprengkörper zusammen?

13.2.10 Wie setzt sich die Rückstandsstrahlung atomarer Sprengkörper zusammen?

13.2.11 Was besagt die Siebener Regel?

13.2.12 Was versteht man unter dem »NEMP«?

13.2.13 Was sind biologische Kampfmittel?

13.2.14 Nennen Sie einige typische Vertreter der biologischen Kampfmittel.

13.2.15 Was sind Protozoen und welche Krankheiten können sie hervorrufen?

13.2.16 Was sind Pilze und wie können sie eingesetzt werden?

13.2.17 Welche Erkrankungen können durch Pilze hervorgerufen werden?

13.2.18 Was sind Bakterien und Bazillen?

13.2.19 Welche Krankheiten können durch den Einsatz von Bakterien und Bazillen hervorgerufen werden?

13.2.20 Was sind Viren?

13.2.21 Welche Krankheiten können durch Viren als biologische Kampfmittel auslöst werden?

13.2.22 Was sind chemische Kampfmittel?

13.2.23 Was sind chemische Kampfstoffe?

13.2.24 In welche Gruppen lassen sich die chemischen Kampfstoffe einteilen?

13.2.25 Nach welchen Gesichtspunkten kann eine weitere Einteilung der chemischen Kampfstoffe erfolgen?

13.2.26 Was sind Reizstoffe?

13.2.27 Wie lassen sich die Reizstoffe unterteilen?

13.2.28 Wie wirken Psychokampfstoffe?

13.2.29 Was sind Lungenkampfstoffe?

13.2.30 Nennen Sie einige Vertreter aus der Gruppe der Lungenkampfstoffe.

13.2.31 Was sind Hautkampfstoffe?

13.2.32 Wozu gehören die Nervenkampfstoffe?

13.2.33 Was sind Nervenkampfstoffe?

13.2.34 Was sind Blutkampfstoffe?

13.2.35 Was sind Sabotagegifte?

13.2.36 Wozu führt der Einsatz von pflanzenschädigenden Kampfstoffen?

13.2.37 Welcher pflanzenschädigende Kampfstoff wurde durch den Einsatz seitens der Amerikaner in Vietnam bekannt?

14 Kartenkunde

14.1 Wie bezeichnet man die kürzeste Verbindung vom Nord- zum Südpol?

14.2 Erklären Sie kurz die Einteilung der Erdkugel in Längengrade.

14.3 Wie erfolgt die Einteilung der Erdkugel in Breitengrade?

14.4 Auf einer Karte finden Sie die Bezeichnung UTM-Gitter. Wofür steht diese Bezeichnung?

14.5 Wie sind UTM-Gitterkarten eingeteilt?

14.6 Worauf beziehen sich die Höhenangaben auf den in Deutschland gebräuchlichen Karten?

14.7 Was sind Höhenlinien?

14.8 Mit welchen Kartenmaßstäben wird im Feuerwehrdienst gearbeitet?

14.9 Wie lang ist eine 1,0 km lange Naturstrecke, wenn sie auf einer Karte im Maßstab 1 : 50 000 wiedergegeben wird?

14.10 Wie genau ist die Koordinatenangabe MC 805789?

14.11 Welcher Unterschied besteht zwischen Magnetisch Nord, Gitter-Nord und Geographisch Nord?

14.12 Über Funk wird Ihnen die Koordinate MC 31657 mitgeteilt. Wie werten Sie diese Angabe?

14.13 Was sind Pläne?

14.14 Was bedeutet die Bezeichnung »TK 50«?

14.15 Was ist eine »DGK 5«?

14.16 Was ist eine »TÜK 200«?

14.17 Was ist eine »ÜK 500«?

14.18 Nach welchen Kriterien erfolgt die Bezeichnung der TK 50-Kartenblätter?

14.19 Wie erfolgt die Bezeichnung der TK 100-Kartenblätter?

14.20 Wie werden die Kartenblätter einer TÜK 200 bezeichnet?

14.21 Welche Kartenblätter (TK 50) umfasst die TÜK 100 C 4310?

14.22 Wozu dienen Geländeschnitte?

14.23 Wie wird ein Geländeschnitt erstellt?

14.24 Mit welchen Hilfsmitteln lassen sich Entfernungen im Gelände besser abschätzen?

14.25 Welche Angaben sind für eine genaue Richtungsangabe erforderlich?

14.26 Was ist bei der Angabe der Bezugsrichtung zu beachten?

14.27 Welche Unterschiede bestehen zwischen dem Richtungswinkel, dem magnetischen Streichwinkel und dem Azimut?

14.28 Wann wird ein Geländeabschnitt als
a) eben,
b) wellig,
c) hügelig,
d) bergig,
e) alpin,
bezeichnet?

14.29 Geländesteigungen werden in Prozent angegeben. Was bedeuten in diesem Zusammenhang die Bezeichnungen:
a) sanft,
b) steil,
c) sehr steil,
d) übersteil,
e) schroff?

15 Löschlehre

15.1 Allgemeines

15.1.1 Was sind Löschmittel?

15.1.2 Welche Löschwirkungen sind Ihnen bekannt?

15.1.3 Ordnen Sie die verschiedenen Löschmittel ihren Hauptlöschwirkungen zu.

15.1.4 Welche Verfahren sind Ihnen bekannt, um einen Brand zu ersticken?

15.1.5 Bei welchen brennbaren Stoffen ist das Löschen durch Abkühlen besonders wirksam?

15.1.6 Erklären Sie den Begriff Inhibition.

15.1.7 Bei einem Wohnungsbrand strömt Gas aus einer Leitung. Ein Abdichten der Leitung beziehungsweise ein Absperren der Gaszufuhr ist nicht möglich. Wie verhalten Sie sich?

15.1.8 Was sind inerte Gase?

15.1.9 Welche Gefahren können durch den Einsatz gasförmiger Löschmittel in geschlossenen Räumen entstehen?

15.1.10 Welches Löschmittel würden Sie beim Brand folgender Stoffe verwenden?

Begründen Sie Ihre Antwort.
a) Holzstapel,
b) Dieselkraftstoff,
c) Erdgas,
d) Magnesium,
e) Teer in einem Teerkocher,
f) Methylalkohol.

15.1.11 In welcher DIN wird der Einsatz von Löschmitteln im Bereich spannungsführender Anlagen behandelt?

15.1.12 Darf das Löschmittel Schaum in spannungsführenden Anlagen eingesetzt werden?

15.1.13 Kann das Löschmittel Pulver im Bereich spannungsführender Anlagen eingesetzt werden?

15.1.14 Welche Löschmittel würden Sie zum Ablöschen einer brennenden Person einsetzen?

15.2 Das Löschmittel Wasser

15.2.1 Welche physikalischen Eigenschaften des Wassers sind Ihnen bekannt?

15.2.2 Auf welchen physikalischen Eigenschaften beruht die gute Löschwirkung des Wassers?

15.2.3 Warum darf Wasser beim Brand der nachfolgend genannten Stoffe als Löschmittel nicht verwendet werden? Begründen Sie ihre Antwort.
a) Calciumcarbid,
b) gebrannter Kalk,
c) Leichtmetall,
d) Koks,
e) Ruß in einem Kamin.

15.2.4 Was ist unter der Dissoziation des Wassers zu verstehen und ab welcher Temperatur beginnt sie?

15.2.5 Warum soll das Löschmittel Wasser meist in Form eines Sprühstrahles abgegeben werden?

15.2.6 Was soll durch die Zugabe von Netzmitteln zum Wasser erreicht werden und bei welchen Bränden ist der Einsatz von Netzmitteln sinnvoll?

15.2.7 Erklären Sie das Phänomen einer Fettexplosion.

15.2.8 Welchen Wasserdurchfluss besitzen die genormten Strahlrohre?

15.2.9 Ein mit Ethanol gefüllter Tank steht in Flammen. Würden Sie es für sinnvoll halten diesen Brand mit Wasser zu löschen? (Begründen Sie ihre Antwort.)

15.2.10 Warum ist es schwierig, Brände von weißem Phosphor mit Wasser zu bekämpfen?

15.2.11 Welche Reaktion ist möglich wenn Natrium oder Kalium mit Löschwasser in Berührung kommt?

15.2.12 Mit welchen Gefahren müssen Sie beim Einsatz von Wasser im Bereich spannungsführender Anlagen rechnen?

15.2.13 Wie verhalten sich quellfähige Stoffe bei der Wasserzugabe? Nennen Sie einige Beispiele für quellfähige Stoffe.

15.2.14 Welcher wesentliche Unterschied besteht, wenn Sie Wasser bei
a) brennendem Benzin,
b) brennendem Alkohol,

als Löschmittel einsetzen?

15.2.15 Was versteht man unter der Anomalie des Wassers?

15.2.16 Es ist zu einer Düngemittelzersetzung in einem landwirtschaftlichen Anwesen gekommen. Wie beurteilen Sie den Einsatz von Löschwasser?

15.2.17 Was versteht man unter einem Wasserschaden?

15.2.18 Was ist Knallgas?

15.2.19 Kann Wasser auch als Löschmittel in der Brandklasse C verwendet werden?

15.2.20 Welche Löschwasserzusätze kennen Sie?

15.3 Das Löschmittel Schaum

15.3.1 Aus welchen Komponenten setzt sich das Löschmittel Schaum zusammen?

15.3.2 Worauf beruht die Löschwirkung des Schaumes?

15.3.3 Was ist die Verschäumungszahl?

15.3.4 Geben Sie die Verschäumungszahlen für Schwer-, Mittel- und Leichtschaum an.

15.3.5 Was versteht man unter der Zumischung?

15.3.6 Wodurch kann die Höhe der Zumischrate beeinflusst werden?

15.3.7 Erklären Sie den Begriff Wasserhalbzeit.

15.3.8 Was versteht man unter dem Abbrandwiderstand des Schaumes?

15.3.9 Was ist unter der Fließfähigkeit des Schaumes zu verstehen?

15.3.10 Worin unterscheiden sich Protein-Schaummittel und Mehrbereichschaummittel?

15.3.11 Worauf müssen Sie beim Umgang mit Proteinschaum besonders achten?

15.3.12 Was sind wasserfilmbildende Schaummittel (AFFF **A**queous **F**ilm **F**orming **F**oam)?

15.3.13 Worin unterscheiden sich Protein-Schaummittel von den Fluor-Protein-Schaummitteln?

15.3.14 Für welche Brandklassen ist der Schwerschaum geeignet?

15.3.15 Geben Sie die Einsatzbereiche für Mittel- und Leichtschaum an.

15.3.16 Was ist Light Water?

15.3.17 Was ist zu beachten, bevor Sie einen Raum mit Schaum fluten?

15.3.18 Brennender Alkohol soll mit Schaum gelöscht werden. Ist dies ohne weiteres möglich? Begründen Sie Ihre Antwort.

15.3.19 Was kann geschehen, wenn der Druckverlust am Zumischer über 2 bar beträgt?

15.3.20 Können Koksbrände mit Schwerschaum gelöscht werden?

15.3.21 Warum ist es möglich, dass die Schaumbildung in Räumen mit starker Ruß- oder Flockenbildung unterbleibt?

15.3.22 Welche Punkte würden Sie aufführen, wenn Sie die Nachteile des Einsatzes von Leichtschaum erläutern müssten?

15.3.23 Welche Schaummenge lässt sich mit einem Leichtschaumgenerator in zehn Minuten erzeugen, wenn der Zulauf 200 l/min Wasser-Schaummittel-Gemisch und die Verschäumungszahl 1000 beträgt?

15.3.24 Welche Sicherheitsvorkehrungen veranlassen Sie, wenn ein mit Schaum gefluteter Raum zur Erkundung betreten werden soll?

15.3.25 Was bedeutet die Abkürzung M4-75?

15.3.26 Was ist bei Übungen mit dem Löschmittel Schaum zu beachten?

15.4 Das Löschmittel Pulver

15.4.1 Nennen Sie einige Anforderungen welche an das Löschmittel Pulver gestellt werden.

15.4.2 Warum werden Löschpulver hydrophobiert?

15.4.3 Welche Löschwirkung besitzt das ABC-Löschpulver in der Brandklasse A?

15.4.4 ABC- und BC-Löschpulver eignen sich zur Brandbekämpfung bei Flüssigkeits- und Gasbränden. Welche Löschwirkung besitzen die Pulver in diesen Brandklassen?

15.4.5 Warum wird die Löschfähigkeit eines Löschpulvers bei Flüssigkeits- oder Gasbränden im Wesentlichen durch die Größe der Pulverteilchen bestimmt?

15.4.6 Welcher Grundstoff wird häufig für die Herstellung von BC-Löschpulver verwendet?

15.4.7 Aus welchen Grundstoffen werden die ABC-Löschpulver in der Regel hergestellt?

15.4.8 Welche Löschwirkung besitzt das D-Löschpulver bei Metallbränden?

15.4.9 Bei einem Metallbrand steht kein D-Löschpulver zur Verfügung. Welche Stoffe können als Ersatzlöschmittel dienen?

15.4.10 Können D-Löschpulver bei jedem Metallbrand eingesetzt werden?

15.4.11 Erklären Sie den Begriff Sinterschicht.

15.4.12 Sie haben einen Flüssigkeitsbrand mittels Pulver gelöscht. Welche Gefahr kann weiterhin bestehen?

15.4.13 Was ist beim kombinierten Schaum-Pulver-Einsatz zu beachten?

15.4.14 Welche Einsatzgrundsätze sind beim Löschmittel Pulver zu beachten?

15.4.15 Nennen Sie einige Nachteile des Löschmittels Pulver.

15.4.16 Bei welchen Einsätzen sollte das Löschpulver stoßweise abgegeben werden und wann ist eine kontinuierliche Pulverabgabe sinnvoll?

15.4.17 Ist es sinnvoll, Pulverlöscher im Bereich von Großküchen einzusetzen? Begründen Sie Ihre Antwort.

15.4.18 Aus welcher Richtung zum Wind muss mit Löschpulver im Freien gelöscht werden und warum?

15.4.19 Wie sind Löschpulver zu entsorgen?

15.5 Das Löschmittel Kohlenstoffdioxid

15.5.1 Nennen Sie einige physikalische Eigenschaften des Gases Kohlenstoffdioxid.

15.5.2 Wann kann es bei einer Verbrennung zur Bildung von Kohlenstoffdioxid kommen?

15.5.3 Was versteht man unter Sublimieren?

15.5.4 Aus welchem Produkt wird das Kohlenstoffdioxid für Löschzwecke gewonnen?

15.5.5 Erklären Sie die Begriffe kritische Temperatur und kritischer Druck.

15.5.6 Worauf beruht die Löschwirkung des Kohlenstoffdioxid?

15.5.7 In welchen Aggregatzuständen gelangt das Löschmittel Kohlenstoffdioxid zur Anwendung?

15.5.8 Welche Gefahr besteht, wenn der Kohlenstoffdioxidstrahl direkt auf einen Menschen gerichtet wird?

15.5.9 Wie wirkt Kohlenstoffdioxid als Atemgift auf den Menschen?

15.5.10 Wo halten Sie den Einsatz von Kohlenstoffdioxid für angebracht?

15.5.11 Welche Nachteile besitzt Kohlenstoffdioxid als Löschmittel? Nennen Sie einige Beispiele.

15.5.12 Würden Sie Kohlenstoffdioxid zur Brandbekämpfung bei Metallen einsetzen? Begründen Sie ihre Antwort.

15.5.13 Welche Gefahr kann sich durch den Einsatz von Kohlenstoffdioxid in engen, schlecht belüftbaren Räumen ergeben?

15.5.14 Für welche Brandklassen ist Kohlenstoffdioxid geeignet?

15.5.15 Welche Konzentration von Kohlenstoffdioxid ist zum Löschen erforderlich?

15.5.16 Wie viel Kohlenstoffdioxid wird benötigt, um einen Raum mit drei Quadratmetern Grundfläche und zwei Metern Höhe zu etwa 50 % mit gasförmigen Kohlenstoffdioxid zu füllen?

15.5.17 Warum lassen sich Glutbrände nicht oder nur sehr schlecht mit Kohlenstoffdioxid löschen?

15.6 Sonstige Löschmittel

15.6.1 Was sind Halone?

15.6.2 Warum wurde der Einsatz von Halonen als Löschmittel verboten?

15.6.3 Durch welche Löschmittel wurden die Halone in den stationären Löschanlagen überwiegend ersetzt?

15.6.4 Was ist Inergen?

15.6.5 Welche Löscheigenschaft besitzt Inergen?

15.6.6 Wofür steht die Bezeichnung Inergen?

16 Löschwasserförderung

16.1 Welche Arten von Schaltreihen sind Ihnen bekannt?

16.2 Erklären Sie, wie bei der offenen und wie bei der geschlossenen Schaltreihe Löschwasser gefördert wird?

16.3 Welcher verfügbare Druck (p_V) steht Ihnen bei der offenen, und welcher verfügbare Druck bei der geschlossenen Schaltreihe zur Verfügung?

16.4 Erklären Sie den Unterschied zwischen einem natürlichen und einem künstlichen Gefälle.

16.5 Sie wollen die Fließgeschwindigkeit des Wassers verdoppeln. Welcher Druck ist zu wählen?

16.6 Wie werden Förderströme berechnet?

16.7 Mit welchem Druckverlust rechnen Sie bei einer Löschwasserfördermenge von 800 l/min bei zehn Metern Höhenunterschied und 100 Metern Schlauchleitung?

16.8 Wie hoch ist der Ausgangsdruck bei einer Löschwasserförderung über lange Wegestrecken zu wählen?

16.9 Wie hoch soll der Eingangsdruck bei einer geschlossenen Schaltreihe sein und warum wird ein sogenannter *Sicherheitsfaktor* eingebaut?

16.10 Bezeichnen Sie die Bestandteile der nachstehend aufgeführten Förderstrecke. Tragen Sie die Bezeichnungen in die dafür vorgesehenen Kästchen ein.

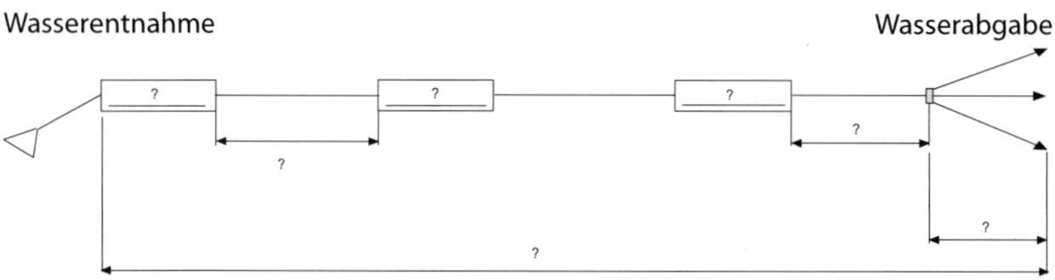

16.11 Sie fördern:

a) 500 l/min,
b) 600 l/min,
c) 800 l/min,
d) 1000 l/min Löschwasser.

Wie hoch sind jeweils die Druckreibungsverluste in einer B-Schlauchleitung?

16.12 Wie errechnen Sie den Abstand der Förderpumpen im ebenen Gelände?

16.13 Sie wollen ein Objekt über eine lange Wegestrecke mit Löschwasser versorgen. Welche Angaben benötigen Sie, um eine lange Wegestrecke einrichten zu können?

16.14 Aus einem Löschwasserteich mit einem Inhalt von 2 000 m^3 sollen jeweils 800 l/min von drei Löschgruppen entnommen werden. Wie lange kann Löschwasser abgegeben werden?

16.15 Durch einen B-Schlauch werden 800 l/min Löschwasser gefördert. Wie hoch ist der Druckverlust durch Reibung bei einer Schlauchlänge von insgesamt drei Kilometern?

16.16 Ordnen Sie den nachstehend aufgeführten Kurzbezeichnungen die Bedeutung zu:
Q, Q_{ges}, s, H_{geo}, p, pa, p_e und p_{str}

16.17 Welcher Zusammenhang besteht zwischen Höhenunterschied und Fließgeschwindigkeit?

16.18 Nach welcher Gleichung wird die Fließgeschwindigkeit berechnet?

16.19 Welche Möglichkeiten stehen Ihnen zur Verfügung, wenn Sie einen Förderstrom vergrößern wollen?

16.20 Erklären Sie den Unterschied zwischen einer laminaren und einer turbulenten Strömung.

16.21 Wodurch wird die äußere Reibung bei der Löschwasserförderung hervorgerufen?

16.22 Warum ist es erforderlich, auch bei abfallendem Gelände Verstärkerkraftspritzen zu setzen?

17 Löschwasserversorgung

17.1 Gesetzliche Grundlagen, Allgemeines

17.1.1 Wer ist rechtlich für die Löschwasserversorgung verantwortlich?

17.1.2 In welchen Fällen kann der Eigentümer/Bauherr dazu verpflichtet werden, selbst Löschwasser bereitzustellen?

17.1.3 Wer ist für die Wartung und Pflege der Hydranten verantwortlich?

17.1.4 Welche Anforderungen werden an die Sammelwasserversorgung gestellt?

17.1.5 In welchen Abständen werden innerhalb von geschlossen Ortschaften Hydranten eingebaut?

17.1.6 Was ist im Zuge des Baugenehmigungsverfahrens in Bezug auf die Löschwasserversorgung zu beachten?

17.1.7 Was besagt der Begriff Vorhaltekosten in Bezug auf die Löschwasserversorgung?

17.1.8 Welche Möglichkeiten der Löschwasserbedarfsermittlung sind Ihnen bekannt?

17.1.9 Welche Farbkennzeichnung ist für Löschwasserentnahmestellen in Feuerwehrplänen vorgesehen?

17.1.10 In welchen Abständen sollen Löschwasserentnahmestellen im Außenbereich eingeplant werden?

17.1.11 Was besagt die Geschossflächenzahl im Hinblick auf die Löschwasserversorgung?

17.1.12 Für die Auslegung der Löschwasserversorgung sind die örtlichen Verhältnisse einer Gemeinde ausschlaggebend. Durch welche Faktoren werden die örtlichen Verhältnisse definiert?

17.1.13 Erhöhte Anforderungen an die Löschwasserversorgung werden für Objekte mit erhöhtem Brandrisiko, Objekte mit erhöhtem Personenrisiko und für sonstige Objekte gefordert. Nennen Sie einige Beispiele für diese Objektgruppen.

17.2 Die Sammelwasserversorgung

17.2.1 Benennen Sie die verschiedenen Bestandteile der Sammelwasserversorgung.

17.2.2 Welche Hydrantenarten sind Ihnen bekannt?

17.2.3 Welche Vorteile bietet der Unterflurhydrant gegenüber dem Überflurhydranten?

17.2.4 Welche Nachteile weist der Unterflurhydrant gegenüber dem Überflurhydranten auf?

17.2.5 Welche Vorteile hat der Überflurhydrant gegenüber dem Unterflurhydranten?

17.2.6 Welche Nachteile bietet der Überflurhydrant gegenüber dem Unterflurhydranten?

17.2.7 Sie entnehmen Löschwasser über einen Unterflurhydranten auf einer Versorgungsleitung DN 100. Mit welcher Löschwassermenge können Sie ungefähr rechnen?

17.2.8 Sie entnehmen Löschwasser über einen Überflurhydranten auf einer Versorgungsleitung DN 100. Mit welchen Löschwassermengen können Sie ungefähr rechnen?

17.2.9 Welche Angaben befinden sich auf Hinweisschildern für Hydranten nach DIN 4066?

17.2.10 Erklären Sie die Wirkungsweise von selbsttätiger Entleerung und Druckwasserschutz bei Hydranten.

17.2.11 In welchen Zeitabständen sollen Hydranten überprüft werden?

17.2.12 Welche Bauformen von Überflurhydranten sind Ihnen bekannt?

17.2.13 Welche Bauformen des Überflurhydrantenschlüssels sind Ihnen bekannt und wie unterscheiden sich diese voneinander?

17.2.14 Erklären Sie die Funktion des Sicherungsbolzens beim Überflurhydranten mit Fallmantel.

17.2.15 Überflurhydranten werden mit so genannten *Sollbruchstellen* ausgestattet. Wie funktioniert diese Sicherheitseinrichtung?

17.2.16 Nach welchen Normen sind Überflurhydranten und Unterflurhydranten ausgelegt?

17.2.17 Was ist der DVGW e.V. und was besagen die Arbeitsblätter W 331 und W 405?

17.2.18 Von welchen Faktoren ist die Wasserlieferung eines Hydranten abhängig?

17.2.19 Unterflurhydranten auf einer Versorgungsleitung DN 100 liefern etwa 1 500 l/min Löschwasser. Kann diese Löschwassermenge in der Praxis entnommen werden?

17.3 Die unabhängige Löschwasserversorgung

17.3.1 Welche unerschöpflichen Löschwasserstellen sind Ihnen bekannt?

17.3.2 Nennen Sie die Ihnen bekannten, erschöpflichen Löschwasserstellen.

17.3.3 Welche Anforderungen sind zu erheben, damit ein offenes Gewässer als Löschwasserentnahmestelle genutzt werden kann?

17.3.4 Wie müssen Feuerwehrzufahrten zu Löschwasserentnahmestellen beschaffen sein?

17.3.5 Wie kann beurteilt werden, ob ein offenes Gewässer als Wasserentnahmestelle für Feuerlöschzwecke ausreicht?

17.3.6 Über welchen Zeitraum müssen unerschöpfliche Löschwasserentnahmestellen die geforderten Wassermengen mindestens liefern?

17.3.7 Wie werden Löschwasserbrunnen nach DIN 14220 eingeteilt?

17.3.8 Was besagen nachfolgende Bezeichnungen?
a) Löschwasserbrunnen, DIN 14220/ 400 S,
b) Löschwasserbrunnen, DIN 14220/ 800 T.

17.3.9 Nach welcher Zeit muss ein Löschwasserbrunnen betriebsbereit sein?

17.3.10 Welches Mindestfassungsvermögen muss ein Löschwasserteich nach DIN 14210 aufweisen?

17.3.11 Wie tief muss ein Löschwasserteich nach DIN 14210 mindestens sein?

17.3.12 Wie werden unterirdische Löschwasserbehälter nach Ihrem Fassungsvermögen unterschieden?

17.3.13 Welchem Gewicht muss die Behälterabdeckung eines unterirdischen Löschwasserbehälters standhalten?

17.3.14 Mit welcher Anzahl von Saugrohren muss ein mittlerer unterirdischer Löschwasserbehälter ausgestattet sein?

17.3.15 Ist es erlaubt, Schmutzwasser in einen unterirdischen Löschwasserbehälter oder in einen Löschwasserteich einzuleiten?

17.3.16 Nennen Sie einige sonstige, für die Löschwasserentnahme geeignete Behälter.

17.3.17 Welchen Wert soll die geodätische Saughöhe bei der Wasserentnahme aus natürlichen Gewässern nicht überschreiten?

17.3.18 Wie lang darf eine fest verlegte Saugleitung zu einem offenen Gewässer maximal sein?

17.3.19 Löschwasser kann im Saugbetrieb und mittels Tiefpumpe aus Löschwasserbrunnen entnommen werden. Erklären Sie beide Verfahren.

17.3.20 In welcher Zeit müssen Löschwasserbrunnen entlüftet werden können?

17.3.21 Nennen Sie einige allgemeine Anforderungen, die an unterirdische Löschwasserbehälter zu stellen sind.

17.3.22 Was sind *Behelfslöschwasserbehälter* und welche Anforderungen werden an diese gestellt?

17.4 Steigleitungen in Gebäuden, Wandhydranten

17.4.1 Für die Versorgung von Löschwasser in Gebäuden kommen drei unterschiedliche Steigleitungsausführungen zur Anwendung. Nennen Sie diese Ausführungen.

17.4.2 Erklären Sie den Aufbau einer nassen Steigleitung.

17.4.3 Erklären Sie den Aufbau einer trockenen Steigleitung.

17.4.4 Erklären Sie Aufbau und Wirkungsweise einer nass-trockenen Steigleitung.

17.4.5 Welche Vorteile bieten nass-trockene Steigleitungen gegenüber nassen Steigleitungen?

17.4.6 Wer führt mit der nassen Steigleitung und der nass-trockenen Steigleitung in erster Linie die Brandbekämpfung in Gebäuden durch?

17.4.7 Sie führen eine Sichtprüfung bei einer Löschwasserleitung im Gebäude durch. Worauf haben Sie zu achten?

17.4.8 Warum ist am Ende einer nassen Steigleitung eine Wasserentnahmestelle einzuplanen?

18 Mechanik

18.1 Grundlagen, Größen, Einheiten

18.1.1 Erklären Sie den Begriff *Mechanik.*

18.1.2 Was sind *SI-Einheiten?*

18.1.3 Welche Basisgrößen sind Ihnen bekannt?

18.1.4 Welche Basisgrößen finden in der Mechanik Verwendung?

18.1.5 Was sind von Basiseinheiten abgeleitete Einheiten?

18.1.6 Zur Abkürzung von sehr großen beziehungsweise sehr kleinen Zahlen werden griechische und lateinische Zahlenwörter verwendet. Welche Bedeutung haben nachgenannte Vorsilben?
a) Giga,
b) Mega,
c) Kilo,
d) Hekto,
e) Deka,
f) Dezi,
g) Zenti,
h) Milli.

18.1.7 Erklären Sie die Begriffe Größe und Einheit in Bezug auf die Mechanik.

18.1.8 Womit beschäftigt sich die *Kinematik?*

18.1.9 Was verstehen Sie unter Leistung?

18.1.10 Nennen Sie von der Längeneinheit Meter abgeleitete Einheiten.

18.1.11 Was verstehen Sie unter Beschleunigung?

18.1.12 Erklären Sie die Zusammenhänge zwischen Kraft und Masse.

18.1.13 Was besagt die *»Goldene Regel der Mechanik«?*

18.1.14 Erklären sie den Unterschied zwischen Arbeit und Leistung.

18.1.15 Wie ist der Druck definiert?

18.1.16 Was wissen Sie über den Druck am Boden einer Flüssigkeitssäule?

18.1.17 Wie lautet der Satz des Archimedes?

18.1.18 Worin besteht der Unterschied zwischen Dichte und Wichte?

18.1.19 Welcher Zusammenhang besteht zwischen der Strömungsgeschwindigkeit einer Flüssigkeit und dem Querschnitt des Rohres, durch das die Flüssigkeit strömt?

18.1.20 Was besagt das *Gesetz von Boyle-Mariotte*?

18.1.21 Erklären Sie den Begriff *Viskosität*.

18.1.22 Was verstehen Sie unter Wärme?

18.1.23 Benennen Sie Stoffe mit guter Wärmeleitung und Stoffe mit schlechter Wärmeleitung.

18.1.24 Erklären Sie den Begriff »Anomalie des Wassers«.

18.1.25 Wie verändert sich das Volumen einer bestimmten Wassermenge beim Übergang in den festen Zustand?

18.2 Geschwindigkeit, Beschleunigung, Kraft, Reibung

18.2.1 Was verstehen Sie unter Geschwindigkeit?

18.2.2 Was verstehen Sie unter Beschleunigung?

18.2.3 Woran erkennen Sie, dass Kräfte auf einen Körper einwirken?

18.2.4 Welche Merkmale kennzeichnen eine Kraft?

18.2.5 Nennen Sie Formel und Kurzzeichen zur Definition einer Kraft.

18.2.6 Zeichnen Sie für die nachstehend aufgeführte Darstellung ein Kräfteparallelogramm. Wie groß ist die Resultierende Kraft (R)?

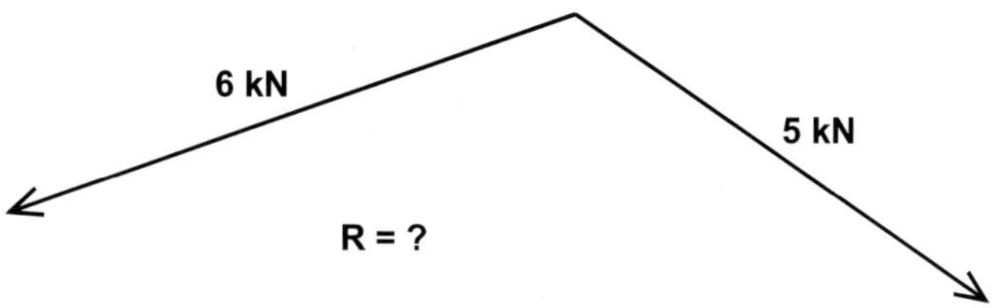

18.2.7 Zerlegen Sie die nachstehend aufgeführte Kraft in eine horizontale und eine vertikale Komponente.

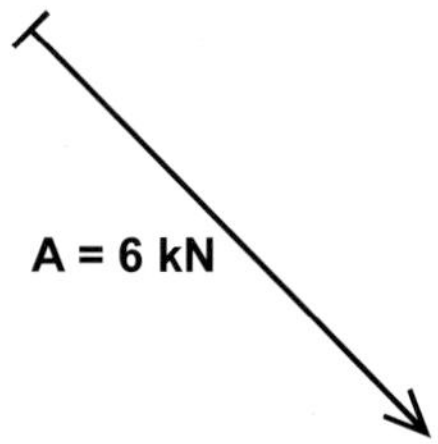

18.2.8 Welche Reibungsarten sind Ihnen bekannt?

18.2.9 Ein Körper soll gezogen werden. Wovon ist die Reibung abhängig?

18.2.10 Mit welchen Reibzahlen rechnen Sie bei:
a) Gummi auf Asphalt?
b) Gummi auf Beton?

18.2.11 Was ist ein Newton?

18.2.12 Ein LF 16/12 soll als Festpunkt genutzt werden. Mit welcher Zugkraft kann das LF 16/12 beaufschlagt werden, wenn das Fahrzeug auf einer trockenen Asphaltstrasse steht?

18.2.13 Auf einer schiefen Ebene befindet sich eine Rolle mit einer Gewichtskraft von 50 kN. Zerlegen Sie die Gewichtskraft zeichnerisch in eine Normalkraft und eine Hangabtriebskraft.

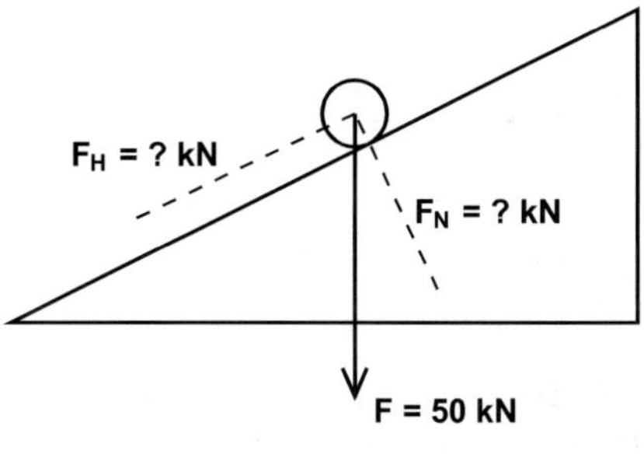

18.2.14 Ein Fahrzeug bewegt sich mit einer gleichmäßigen Geschwindigkeit von 100 km/h. Welche Strecke legt es in 10 Sekunden zurück?

18.2.15 Was bedeutet konstante Beschleunigung auf einer geradlinigen Bahn?

18.2.16 Erklären Sie das Geschwindigkeits-Zeit-Gesetz.

18.2.17 Erklären Sie das Weg-Zeit-Gesetz.

18.2.18 Ein Fahrzeug wird in 170 Sekunden von Null (v_a) auf 60 km/h (v_e) beschleunigt. Wie groß ist die Beschleunigung?

18.2.19 Welche Geschwindigkeit hat ein frei fallender Körper nach 10 Sekunden, wenn man ihn aus der Ruhe loslässt? Welchen Weg hat er in dieser Zeit zurückgelegt?

18.2.20 Erklären Sie den Begriff gleichförmige Kreisbewegung oder Rotation.

18.2.21 Von welchen Faktoren hängt die Zentrifugalkraft ab?

18.2.22 Eine Feuerlöschkreiselpumpe läuft bei geschlossenen Abgängen mit einer Drehzahl von 2 500 U/min. Der Laufraddurchmesser beträgt 250 Millimeter. Mit welcher Geschwindigkeit bewegen sich die Wasserteilchen am Rande des Laufrades? Welche Kraft wirkt auf jedes »Volumenelement« von 1 cm^3 (entspricht der Masse 1 g) Wasser?

18.2.23 Was sagt Ihnen der Begriff *Newton'sche Axiome?*

18.2.24 Erläutern Sie das Trägheitsprinzip in Bezug auf einen Körper.

18.2.25 Erklären Sie das Wechselwirkungsprinzip in Bezug auf zwei Körper.

18.2.26 Was ist die Wirkungslinie einer Kraft?

18.2.27 Wie wird die Resultierende von Kräften, die in einem gemeinsamen Punkt angreifen, gefunden?

18.2.28 Sie wollen eine Last mit Seilen anheben. Welcher Anschlagwinkel soll beim Anheben der Last nicht überschritten werden?

18.2.29 Auf einer vier Meter langen Rampe soll ein Rollreifenfass der Masse 100 Kilogramm auf eine 1,5 Meter hohe Ladefläche gerollt werden. Welche Kraft muss dazu aufgewendet werden und welche Arbeit wird verrichtet?

18.2.30 Ein Einsatzfahrzeug legt in sechs Minuten sieben Kilometer zurück. Wie groß ist die durchschnittliche Geschwindigkeit?

18.2.31 Ein Rüstwagen soll mittels fest eingebauter Zugvorrichtung drei gleich schwere, durch Drahtseile miteinander verbundene Anhänger ziehen. Zur Verfügung stehen sechs Drahtseile gleicher Länge und Zugfestigkeit. Wie sind diese am zweckmäßigsten zu verteilen?

18.2.32 Während einer Alarmfahrt taucht plötzlich ein Hindernis auf. Weshalb ist der Bremsweg eines Feuerwehrfahrzeuges mit blockierenden Rädern länger als mit rollenden Rädern (Stotterbremsung oder ABS)?

18.3 Hebel, lose und feste Rolle

18.3.1 Wie lautet das Hebelgesetz?

18.3.2 Ergänzen Sie den nachstehend gezeichneten Hebel.

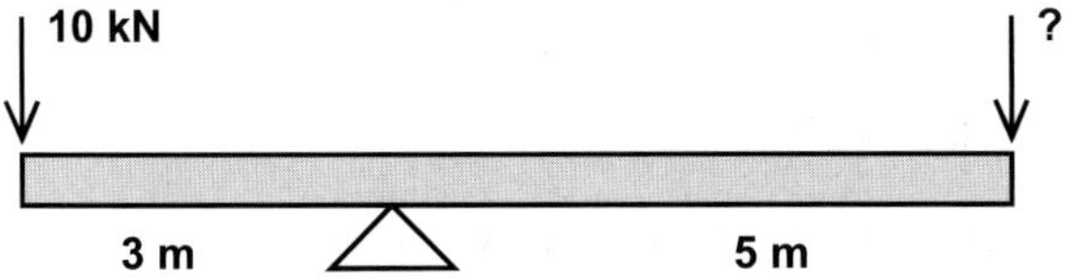

18.3.3 Ein 12 Meter langer und 250 kN schwerer Güterwagon ist mit der Vorderachse entgleist. Der Achsabstand beträgt 8,0 Meter. Welche Kraft ist am Wagenende anzusetzen, um den Wagon wieder einzugleisen?

18.3.4 Ein Feuerwehrfahrzeug steht mit der Vorderachse auf der Waage. Die Waage zeigt 750 kg an. Steht die Hinterachse auf der Waage, zeigt diese 520 kg an. Welche Entfernung l_1 hat der Schwerpunkt des Fahrzeuges von der Hinterachse, wenn der Achsabstand $l = 4{,}5$ m beträgt?

18.3.5 Erklären Sie den Unterschied zwischen einer losen und einer festen Rolle.

18.3.6 Tragen Sie die auftretenden Kräfte in die dafür vorgesehenen Felder ein.

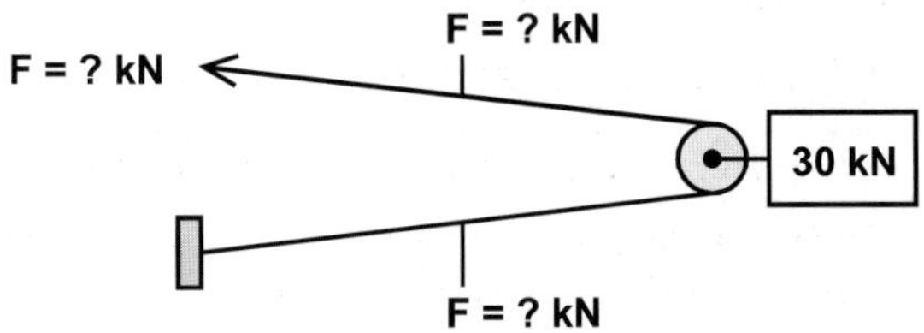

18.3.7 Welche Kräfte treten an den gekennzeichneten Stellen auf?

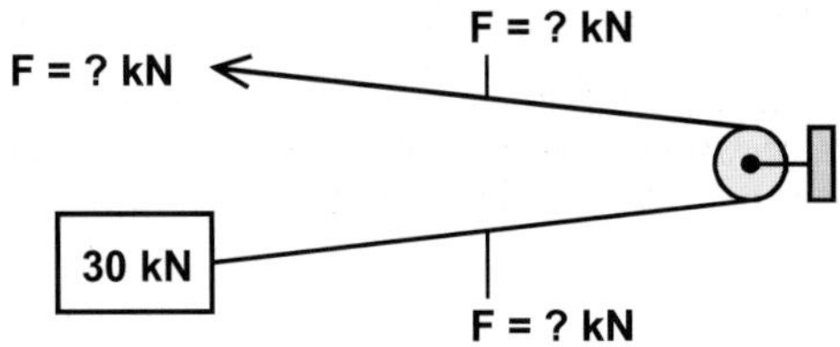

18.3.8 Tragen Sie die auftretenden Kräfte in die dafür vorgesehenen Felder ein.

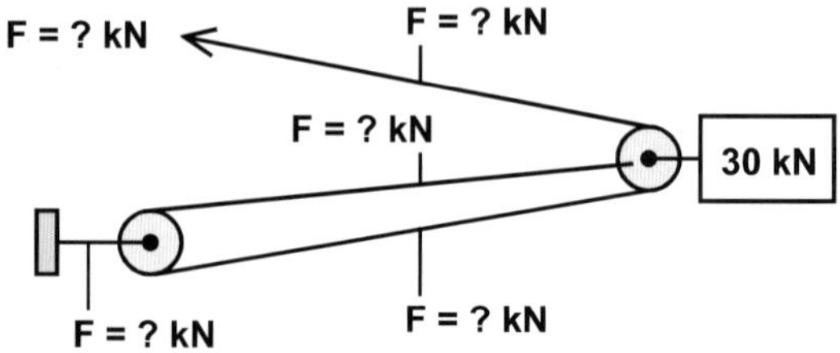

18.3.9 Welche Kräfte treten an den gekennzeichneten Stellen auf?

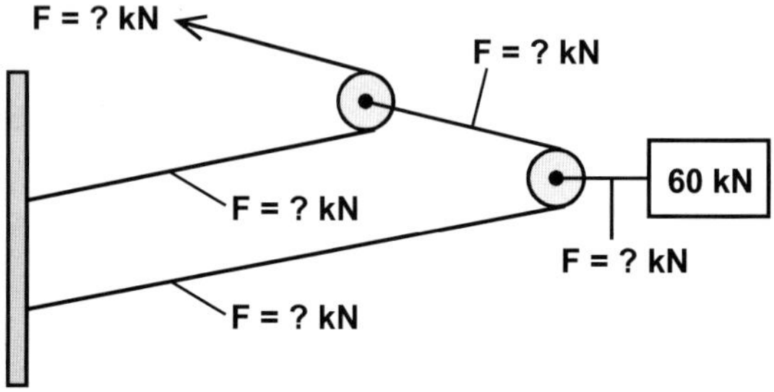

18.3.10 Was ist beim Anschlagen von Lasten bezüglich des »Spreizwinkels« zu beachten?

18.3.11 Wie groß muss die Kraft F sein, um das dargestellte Gewicht zu heben?

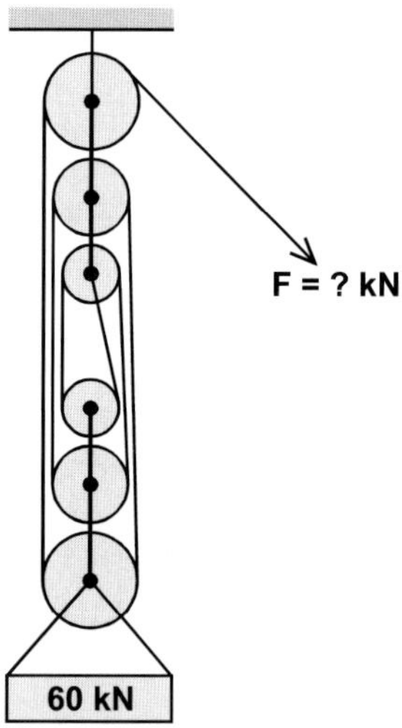

18.3.12 Welche Kraft F ist erforderlich, um die Last G = 900 N im Gleichgewicht zu halten, wenn jede Rolle 30 N schwer ist?

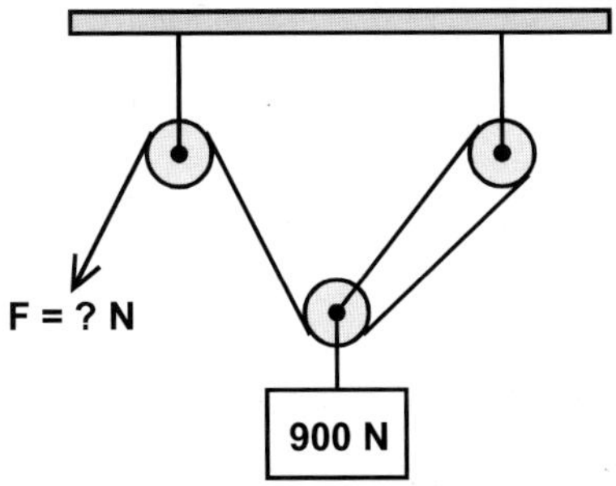

18.3.13 Mit einem zweiarmigen Hebel soll ein Lkw von 30 Tonnen Gesamtmasse vorn angehoben werden (die Gewichtskraft verteilt sich im Verhältnis 1 : 2 auf die vordere und die hintere Achse). Der Lastarm hat eine Länge von 0,5 Metern, der Kraftarm von 2,5 Metern. Mit welcher Kraft muss der Kraftarm heruntergedrückt werden?

18.3.14 Welches Drehmoment erzeugt die maschinelle Zugeinrichtung eines Rüstwagens, wenn der Durchmesser der Seiltrommel 18 Zentimeter beträgt?

19 Mitarbeiterführung

19.1 Welche Grundregeln sollten bei der Mitarbeiterführung beachtet werden?

19.2 Was bedeutet Mitsprache?

19.3 Was versteht man unter Delegation?

19.4 Was wird im Bereich der Mitarbeiterführung als Partizipation bezeichnet?

19.5 Was versteht man unter »Empowerment«?

19.6 Welche Bedeutung kommt dem Mitarbeitergespräch zu?

19.7 Wovon hängt die Qualität eines Mitarbeitergespräches ab?

19.8 Wozu sollen Mitarbeitergespräche dienen?

19.9 Nennen Sie einige Ursachen, warum Mitarbeitergespräche oftmals nicht den gewünschten Erfolg bringen.

19.10 Wie sollten Sie sich als Führungskraft auf ein Mitarbeitergespräch vorbereiten?

19.11 Als Führungskraft müssen Sie ein Kritikgespräch führen. Was haben Sie bei der Durchführung des Gespräches zu beachten?

19.12 Was soll durch Kritik erreicht werden?

19.13 Eine Aufgabe einer guten Führungskraft besteht in der Motivation der eigenen Mitarbeiter. Wodurch lässt sich Motivation erreichen?

19.14 Als Führungskraft muss man häufig Beurteilungen über seine Mitarbeiter abgeben. Dabei kann es natürlich auch zu Fehlbeurteilungen kommen. Durch welche Maßnahmen lassen sich diese Fehler reduzieren?

19.15 Welche Reaktionen können als Folge eines belastenden Ereignisses auftreten?

19.16 Was sind akute Belastungsreaktionen?

19.17 Während eines Einsatzes kann es zu einer akuten Belastungsreaktion von Einsatzkräften kommen. Wer ist hier in erster Linie gefordert, diesen Einsatzkräften beizustehen?

19.18 Anhand welcher Symptomatik können akute Belastungsreaktionen erkannt werden?

19.19 Bei einem Kollegen ist während eines Einsatzes eine akute Belastungsreaktion aufgetreten. Wie sollte man sich ihm gegenüber verhalten?

19.20 Was können die Auslöser einer akuten Belastungsreaktion sein?

19.21 Ein Mittel zur Bewältigung von Belastungsreaktionen besteht in der Durchführung von Einsatznachbesprechungen. Was ist hierbei zu beachten?

19.22 Wer kann ebenfalls Hilfe bei der Bewältigung von Belastungsreaktionen geben?

19.23 Was versteht man unter der Abkürzung PTSD?

19.24 Welche Symptome können auf eine posttraumatische Belastungsstörung hindeuten?

19.25 Wer kann von PTSD betroffen werden?

19.26 Wodurch kann das Risiko an einer PTSD zu erkranken heruntergesetzt werden?

19.27 Was ist das Besondere an posttraumatischen Belastungsstörungen?

20 Rechtsgrundlagen

20.1 Beamtenrecht

20.1.1 Aus welchen Vorschriften setzt sich das Rahmengesetz zur Vereinheitlichung des Beamtenrechts (Beamtenrechtsrahmengesetz – BRRG) zusammen?

20.1.2 Welche Bindung besteht zwischen einem Beamten und seinem Dienstherrn?

20.1.3 Wann ist eine Berufung in das Beamtenverhältnis zulässig?

20.1.4 Welche Arten von Beamtenverhältnissen kennen Sie?

20.1.5 Welche Voraussetzungen muss ein Bewerber erfüllen, der sich um eine Berufung in das Beamtenverhältnis bemüht?

20.1.6 Wann bedarf es einer Ernennung?

20.1.7 Wie erfolgt die Ernennung?

20.1.8 Welcher Wortlaut muss in einer Urkunde zur Begründung des Beamtenverhältnisses enthalten sein?

20.1.9 Kann eine Ernennung auch auf einen zurückliegenden Zeitpunkt erfolgen?

20.1.10 Wann ist eine Ernennung zum Beamten auf Lebenszeit zulässig?

20.1.11 Nach welcher Zeitspanne ist ein Beamtenverhältnis auf Probe in ein Beamtenverhältnis auf Lebenszeit spätestens umzuwandeln?

20.1.12 Wie hat die Handhabung von Ernennungen zu erfolgen?

20.1.13 Wann ist eine Ernennung zurückzunehmen? Nennen Sie zwei Beispiele.

20.1.14 Welche Laufbahngruppen sind Ihnen bekannt?

20.1.15 Was versteht man unter dem Begriff der Anstellung?

20.1.16 Welchen Einfluss haben Wehr- oder Ersatzdienstzeiten auf die Anstellung?

20.1.17 Wodurch endet das Beamtenverhältnis?

20.1.18 Nennen Sie einige Pflichten die sich für den Beamten aus dem Beamtenrechtsrahmengesetz ergeben.

20.1.19 Der Beamte muss eine Gewähr dafür bieten, dass er jederzeit für die freiheitliche demokratische Grundordnung im Sinne des Grundgesetzes eintritt. Was ist hierunter zu verstehen?

20.1.20 Was ist bei der Übernahme einer Nebentätigkeit zu beachten?

20.1.21 Welche Nebentätigkeiten sind nicht genehmigungspflichtig?

20.1.22 Unter welchen Voraussetzungen ist die Genehmigung einer Nebentätigkeit zu versagen?

20.1.23 Nennen Sie einige Rechte welche dem Beamten nach dem Beamtenrechtsrahmengesetz zustehen.

20.1.24 Wer kann Dienstherr von Beamten sein?

20.1.25 Nach dem Art. 33 Abs. 5 ist das Recht des öffentlichen Dienstes unter Berücksichtigung der hergebrachten Grundsätze als Berufsbeamtentum zu regeln. Nennen Sie einige dieser hergebrachten Grundsätze.

20.1.26 Wann gilt ein Grundsatz als hergebracht?

20.2 Staatsbürgerkunde

20.2.1 Welche drei Elemente werden mit dem Staatsbegriff verknüpft?

20.2.2 Welche Bereiche werden zum Staatsgebiet gerechnet?

20.2.3 Durch welche Maßnahmen können sich Änderungen des Staatsgebietes ergeben?

20.2.4 Erklären Sie die Begriffe Staatsvolk und Nation.

20.2.5 Was versteht man unter der Staatsgewalt?

20.2.6 Erklären Sie den Begriff Staatsform.

20.2.7 Welche Staatsformen sind Ihnen bekannt?

20.2.8 Welche Staatsform besitzt die Bundesrepublik Deutschland?

20.2.9 Erklären Sie den Begriff Rechtsstaat.

20.2.10 Nennen Sie einige Merkmale über die ein Rechtsstaat verfügen sollte.

20.2.11 Was ist ein Bundesstaat?

20.2.12 Nennen Sie die verfassungsrechtlichen Institutionen (obersten Bundesorgane) der Bundesrepublik Deutschland.

20.2.13 Über welche Zuständigkeitsbereiche verfügt der Bundestag nach dem Grundgesetz?

20.2.14 Wie werden die Abgeordneten des Bundestages gewählt?

20.2.15 Welche Unterschiede bestehen zwischen einer Mehrheitswahl und einer Verhältniswahl?

20.2.16 Welches Wahlsystem wird in der Bundesrepublik Deutschland angewandt?

20.2.17 Wozu dient die 5%-Klausel?

20.2.18 Was ist eine Fraktion?

20.2.19 Wozu dienen Untersuchungsausschüsse?

20.2.20 Wie unterscheiden sich die Enquetekommissionen von anderen Untersuchungsausschüssen?

20.2.21 Welche zentralen Aufgaben hat der Bundesrat wahrzunehmen?

20.2.22 Wovon ist die Anzahl der Vertreter eines Bundeslandes im Bundesrat abhängig?

20.2.23 Welche wichtigen Aufgaben hat der Bundesrat wahrzunehmen?

20.2.24 Welche Zeitspanne umfasst die Amtszeit des Bundesratspräsidenten?

20.2.25 Welche Aufgabe kommt der Bundesversammlung zu?

20.2.26 Wie setzt sich die Bundesversammlung zusammen?

20.2.27 Welche Aufgabe hat der Bundeskanzler?

20.2.28 Wie erfolgt die Wahl des Bundeskanzlers?

20.2.29 Nennen Sie einige Zuständigkeiten des Bundeskanzlers.

20.2.30 Nennen Sie die Bundeskanzler der Bundesrepublik Deutschland und deren Amtszeit.

20.2.31 Welche Aufgaben hat die Bundesregierung?

20.2.32 Welche Zeitspanne umfasst die Amtszeit des Bundespräsidenten?

20.2.33 Welche Rechte und Pflichten hat der Bundespräsident?

20.2.34 Nennen Sie die Bundespräsidenten der Bundesrepublik Deutschland und ihre Amtszeit.

20.2.35 In welchen Bereichen besitzt der Bund ausschließliche Gesetzgebungskompetenz?

20.2.36 Was versteht man unter konkurrierender Gesetzgebung?

20.2.37 Was versteht man unter einer Rahmengesetzgebung?

20.2.38 In welchen Bereichen liegt die Gesetzgebungskompetenz ausschließlich bei den Ländern?

20.2.39 Welche Aufgabe hat der Vermittlungsausschuss und wie setzt er sich zusammen?

20.3 Straßenverkehrsordnung

20.3.1 Welches sind die wichtigsten Grundregeln der Straßenverkehrsordnung?

20.3.2 Welche Sorgfaltspflichten sind beim Ein- und Aussteigen von Fahrzeugen zu beachten?

20.3.3 Unter welcher Voraussetzung kann die Feuerwehr von den Vorschriften der Straßenverkehrsordnung befreit werden?

20.3.4 Erklären Sie den Begriff hoheitliche Aufgabe.

20.3.5 Unter welchen Voraussetzungen können Fahrzeuge des Rettungsdienstes von den Vorschriften der Straßenverkehrsordnung befreit werden?

20.3.6 Was ist bei der Inanspruchnahme der Sonderrechte nach § 35 StVO zu beachten?

20.3.7 Während einer Einsatzfahrt (Alarmfahrt) nähern Sie sich als Maschinist einer Kreuzung, deren Ampel Rot zeigt. Was haben Sie beim Überfahren der Kreuzung zu beachten?

20.3.8 Wann dürfen Einsatzhorn und blaues Blinklicht zusammen verwendet werden?

20.3.9 Wann darf das blaue Blinklicht alleine verwendet werden?

20.3.10 Wer ist für die Erteilung der Erlaubnis einer Fahrt als geschlossener Verband zuständig?

20.3.11 Zur Erfüllung dringender hoheitlicher Aufgaben sollen Feuerwehreinheiten im geschlossenen Verband verlegt werden. Ist hierfür die Erlaubnis der zuständigen Straßenverkehrsbehörde einzuholen?

20.3.12 Unter welchen Voraussetzungen können Einheiten der Feuerwehr im geschlossenen Verband verlegt werden, ohne dass eine Erlaubnis der zuständigen Straßenverkehrsbehörde erforderlich ist?

21 Funk

21.1 Sprechfunk

21.1.1 Für wen gilt die DV 810?

21.1.2 Welche Aufgabe hat der Sprechfunkdienst?

21.1.3 Was haben Teilnehmer des Sprechfunkverkehrs zu beachten?

21.1.4 Welche Angaben werden durch den Aufgeber einer Nachricht bestimmt?

21.1.5 Welche Arten von Sprechfunknachrichten sind Ihnen bekannt?

21.1.6 Was ist ein Gespräch?

21.1.7 Was versteht man unter einer Durchsage?

21.1.8 Was ist ein Spruch?

21.1.9 In welche Teile gliedert sich ein Spruch?

21.1.10 Welche Angaben sind im Kopf eines Spruches enthalten?

21.1.11 Welche Vorrangstufen der Nachrichten sind Ihnen bekannt?

21.1.12 Was kennzeichnet eine Einfach-Nachricht?

21.1.13 Was sind Sofort-Nachrichten?

21.1.14 Was ist beim Absetzen einer Sofort-Nachricht in einer Fernmeldebetriebsstelle zu beachten?

21.1.15 Was sind Blitz-Nachrichten?

21.1.16 Wie sind Blitz-Nachrichten von der Fernmeldebetriebsstelle zu behandeln?

21.1.17 Unter welchen Voraussetzungen dürfen Blitz-Nachrichten aufgegeben werden?

21.1.18 Was sind Staatsnot-Nachrichten?

21.1.19 Wie sind Staatsnot-Nachrichten von der Fernmeldebetriebsstelle zu behandeln?

21.1.20 Wer kann Staatsnot-Nachrichten aufgeben?

21.1.21 Dürfen vom Betriebspersonal der Fernmeldebetriebsstelle eigenmächtige Änderungen von Nachrichten durchgeführt werden?

21.1.22 Welche Verkehrsarten des Sprechfunks sind Ihnen bekannt?

21.1.23 Wie funktioniert der Richtungsverkehr?

21.1.24 Erklären Sie kurz das Prinzip des Wechselverkehrs.

21.1.25 Wie funktioniert der Gegenverkehr?

21.1.26 Erklären Sie kurz das Prinzip des Relaisverkehrs.

21.1.27 Welche Verkehrsformen kennen Sie?

21.1.28 Was hat mit Nachrichten zu geschehen, deren Inhalt Unbefugten nicht bekannt werden soll?

21.1.29 Welche taktischen Maßnahmen zur Sicherung des Sprechfunkverkehrs sind Ihnen bekannt?

21.1.30 Wozu dient die Überwachung des Fernmeldebetriebes?

21.2 Funkrufnamen

21.2.1 Zur Vereinfachung des Sprechfunkverkehrs sowie zur Erleichterung der Zusammenarbeit werden in den Bereichen Feuerschutz und Hilfeleistung sowie auch im Rettungsdienst Funkrufnamen verwendet. Erklären Sie, wie sich die Funkrufnamen zusammen setzen.

21.2.2 Wofür steht das Kennwort des Funkrufnamens?

21.2.3 Wie setzt sich die Kennzahl eines Funkrufnamens zusammen?

21.2.4 Was wird durch die erste Teilkennzahl wiedergegeben?

21.2.5 Was gibt die zweite Teilkennzahl wieder?

21.2.6 Wofür steht die dritte Teilkennzahl?

21.2.7 Welchen Funkrufnamen besitzt das erste LF 16/12 der Feuerwache 2 der Stadt Aachen?

21.2.8 Welchen Funkrufnamen besitzt das dritte Wechselladerfahrzeug (WLF) der vierten Feuerwache der Stadt Köln?

22 Stationäre Löschanlagen

22.1 Allgemeines

22.1.1 Nennen Sie die Ihnen bekannten ortsfesten Löschanlagen.

22.1.2 Was ist eine ortsfeste Löschanlage?

22.1.3 Was ist bezüglich bestehender Löschanlagen mit dem Löschmittel Halon zu beachten?

22.1.4 Welche Vorteile weist eine stationäre Löschanlage gegenüber baulichen Brandschutzkonzeptionen auf?

22.1.5 Wie unterscheiden sich *selbsttätige* Feuerlöschanlagen von *handbetätigten* Feuerlöschanlagen?

22.1.6 Erklären Sie die Begriffe *Raumschutz* und *Objektschutz* in Bezug auf ortsfeste Löschanlagen.

22.1.7 Erklären Sie den Unterschied zwischen einem *Regenvorhang* und einer *Berieselungsanlage.*

22.2 Sprinkleranlagen

22.2.1 Was ist eine Sprinkleranlage?

22.2.2 In einem Glasfasssprinkler befindet sich jeweils eine:
a) rote,
b) gelbe,
c) blaue

Flüssigkeit. Ordnen Sie diesen Flüssigkeiten die zugehörigen Auslösetemperaturen zu.

22.2.3 Nennen Sie die Hauptbestandteile einer Sprinkleranlage.

22.2.4 Welche Arten von Sprinkleranlagen sind Ihnen bekannt?

22.2.5 Erklären Sie in Bezug auf Sprinkleranlagen den Begriff *Tandemanlage*.

22.2.6 Wie hoch soll die Auslösetemperatur eines Sprinklers mindestens über der Raumtemperatur liegen?

22.2.7 Nennen Sie die Bestandteile eines Sprinklers.

22.2.8 Nennen Sie einige Sprinklerarten.

22.2.9 In ein Gebäude sollen eine Sprinkleranlage und eine Rauch- und Wärmeabzugsanlage eingebaut werden. Wie kann verhindert werden, dass die Rauch- und Wärmeabzugsanlage die Funktion der Sprinkleranlage unterläuft?

22.2.10 Wie unterscheiden sich Sprühwasserlöschanlagen von Sprinkleranlagen?

22.2.11 Was ist bei Sprinkleranlagen mit elektromotorischem Antrieb zu beachten?

22.2.12 Wie oft sind Sprinkleranlagen zu prüfen und wie muss diese Prüfung festgehalten werden?

22.2.13 Welche Vorschriften gelten für den Bau von Sprinkleranlagen und wer gibt diese heraus?

22.2.14 Erklären Sie in Bezug auf Sprinkleranlagen die Begriffe:
a) Trockenanlage,
c) Trockenschnellanlage,
d) vorgesteuerte Anlage.

22.2.15 Erklären Sie den Unterschied zwischen:
a) Normalsprinkler,
b) Schirmsprinkler,
c) Flachschirmsprinkler.

22.2.16 Welche Abweichungen von den Öffnungstemperaturen sind für Glasfasssprinkler bei Auslösetemperaturen von unter 141 °C zulässig?

22.2.17 Von welchen Faktoren ist die Anordnung der Sprinklerdüsen abhängig?

22.2.18 Ein Lager soll gesprinklert werden. Wie groß darf der Abstand zwischen Fußboden und Sprinkler maximal sein?

22.2.19 Ein Kaufhaus soll durchgehend gesprinklert werden. Wie sind die Sprinkler im Bereich von Treppen und Rolltreppen anzuordnen?

22.2.20 Nennen Sie einige Objekte, die sich besonders gut zum Einbau von Sprinkleranlagen eignen.

22.2.21 Vor wie vielen Jahren wurden die ersten Sprinkleranlagen eingebaut?

22.3 Schaumlöschanlagen

22.3.1 Welche ortsfesten Schaumlöschanlagen sind Ihnen bekannt?

22.3.2 Wo werden ortsfeste Schaumlöschanlagen eingebaut?

22.3.3 Nennen Sie die Bestandteile einer ortsfesten Schaumlöschanlage.

22.3.4 Über welchen Zeitraum muss die erforderliche Wassermenge für eine ortsfeste Schaumlöschanlage zur Verfügung stehen?

22.3.5 Festdachtanks werden mit Schaumlöschanlagen ausgerüstet. Warum werden am oberen Tank zwischen Schaumleitung und Schaumeinführungsstutzen sogenannte *Schaumtöpfe* eingebaut?

22.3.6 Welche Aufgabe hat der Schaumkrümmer bei Festdachtanks?

22.3.7 Erläutern Sie den Begriff *»Sub-Surface Methode«* in Bezug auf die Tankinnenbeschäumung.

22.4 CO_2-Löschanlagen

22.4.1 Welche Objekte sind zum Einbau einer CO_2-Löschanlage geeignet?

22.4.2 Erklären Sie den Unterschied zwischen einer CO_2-*Hochdrucklöschanlage* und einer CO_2-*Niederdrucklöschanlage.*

22.4.3 In ein Objekt soll eine CO_2-Löschanlage eingebaut werden. Welche Anforderungen sind an Raum und Anlage zu stellen?

22.4.4 Nennen Sie die Ihnen bekannten Sicherheitseinrichtungen bei CO_2-Löschanlagen.

22.4.5 Welche Vorkehrungen sind bei CO_2-Flutungen bezüglich des Personenschutzes zu treffen?

22.4.6 Nennen Sie einige Stoffe, bei denen CO_2-Löschanlagen zur Anwendung kommen.

22.4.7 Erklären Sie die Wirkungsweise einer CO_2-Löschanlage.

22.5 Sprühwasserlöschanlagen

22.5.1 Wie unterscheiden sich Sprühwasserlöschanlagen von Sprinkleranlagen?

22.5.2 Wie kann die Auslösung einer Sprühwasserlöschanlage erfolgen?

22.5.3 Wo finden Sprühwasserlöschanlagen Verwendung?

22.5.4 Nennen Sie die Ihnen bekannten Auslöseeinrichtungen für Sprühwasserlöschanlagen.

22.5.5 In einem Raum, in welchem mit einer besonders raschen Brandausbreitung zu rechnen ist, wird eine Sprühwasserlöschanlage eingebaut. Wäre auch eine Sprinkleranlage möglich? Begründung!

22.6 Pulverlöschanlagen

22.6.1 Nennen Sie die Bestandteile einer Pulverlöschanlage.

22.6.2 Bei welcher Temperatur sollen Pulverlöschanlagen normalerweise selbsttätig auslösen?

22.6.3 Welche Auslösemöglichkeiten sind Ihnen bei Pulverlöschanlagen bekannt?

22.6.4 Nennen Sie einige Anwendungsbereiche für Pulverlöschanlagen.

23 Strahlenschutz

23.1 Grundbegriffe und Einheiten

23.1.1 Erklären Sie den Begriff Radioaktivität.

23.1.2 Was versteht man unter der Aktivität eines radioaktiven Stoffes?

23.1.3 In welcher Einheit wird die Aktivität angegeben?

23.1.4 Was versteht man unter der Energiedosis einer ionisierenden Strahlung?

23.1.5 In welcher Einheit wird die Energiedosis angegeben?

23.1.6 Was ist unter der Äquivalentdosis zu verstehen?

23.1.7 Wie wird die Äquivalentdosis errechnet?

23.1.8 Welche Zahlenwerte besitzen die Bewertungsfaktoren für Alpha-, Beta- und Gamma-Strahlung?

23.1.9 In welcher Einheit wird die Äquivalentdosis angegeben?

23.1.10 Was versteht man unter der Ionendosis?

23.1.11 Was versteht man unter der Dosisleistung?

23.1.12 Was ist eine Korpuskularstrahlung?

23.1.13 Erklären Sie die nachfolgenden Begriffe
a) Isotope,
b) Isotone,
c) Isobare,
d) Isomere.

23.1.14 Was versteht man unter der Halbwertszeit eines radioaktiven Stoffes?

23.1.15 Erklären Sie den Begriff Halbwertsdicke.

23.1.16 Was besagt das Abstandsgesetz?

23.1.17 Auf welche Effekte ist die Schwächung der Gamma-Strahlung in Materie zurückzuführen?

23.2 Einsätze im Strahlenschutz

23.2.1 Nennen Sie die zur Zeit geltenden Dosisrichtwerte für Strahlenschutzeinsätze.

23.2.2 Dürfen Personen auch vor Vollendung ihres 18. Lebensjahres bei Feuerwehreinsätzen der Strahlung ausgesetzt werden?

23.2.3 Unter welchen Voraussetzungen darf eine Ganzkörperdosis von 250 mSv überschritten werden?

23.2.4 Welchen Wert darf die Körperdosis bei der Aus- und Fortbildung pro Jahr nicht überschreiten?

23.2.5 Welchen Abstand sollen Kräfte vom Schadenobjekt mindestens einhalten, die nicht unmittelbar am Strahlenschutzeinsatz beteiligt sind?

23.2.6 Die genaue Absperrgrenze ist auf Grund von Strahlenmessungen festzulegen. Welcher Dosisleistungsrichtwert ist hierbei außerhalb des Absperrbereiches nicht zu überschreiten?

23.2.7 Welchem Zweck dienen die Dosisrichtwerte überhaupt?

23.2.8 Wer ist für die ordnungsgemäße Durchführung der Strahlenschutzausbildung einschließlich der regelmäßigen Einsatzübungen verantwortlich?

23.2.9 Welche Kriterien sind bei Strahlenschutzeinsätzen zu beachten?

23.2.10 Die Lagefeststellung an Einsatzstellen mit atomaren Gefahren wird maßgeblich von Art und Menge der radioaktiven Stoffe bestimmt. Geben Sie an welche Fragen bei A-Einsätzen insbesondere zu klären sind!

23.2.11 Welche Aufgabe obliegt dem Gruppenführer beim Strahlenschutzeinsatz einer Gruppe?

23.2.12 Wer soll die Registrierung der Personendosimeter im Strahlenschutz durchführen?

23.2.13 Welche Aufgabe sollen Dosiswarngeräte erfüllen?

23.2.14 Welche Formen der persönlichen Sonderausrüstung für den Strahlenschutzeinsatz sind Ihnen bekannt und wann ist welcher Typ zu tragen?

23.2.15 Wann ist ein Dekontaminationsplatz (Dekon-Platz) gemäß FwDV 500 einzurichten?

23.2.16 Worauf ist bei der Wahl der Lage des Dekontaminationsplatzes im Strahlenschutzeinsatz zu achten?

23.2.17 Wann gilt eine Person oder ein Gegenstand als kontaminiert?

23.2.18 Worin besteht der einsatztaktische Unterschied zwischen einem Dosiswarngerät und einem Dosisleistungswarngerät?

23.2.19 Können Kontaminationsnachweisgeräte auch zum Nachweis einer Inkorporation verwendet werden?

23.2.20 Welche Aufgabe sollen Filmdosimeter erfüllen?

23.2.21 Welche Krankheitsbilder können durch Strahlenschäden hervorgerufen werden?

23.2.22 Bei welcher Einmalbestrahlungsdosis ist mit
a) 50 %
b) 100 %
Todesfällen bei Menschen zu rechnen?

23.2.23 Radioaktive Stoffe senden Strahlung aus. Nennen Sie die Ursachen für dieses Phänomen.

24 Unfallverhütungsvorschrift Feuerwehren

24.1 Für wen gilt die Unfallverhütungsvorschrift Feuerwehren?

24.2 Klären Sie folgende Begriffe im Sinne der UVV Feuerwehren:
a) Feuerwehren,
b) Feuerwehreinrichtungen,
c) Feuerwehrangehörige,
d) Feuerwehrdienst,
e) Einsatzort,
f) Unternehmer.

24.3 Welche allgemeinen Anforderungen werden an eine bauliche Anlage gestellt?

24.4 Welche Anforderung wird an Verkehrswege und Durchfahrten von Feuerwehrhäusern gestellt?

24.5 Worauf ist bei der Einrichtung von Atemschutz-Übungsanlagen zu achten?

24.6 Über welche Einrichtung müssen maschinell betriebene Leitern und Hubrettungsgeräte verfügen?

24.7 Was ist bezüglich kraftbetriebener Aggregate zu beachten?

24.8 Welche Anforderungen werden an Luftheber gestellt?

24.9 Wie müssen hydraulisch betätigte Rettungsgeräte gestaltet sein?

24.10 Was ist über die Schwimmfähigkeit von Kleinbooten für die Feuerwehr zu sagen?

24.11 Welche persönliche Schutzausrüstung muss einem Feuerwehrangehörigen zur Verfügung gestellt werden?

24.12 Welche persönlichen Anforderungen sind an Feuerwehrangehörige zu stellen?

24.13 Wann kann von den Bestimmungen der UVV Feuerwehren abgewichen werden?

24.14 Was ist zu beachten, wenn Feuerwehrangehörige durch Straßenverkehr gefährdet werden?

24.15 Was ist bei der Vornahme von tragbaren Feuerwehrgeräten zu beachten?

24.16 Wie sind Feuerwehranwärter einzusetzen?

24.17 Was ist beim Einsatz von Angehörigen der Jugendfeuerwehr zu beachten?

24.18 Was ist bei Übungen mit Sprungrettungsgeräten zu beachten?

24.19 Worauf ist bei Abseilübungen zu achten?

24.20 Worauf ist beim Aufstellen von Lufthebern zu achten?

24.21 Worauf ist bei Einsätzen an oder auf Gewässern zu achten?

24.22 Was ist zu beachten, wenn es zu einer Gefährdung durch den elektrischen Strom kommen kann?

24.23 Wann sind Feuerwehr-Sicherheitsgurte oder Leitern einer Sichtprüfung zu unterziehen?

25 Vorbeugender Brandschutz

25.1 Gesetzliche Grundlagen/allgemeine Fragen

25.1.1 Wer trifft Maßnahmen zur Verhütung von Bränden?

25.1.2 Welche Maßnahmen zur Verhütung von Bränden kennen Sie?

25.1.3 Welche Sonderbauverordnungen kennen Sie?

25.1.4 Was sind *bauliche Anlagen besonderer Art oder Nutzung* nach § 51 der Musterbauordnung (MBO)?

25.1.5 Welche Gebäude gehören zur Gebäudeklasse 1 nach § 2 MBO?

25.1.6 Definieren Sie den Begriff *Hochhaus.*

25.1.7 Was sind Aufenthaltsräume im Sinne der Landesbauordnungen und der Musterbauordnung?

25.1.8 Erklären Sie den Begriff *Fliegende Bauten.*

25.1.9 Nennen Sie jeweils zwei Beispiele für Gebäude und bauliche Anlagen.

25.1.10 In welchen Abständen sind nach den Landesbauordnungen und der Musterbauordnung in ausgedehnte Gebäude Brandwände einzubauen?

25.2 Brandausbreitung

25.2.1 Was ist zu beachten, wenn Leitungen durch Brandwände hindurchgeführt werden?

25.2.2 In eine Brandwand wird
a) ein Lüftungskanal,
b) eine Tür,
c) eine Kabeldurchführung

eingebaut. Welche Vorkehrungen sind zu treffen, damit im Brandfall Feuer und Rauch nicht übertragen werden?

25.2.3 Was verstehen Sie unter dem Begriff *Rauchschutztür nach DIN 18095?*

25.2.4 Welches besondere Bauteil finden Sie an zweiflügligen Feuerschutztüren oder zweiflügligen Rauchschutztüren vor, die sich in ständig geöffnetem Zustand befinden?

25.2.5 Ein ausgedehntes Gebäude soll durch Gebäudetrennwände in Brandabschnitte unterteilt werden. In welchen Abständen sind diese Gebäudetrennwände einzubauen?

25.2.6 In eine Brandwand soll eine Verglasung eingebaut werden. Welche Verglasung ist zu wählen?

25.2.7 Welche Anforderungen können an Baustoffe gestellt werden, um eine Brandausbreitung insbesondere in der Anfangsphase eines Brandes zu verhindern?

25.3 Rettungswege

25.3.1 Erläutern Sie den Begriff *erster Rettungsweg.*

25.3.2 Was verstehen Sie unter dem *zweiten Rettungsweg?*

25.3.3 Wie lang darf der erste Rettungsweg nach der Musterbauordnung (MBO) maximal sein?

25.3.4 Sie sehen ein grünes Schild mit einer weißen Tür und einem Pfeil, der nach rechts zeigt.

Was besagt dieses Schild?

25.3.5 Wie kann bei Gebäuden der Gebäudeklasse 1 der zweite Rettungsweg sichergestellt werden?

25.3.6 Welche Gebäude gehören zur Gebäudeklasse 5 nach § 2 Abs. 3 MBO?

25.3.7 Wie wird der zweite Rettungsweg bei einem Hochhaus sichergestellt?

25.3.8 Erklären Sie den Begriff *Sicherheitstreppenraum.*

25.3.9 Warum werden Rauch- und Wärmeabzugsanlagen (RWA) in Treppenräume eingebaut?

25.3.10 Wie wird in einem innenliegenden Sicherheitstreppenraum der Eintritt von Brandrauch verhindert?

25.3.11 Welche generellen Anforderungen werden an den ersten Rettungsweg gestellt?

25.3.12 Ist es erlaubt, anstelle eines Treppenraumes einen Personenaufzug als Rettungsweg einzubauen?

25.3.13 Nennen Sie mindestens fünf Anforderungen, die ein Feuerwehraufzug erfüllen muss.

25.3.14 Wie lang ist die maximal zulässige Rettungsweglänge nach der Versammlungsstättenverordnung?

25.3.15 Ein Fenster soll als zweiter Rettungsweg genutzt werden. Welche Anforderungen müssen an das Fenster gestellt werden?

25.3.16 Was ist in Versammlungsstätten bezüglich der Aufschlagrichtung von Türen zu beachten?

25.4 Zufahrten für Feuerwehrfahrzeuge

25.4.1 Nennen Sie mindestens drei Anforderungen, die an Feuerwehrzufahrten gestellt werden.

25.4.2 In welchen Fällen werden Feuerwehrzufahrten gefordert?

25.4.3 Wie hoch und wie breit muss ein Durchgang sein, um beispielsweise ein rückwärtiges Gebäudeteil zu erreichen?

25.4.4 Was hat der Bauherr oder Nutzungsberechtigte bezüglich eventueller Einbauten zu beachten, wenn sich eine Feuerwehrzufahrt auf seinem Grundstück befindet?

25.4.5 Ein ausgedehntes Gebäude soll in Brandabschnitte unterteilt werden. In welchen Abständen hat dies zu geschehen?

25.5 Brandsicherheitswachdienst

25.5.1 Nach welchen gesetzlichen Grundlagen werden Brandsicherheitswachen in den Bundesländern durchgeführt?

25.5.2 Wann ist ein Brandsicherheitswachdienst durchzuführen?

25.5.3 Worauf haben Sie als Führer eines Brandsicherheitswachdienstes besonders zu achten?

25.5.4 Wann muss nach der Versammlungsstättenverordnung ein Feuersicherheitswachdienst gestellt werden?

25.5.5 Wie lange vor einer Veranstaltung soll der Brandsicherheitswachdienst etwa am Objekt sein?

25.5.6 Welche Überprüfung verlangen Sie als Führer eines Brandsicherheitswachdienstes im Theater vom Bühnenmeister oder Spielleiter vor der Veranstaltung?

25.5.7 Welche für Sie wichtigen Angaben finden Sie im Szeneriebuch bei der Durchführung eines Brandssicherheitswachdienstes in einem Theater?

25.5.8 Warum soll vor Beginn einer Veranstaltung vom Brandsicherheitswachdienst ein Kontrollgang durchgeführt werden?

25.5.9 Worauf achten Sie als Führer einer Brandsicherheitswache vor Beginn der Veranstaltung besonders?

25.5.10 Was haben Sie bei der Durchführung des Brandsicherheitswachdienstes zu veranlassen, wenn in Bereichen, in denen Rauchverbot besteht, rauchende Personen angetroffen werden?

25.5.11 Sie führen in einem Theater einen Brandsicherheitswachdienst durch. Bei Begehung vor Spielbeginn werden Beanstandungen festgestellt. Was ist zu tun?

25.5.12 Welche Aufgaben hat der Brandsicherheitswachdienst während der Durchführung einer Veranstaltung?

25.5.13 Sie haben als Führer einer Brandsicherheitswache einen Brandausbruch festgestellt. Was ist sofort zu tun?

25.5.14 Was hat der Brandsicherheitswachdienst nach einer Veranstaltung zu tun?

25.6 Brandschau

25.6.1 In welchen Zeitabständen ist die Brandschau in brandschaupflichtigen Objekten längstens durchzuführen?

25.6.2 Nennen Sie einige brandschaupflichtige Objekte.

25.6.3 Wer ist berechtigt, die Brandschau durchzuführen?

25.6.4 Wie wird kontrolliert, ob die bei der Brandschau festgestellten Mängel behoben wurden?

25.6.5 Bei einer Brandschau wurden bauliche Mängel festgestellt. Wer ist für die Durchsetzung der Mängelbeseitigung verantwortlich?

25.6.6 Bei einer Brandschau wurden betriebliche Mängel festgestellt. Wer ist für die Durchsetzung der Mängelbeseitigung verantwortlich?

Antworten

1 Atmung, Atemschutzgeräte, Atemschutzüberwachung

1.1 Atmung

1.1.1 Zu den oberen Atemwegen gehören, die Nase, der Rachen und der Kehlkopf. Zu den unteren Atemwegen werden die Luftröhre, der Bronchialbaum und die Lungen gerechnet.

1.1.2 Der Gasaustausch, der zwischen dem Blut und der eingeatmeten Luft in der Lunge stattfindet , wird als »äußere Atmung« bezeichnet. Als »innere Atmung« wird der Gasaustausch zwischen dem Blut und den Körperzellen verstanden.

1.1.3 Der Luftverbrauch eines Menschen ist von seinem Lebensalter und von seiner körperlichen Belastung abhängig.

1.1.4 Der Luftverbrauch eines erwachsenen Menschen beträgt bei

a) Ruhe:	zwischen 8 bis 10 l/min,
b) leichte Arbeit:	bis zu 30 l/min,
c) mittelschwere Arbeit:	zwischen 40 bis 60 l/min,
d) schwere Arbeit:	zwischen 70 bis 80 l/min,
e) kurzzeitiger Schwerstarbeit:	bis zu 100 l/min.

1.1.5

Zusammensetzung der eingeatmeten Luft	Zusammensetzung der ausgeatmeten Luft
21 Vol.- % Sauerstoff	17 Vol.- % Sauerstoff
78 Vol.- % Stickstoff	78 Vol.- % Stickstoff
0,96 Vol.- % Edelgase	0,96 Vol.- % Edelgase
0,04 Vol.- % Kohlenstoffdioxid	4,04 Vol.- % Kohlenstoffdioxid

1.1.6 Der Kohlenstoffdioxidgehalt der Umluft hat einen direkten Einfluss auf die Steuerung der Atemfrequenz. Steigt der Kohlenstoffdioxidgehalt im Blut, so wird die Atmung angeregt und die Atemfrequenz erhöht sich. Konzentrationen bis zu 4 Vol.-% CO_2 in der Umluft bewirken eine Beschleunigung der Atmung. Wird der Wert von 4 Vol.-% überschritten, so tritt eine Verlangsamung der Atmung ein, die in Abhängigkeit vom CO_2-Gehalt bis zum Atemstillstand führen kann.

1.1.7 Die roten Blutkörperchen sind für den Sauerstofftransport von den Lungenbläschen zu den Zellen verantwortlich, sowie für den Kohlenstoffdioxidabtransport von den Zellen zu den Lungenbläschen.

1.1.8 Exspiration ist die Ausatmung.

1.1.9 Angst und Stress können ebenfalls zur Steigerung der Atemfrequenz und somit zu einem vermehrten Luftverbrauch führen.

1.2 Atemschutzgeräte

1.2.1 Da die Einsatzkräfte der Feuerwehr durch Atemgifte, Sauerstoffmangel, radioaktive oder biologische Stoffe im Einsatzgeschehen gefährdet werden können, kommt dem Atemschutz eine zentrale Rolle zu.

1.2.2 Die DIN EN 133 beziehungsweise die FwDV 7 unterscheidet zwischen Atemschutzgeräten, die unabhängig von der Umgebungsatmosphäre wirken (Isoliergeräte) und Atemschutzgeräten, die abhängig von der Umgebungsatmosphäre wirken (Filtergeräte).

1.2.3 Umluftunabhängige Atemschutzgeräte sind:
- Frischluftschlauchgeräte,
- Druckluftschlauchgeräte,
- Behältergeräte,
- Regenerationsgeräte.

1.2.4 Zu den frei tragbaren Isoliergeräten gehören die Behälter- und die Regenerationsgeräte.

1.2.5 Atemschutzgeräteträger müssen:
- das 18. Lebensjahr vollendet haben,
- körperlich geeignet sein,
- erneut nach dem Grundsatz G 26 untersucht werden, wenn vermutet wird, dass sie den Anforderungen für das Tragen von Atemschutzgeräten nicht mehr genügen (dies gilt insbesondere nach schwerer Erkrankung oder wenn sie selbst vermuten, den Anforderungen nicht mehr gewachsen zu sein),
- die Ausbildung zum Atemschutzgeräteträger erfolgreich absolviert haben,
- regelmäßig an Fortbildungsveranstaltungen und an Wiederholungsübungen teilnehmen,
- zum Zeitpunkt der Übung oder des Einsatzes gesund sein und sich einsatzfähig fühlen.

1.2.6 Die Feststellung der Atemschutztauglichkeit erfolgt durch einen, von den Berufsgenossenschaften dazu ermächtigten Arzt (Arbeitsmediziner). Als Grundlage für die ärztliche Untersuchung dienen die »Berufsgenossenschaftlichen Grundsätze für die arbeitsmedizinischen Vorsorgeuntersuchungen – G 26 – Atemschutzgeräte«.

1.2.7 Einsatzkräfte, die die Anforderungen des Atemschutzes nicht erfüllen, dürfen nicht unter Atemschutz eingesetzt werden.

1.2.8 Unter einem Atemanschluss versteht man den Teil eines Atemschutzgerätes, der die Verbindung zwischen Gerät und Geräteträger herstellt.

1.2.9 Die DIN EN 134 unterscheidet zwischen:
- der Vollmaske,
- der Halbmaske,
- der Mundstücksgarnitur sowie
- der Haube und Bluse.

1.2.10 Bei den Feuerwehren werden Vollmasken nach DIN EN 136-10 »Vollmasken für den speziellen Einsatz« verwendet.

1.2.11 Die *Gasfilterklassen* geben das Aufnahmevermögen der Filter für die gasförmigen Schadstoffe wieder. Hierbei wird zwischen Filtern mit geringem, mittlerem und großem Aufnahmevermögen unterschieden.
Bei den *Partikelfilterklassen* handelt es sich um ein Maß für den Abscheidegrad von Filtern gegenüber festen und flüssigen Partikeln in der Atmosphäre.

1.2.12

Hauptanwendungsbereich	Filtertyp	Kennfarbe
Dämpfe von organischen Verbindungen mit einem Siedepunkt größer als 65 °C	A	braun
Dämpfe von organischen Verbindungen mit einem Siedepunkt kleiner/gleich 65 °C	AX	braun
Anorganische Gase und Dämpfe	B	grau
Schwefeldioxid, Chlorwasserstoff	E	gelb
Ammoniak	K	grün
Kohlenstoffmonoxid	CO	schwarz
Quecksilber (Dampf)	Hg	rot
Nitrose Gase, einschließlich Stickstoffmonoxid	NO	blau
Radioaktives Iod, einschließlich radioaktivem Iodmethan	Reaktorfilter	orange

1.2.13 Beim Tragen von Filtergeräten sind folgende Einsatzgrundsätze zu beachten:
- Filtergeräte dürfen nur eingesetzt werden, wenn Luftsauerstoff in ausreichendem Maße vorhanden ist.

- Filtergeräte dürfen nicht eingesetzt werden, wenn Art und Eigenschaft der vorhandenen Atemgifte unbekannt sind, wenn Atemgifte vorhanden sind, gegen deren Art oder Konzentration das Filter nicht schützt oder wenn starke Flocken- oder Staubbildung vorliegt.
- Die Einsatzgrenzen der Atemfilter sind zu beachten. In Zweifelsfällen sind Isoliergeräte zu verwenden.
- Gasfilter dürfen grundsätzlich nur gegen solche Gase und Dämpfe eingesetzt werden, die der Atemschutzgeräteträger bei Filterdurchbruch riechen oder schmecken kann. Die Möglichkeit einer Beeinträchtigung oder Lähmung des Geruchssinns durch den Schadstoff ist zu berücksichtigen. Die Herstellerangaben sind zu beachten.
- Bei Verwendung von Atemfiltern ist auf Funkenflug (z. B. Trennschleifen, Brennschneiden) oder offenes Feuer zu achten (Brandgefahr).
- Atemfilter, die geöffnet und benutzt wurden, müssen nach dem Einsatz unbrauchbar gemacht und entsorgt werden. Geöffnete, unbenutzte Filter können zu Ausbildungs- und Übungszwecken verwendet werden.

1.2.14 Der Einsatz von Filtergeräten ist zum Beispiel bei
- Wald-, Moor- und Heidebränden,
- Aufräumarbeiten nach einem Brand oder
- der Dekontamination im Gefahrstoffeinsatz möglich.

1.2.15 Bei einer Brandfluchthaube handelt es sich um eine den Kopf umschließende Haube, welche mit einer Voll- oder einer Halbmaske fest verbunden ist. Zur Filterung der Schadstoffe ist sie mit einem Kombinationsfilter versehen. Verwendung finden Brandfluchthauben zur Selbstrettung oder Rettung von Personen aus Brandbereichen.

1.2.16 Brandfluchthauben sollen einen Schutz gegen Schwebstoffe und Gase wie zum Beispiel Cyanwasserstoff (Blausäure), Ammoniak und Kohlenstoffmonoxid gewähren.

1.2.17 Schlauchgeräte könnten bei Arbeiten in Tanks, Silos oder anderen gasgefährdeten Bereichen eingesetzt werden.

1.2.18 Die Gebrauchszeit eines Pressluftatmers liegt bei etwa 30 Minuten, sie ist sehr stark von der körperlichen Belastung des Atemschutzgeräteträgers abhängig.

1.2.19 Beim Einsatz von Atemschutzgeräten gelten folgende allgemeine Einsatzgrundsätze:
- Jeder Atemschutzgeräteträger ist für seine Sicherheit eigenverantwortlich.
- Atemschutzgeräte sind außerhalb des Gefahrenbereiches an- und abzulegen.
- Vor dem Einsatz muss eine Einsatzkurzprüfung durchgeführt werden.
- Zwischen zwei Atemschutzeinsätzen ist eine Ruhepause einzulegen.
- Der Flüssigkeitsverlust der Einsatzkräfte ist durch geeignete Getränke auszugleichen. Vor und während der Einnahme von Speisen und Getränken ist die Hygiene zu beachten.

1.2.20 Bei Einsätzen in Behältern, engen Schächten oder Kanälen darf ein einzelner Atemschutzgeräteträger einsteigen. Er ist jedoch mittels einer Feuerwehrleine zu sichern. Zur Rettung des Eingestiegenen sind geeignetes Gerät und ausreichende Mannschaft bereitzustellen.

1.2.21 Bei den Regenerationsgeräten wird zwischen:
- Kreislaufgeräten mit Drucksauerstoff (Sauerstoffschutzgeräte),
- Geräten mit Flüssigsauerstoff und
- Geräten mit chemisch gebundenem Sauerstoff unterschieden.

1.2.22 Bei den Regenerationsgeräten wird das in der Ausatemluft enthaltene Kohlenstoffdioxid mittels einer wiederbefüllbaren Kalkpatrone oder einer Alkalipatrone chemisch gebunden. Sauerstoff wird zugemischt und die Luft gelangt erneut zum Geräteträger.

1.2.23 Ziel der praktischen Atemschutzausbildung ist es, dem Geräteträger Sicherheit unter dem Gerät zu vermitteln, damit er auch in gefährlichen Lagen Ruhe bewahrt und sich richtig verhält.

1.2.24

Ausbildungsinhalte	Tätigkeiten
Handhabung der Atemschutzgeräte	– Atemschutzgeräte anlegen, in Betrieb nehmen, ablegen und wechseln von Druckbehältern – Durchführen der Einsatzkurzprüfung
Gewöhnung	– Tragen von Atemanschlüssen ohne und mit Gerät
Orientierung	– Begehen von abgedunkelten und mit Hindernissen versehenen Objekten – Absuchen von verrauchten und abgedunkelten Objekten
Körperliche Belastung	– Schnelles Gehen – Tragen von Lasten – Begehen und Besteigen von Hindernissen – Besteigen von Leitern – Einsteigen in Behälter und in enge Schächte
Psychische Belastung	– Richtiges Verhalten bei Lärm – Richtiges Verhalten bei plötzlich auftretenden unvorhersehbaren Ereignissen – Richtiges Verhalten bei Fehlern an Geräten
Übung von Einsatztätigkeiten	– Suchen und Retten von Personen – Einsteigen über Leitern – Bergen von Gegenständen

Ausbildungsinhalte	Tätigkeiten
	– Vornehmen von Strahlrohren mit Schlauchleitungen – In-Stellung-bringen von Ausrüstungsgegenständen – Ausführen technischer/handwerklicher Arbeiten ohne Sicht – Abgeben von Meldungen über Funk
Eigensicherung	– Anlegen der persönlichen Schutzausrüstung – Handhaben von kontaminiertem Gerät, Schutzkleidung und Körperoberflächen – Richtiges Verhalten bei Eigengefährdung auch unter psychischer Belastung – Beachten der Maßnahmen der Atemschutzüberwachung
Notfalltraining	– Suchen, Befreien und In-Sicherheit-bringen von in Not geratenen Atemschutzgeräteträgern – Abgeben von Notfallmeldungen

1.2.25 Atemschutzgeräteträger müssen jährlich mindestens
- eine Belastungsübung in einer Atemschutz-Übungsanlage und
- eine Einsatzübung innerhalb einer taktischen Einheit unter Atemschutz durchführen. Die Einsatzübung kann bei Einsatzkräften entfallen, die in entsprechender Art und Umfang unter Atemschutz im Einsatz waren.

1.3 Atemschutzüberwachung

1.3.1 Ziel einer systematischen Atemschutzüberwachung ist eine Erhöhung der Sicherheit der Einsatzkräfte während des Atemschutzeinsatzes.

1.3.2 Die Registrierung soll enthalten:
- Namen der Einsatzkräfte unter Atemschutz gegebenenfalls mit Funkrufnamen,
- Uhrzeit beim Anschließen des Luftversorgungssystems,
- Uhrzeit bei 1/3 und 2/3 der zu erwartenden Einsatzzeit,
- Erreichen des Einsatzzieles,
- Beginn des Rückzugs.

1.3.3 Grundlage für die Atemschutzüberwachung bilden die FwDV 7 und die Unfallverhütungsvorschrift Feuerwehren (UVV Feu).

1.3.4 Durch die Einsatzgliederung sollten folgende Fragen geklärt werden:
- Wer ist für welchen Aufgabenbereich verantwortlich?
- Welche Aufgaben haben die einzelnen Einsatzkräfte zu erfüllen?
- Wie, das heißt mit welchen Mitteln lassen sich diese Aufgaben durchführen?
- Wie lässt sich die Einsatzstelle am sinnvollsten organisieren?

1.3.5 Prinzipiell hat jeder Atemschutzgeräteträger vor dem Einsatz den Fülldruck und das Ansprechen des Warnsignals zu überprüfen. Gleichzeitig ist eine Dichtprobe durchzuführen. Weisen die Atemschutzgeräte weniger als 90 % des Nenn-Fülldruckes auf, so sind sie nicht einsatzbereit.

1.3.6 Der Truppführer trägt die Verantwortung für:
- die Kontrolle des Pressluftvorrates vor und während des Einsatzes,
- die Registrierung des Trupps (An- und Abmelden),
- die Kontrolle und Durchführung des Funkverkehrs.

1.3.7 Der Gruppenführer trägt die Verantwortung für:
- die Durchführung der Atemschutzüberwachung,
- die Registrierung und Überwachung der eingesetzten Atemschutztrupps,
- die Sicherstellung einer ständigen Funkverbindung zwischen Atemschutztrupp und der Atemschutzüberwachung (falls vom Maschinisten nicht durchgeführt),
- die Bereitstellung eines Sicherheitstrupps.

1.3.8 Folgende Gegenstände sind für eine Atemschutzüberwachung erforderlich:
- eine Uhr, besser noch für jeden zu überwachenden Trupp eine Uhr,
- ein Registrierungssystem (Formblatt oder Tafel) das Vorgaben zum Eintragen von Personennamen, Zeiten, Drücken sowie Aufträge und Einsatzorte enthalten sollte,
- wasserfester Stift,
- Geräteanhänger für jedes Atemschutzgerät.

1.3.9 Bei der Atemschutzüberwachung ist darauf zu achten, dass kein Atemschutztrupp ohne Registrierung die Einsatzstelle betritt oder wieder verlässt.

2 Ausbilden

2.1 Lernziele sind Festlegungen darüber, wie das gewünschte Verhalten des Lernenden am Ende des Lernprozesses aussehen sollte. Der Inhalt eines Lernzieles kann zum Beispiel das Wissen über einen theoretischen Sachverhalt oder die Ausführung einer praktischen Tätigkeit umfassen.

2.2 Aufgabe der Lernziele ist es, die zu erlernenden Fähigkeiten, Fertigkeiten, Kenntnisse und Einstellungen zu umschreiben. Sie können aber auch als Grundlage für die Kontrolle des Unterrichts herangezogen werden.

2.3 Bei den Lernzielen wird zwischen den kognitiven, affektiven und psychomotorischen Lernzielen unterschieden.

2.4 Bei den kognitiven Lernzielen geht es um die Fähigkeit, Sachverhalte zu verstehen und im Gedächtnis zu behalten, damit sie zum Verstehen komplexerer Sachverhalte und zur Steuerung von Handlungen verfügbar sind.

2.5 Durch affektive Lernziele soll entweder Interesse geweckt oder eine bestimmte Einstellung beziehungsweise Haltung in Bezug auf bestimmte Sachverhalte erreicht werden.

2.6 Durch psychomotorische Lernziele soll die Fähigkeit angestrebt werden Bewegungsabläufe zu beherrschen oder Gegenstände physisch zweckmäßig handhaben zu können.

2.7 Entsprechend dem Grad ihrer Genauigkeit können die Lernziele in Richtlernziele, Groblernziele, Feinlernziele oder Feinstlernziele unterteilt werden. Diese Ziele bezeichnet man als Lernzielklassen.

2.8 Innerhalb der kognitiven, psychomotorischen und affektiven Lernzielarten lassen sich die Lernziele weiter strukturieren und in abgestufte Systeme einordnen. Hierbei erfolgt die Abstufung im Wesentlichen vom Leichten zum Schweren beziehungsweise vom Einfachen zum Komplizierten. Dabei ist stets das Leichte Voraussetzung für das Erlernen des Schweren, das heißt das Durchlaufen einer niedrigen Lernzielstufe ist erforderlich, um die nächst höhere zu erreichen.

2.9 Bei der Gestaltung von Overhead-Folien sind folgende Punkte zu beachten:
- Die Folien sollten keine zu hohe Informationsdichte aufweisen.

- Zur Erhöhung der Übersichtlichkeit sollte eine einfache Gliederung angewendet werden.
- Die Schriftgröße sollte mindestens fünf Millimeter betragen.
- Es sollten wasserfeste (wischfeste) Schreiber benutzt werden.
- Wichtige Informationen sollten mit Farbfolie unterlegt werden.

2.10 Beim Einsatz von Overhead-Folien sollte Folgendes beachtet werden:
- Die Folie sollte lange genug gezeigt werden.
- Das Gerät ist erst dann einzuschalten, wenn die Folie benötigt wird.
- Die Folie sollte ohne Schutzhülle aufgelegt werden.
- Noch nicht benötigte Teile der Folie sollten abgedeckt werden.

2.11 Beim Umgang mit dem Overhead-Projektor ist Folgendes zu beachten:
- Vor Beginn des Unterrichtes sollte eine Funktionskontrolle des Gerätes erfolgen.
- Die Schärfe des Bildes ist vor Unterrichtsbeginn einzustellen.
- Überprüfung der Folienstifte.
- Kontrolle, ob jeder Teilnehmer freien Blick auf die projizierte Folie hat.
- Während des Schreibens das Bild nicht mit dem eigenen Körper verdecken.
- Für den Hinweis auf aktuelle Punkte sollten Folienstifte oder Kugelschreiber verwendet werden.
- Den Lernenden nicht den Rücken zukehren um aktuelle Punkte an der Projektionswand zu zeigen.

2.12 Beim Umgang mit einem Flipchart ist Folgendes zu beachten:
- Vor Beginn des Unterrichtes ist zu kontrollieren, ob die Aufstellung für alle gut sichtbar ist.
- Faserschreiber sind vorab zu überprüfen.
- Es sollten nur Stichwörter notiert werden.
- Die Verwendung von Druckbuchstaben ist anzustreben.
- Das Blatt sollte während des Schreibvorganges nach Möglichkeit nicht mit dem Körper abgedeckt werden.
- Für Wiederholungen sollte zurück geblättert werden.

2.13 Die verschiedenen Medien sollen dazu beitragen, den Lernstoff zu veranschaulichen und somit zur Verbesserung der Lernleistung führen.

2.14 Zu den visuellen Medien gehören beispielsweise Folien, Arbeitsblätter, Tafel, Whiteboard, Dias oder Foto-CDs.

2.15 Zu den auditiven Medien gehören beispielsweise Schallplatten, Kassetten, Tonbänder, CDs und Hörfunk.

2.16 Audiovisuelle Medien sind zum Beispiel Filme, Fernsehen, Video, DVDs oder die Tonbildschau.

2.17 Der Einsatz dieser Medien sollte:
- zur Entlastung des Dozenten führen,
- die Aktivität der Lernenden fördern,
- ein leichteres Erreichen der Lernziele ermöglichen,

- dabei helfen, den Lernstoff übersichtlich, strukturiert und didaktisch aufbereitet darzubieten,
- eine Übertragung des Gelernten auf ähnliche Aufgaben fördern.

2.18 Der Nachteil liegt darin begründet, dass der Dozent den Lernenden beim Schreiben den Rücken zukehren muss.

2.19 Für den Einsatz der unterschiedlichen Medientechniken im Unterricht gilt: »Nicht zu viel auf einmal« und »die Inhalte müssen passen«.

2.20 Häufige Fehler beim »Blickkontakt« bestehen darin, dass:
- der Ausbilder niemanden anschaut,
- der Ausbilder über die Köpfe der Auszubildenden hinweg schaut,
- der Ausbilder sich zu sehr mit seinen Unterlagen oder den Medien beschäftigt,
- nur bestimmte Personen vom Ausbilder angeschaut werden.

2.21 Körpersprache sollte sparsam und gezielt eingesetzt werden. Der Ausbilder sollte sich natürlich verhalten.

2.22 Einfachheit und Verständlichkeit in der Sprache zeichnen einen guten Dozenten aus. Dies gilt sowohl bei den Wörtern, die man benutzt, wie auch bei den Sätzen.

2.23 Einfache und verständliche Wörter sind beispielsweise:
- kurze Wörter,
- geläufige Wörter,
- keine Fachausdrücke,
- keine Fremdwörter,
- keine Abkürzungen.

2.24 Einfache und verständliche Sätze sind zum Beispiel:
- kurze Sätze,
- einfach strukturierte Sätze,
- keine Sätze mit vielen Nebensätzen,
- keine Passivsätze.

2.25 Eine gute Sprechtechnik ist abhängig von:
- der Lautstärke,
- der Stimmlage,
- dem Sprechtempo,
- den Redepausen,
- den Akzenten,
- der Aussprache.

2.26 Das Sprechtempo sollte nicht zu schnell, aber auch nicht zu langsam sein. Beim zu schnellen Sprechen schalten die Zuhörer rasch ab, da diese mit ihren Gedanken der Ausbildung nicht mehr folgen können. Eine langsame Sprechweise wirkt dagegen auf den Zuhörer ermüdend.

2.27 Die Lautstärke der Stimme sollte gezielt eingesetzt werden. Eine zu laute Stimme wirkt unangenehm. Eine zu leise Stimme kann dagegen sehr anstrengend für die Zuhörer sein. Durch gezieltes Wechseln zwischen laut und leise kann zum Beispiel Spannung erzeugt werden.

2.28 Viele Auszubildende empfinden einen Dialekt eher positiv als negativ. Es sollte jedoch sichergestellt werden, dass alle Zuhörer diesen Dialekt auch verstehen. Sonst kann dies schnell zu Verständigungsschwierigkeiten führen.

2.29 Zuhörer bedürfen von Zeit zu Zeit einer kurzen Pause. Die Pause gibt dem Zuhörer die Möglichkeit über die gesagten Worte nachzudenken. Außerdem gliedern Pausen die Rede und geben einen Hinweis darauf, ob ein Satz oder ein Gedankengang zu Ende ist.

2.30 Werden Fragen an die Zuhörer gerichtet, so ist darauf zu achten, dass:

- alle Fragen präzise und verständlich gestellt werden,
- während der Fragestellung nach Möglichkeit alle Zuhörer der Gruppe angeschaut werden,
- den Zuhörern genügend Zeit zum Überlegen und zur Beantwortung der Frage gegeben wird,
- es vermieden wird, die Frage selbst zu beantworten,
- die Antworten der Zuschauer nach Möglichkeit für die nächste Frage aufgenommen werden,
- Alternativfragen (Ja-Nein-Fragen) vermieden werden,
- nicht mehrere Fragen (Kettenfragen) hintereinander gestellt werden,
- Wissensfragen nicht gezielt an einzelne Zuhörer gerichtet werden.

2.31 Fragen im Unterrichtsgespräch sollen den Gesprächsverlauf steuern, die Teilnehmer aktivieren und motivieren und dabei helfen, Ergebnisse zu sichern.

2.32 Beim Stellen von Fragen während des Unterrichtes ist folgendes zu beachten:

- Frage überlegen,
- nur präzise und verständliche Fragen stellen,
- abwarten und dabei die Teilnehmer ansehen,
- Antworten freundlich aufnehmen,
- mit der Antwort arbeiten, Antworten weitergeben,
- mit einer Frage zum nächsten Teilthema oder Aspekt übergehen.

3 Baukunde

3.1 DIN 4102, Brandverhalten von Baustoffen und Bauteilen

3.1.1 In der DIN 4102 werden Aussagen zu Baustoffen und Bauteilen unter Brandeinwirkung getroffen. Begriffe, Anforderungen und Prüfungen sind hier festgeschrieben.

3.1.2 Die DIN 4102 besteht aus nachfolgenden Teilen:

T 1 Baustoffe, Begriffe, Anforderungen, Prüfungen
T 2 Bauteile, Begriffe, Anforderungen, Prüfungen
T 3 Brandwände und nichttragende Außenwände
T 4 Zusammenstellung und Anwendung klassifizierter Baustoffe, Bauteile und Sonderbauteile
T 5 Feuerschutzabschlüsse, Abschlüsse in Fahrschachtwänden und gegen Feuer wiederstandsfähige Verglasungen
T 6 Lüftungsleitungen
T 7 Bedachungen
T 8 Kleinprüfstand
T 9 Kabelabschottungen
T 11 Rohrummantelungen, Rohrabschottungen, Installationsschächte und -kanäle sowie Abschlüsse ihrer Revisionsöffnungen
T 12 Funktionserhalt von elektrischen Kabelanlagen
T 13 Brandschutzverglasungen
T 14 Bodenbeläge und Bodenbeschichtungen
T 15 Brandschacht
T 16 Durchführung von Brandschachtprüfungen
T 17 Schmelzpunkt von Mineralfaser-Dämmstoffen
T 18 Feuerschutzabschlüsse, Nachweis der Eigenschaft selbstschließend, Dauerfunktionstüchtigkeit

3.1.3 Baustoffe sind Baumaterialien aus denen Bauteile gefertigt werden. Als Baustoffe im Sinne der Norm gelten auch Bekleidungen, Verbundwerkstoffe, Dämmschichten, Beschichtungen, Rohre und Formstücke. Bauteile sind aus mehreren Baustoffen gefertigt, wie zum Beispiel Wände, Decken, Pfeiler und Stützen.

3.1.4 Baustoffe der Baustoffklasse A 1 sind nicht brennbar und enthalten gar keine oder nur wenig (< 1 %) brennbare Bestandteile. A 1 Baustoffe mit brennbaren Bestandteilen unterliegen einer Nachweisführung.
Baustoffe der Baustoffklasse A 2 sind ebenfalls nicht brennbar, sie dürfen jedoch in erhöhtem Maß (> 1 %) brennbare Bestandteile enthalten. Auch hier ist eine besondere Nachweisführung (bauaufsichtliche Zulassung) erforderlich.

3.1.5 Die *brennbaren Baustoffe* werden in nachfolgende Baustoffklassen eingeteilt:
- B1: schwer entflammbare Baustoffe,
- B2: normal entflammbare Baustoffe,
- B3: leicht entflammbare Baustoffe.

3.1.6 Nach § 17 der Musterbauordnung (MBO) dürfen Baustoffe, die nach ihrem Einbau noch leicht entflammbar sind (B3) nicht eingebaut werden.

3.1.7 Bauteile im Sinne dieser Norm sind Wände, Decken und Stützen. Diese werden mit einem F und der zugehörigen Feuerwiderstandsdauer in Minuten gekennzeichnet. Sonderbauteile sind zum Beispiel:
- T: Feuerschutzabschlüsse,
- L: Lüftungsleitungen,
- K: Absperrvorrichtungen in Lüftungsleitungen,
- S: Kabelschotts,
- R: Rohrabschottungen,
- I: Installationsschächte.

3.1.8 Sonderbauteile werden mit den nachfolgenden Kurzbezeichnungen gekennzeichnet:
a) Feuerschutzabschlüsse: T 30, T 60, T 90,
b) Lüftungsleitungen: L 30, L 60, L 90,
c) Brandschutzklappen: K 30, K 60, K 90,
d) Kabelabschottungen: S 30, S 60, S 90,
e) Rohrabschottungen: R 30, R 60, R 90.

3.1.9 Strahlungsundurchlässige Verglasungen werden mit den Kurzbezeichnungen F 30-, F 60-, F 90-Verglasung gekennzeichnet.
Strahlungsdurchlässige Verglasungen werden mit den Kurzbezeichnungen G 30-, G 60-, G 90-Verglasung gekennzeichnet.

3.1.10 Die Bezeichnung T 30-RS bedeutet, dass es sich um eine Brandschutztür mit einer Feuerwiderstandsdauer von 30 Minuten handelt. Die Tür ist zudem rauchdicht nach DIN 18095 einzustufen.

3.1.11 Eine T 30-Feuerschutztür weist eine Feuerwiderstandsdauer von 30 Minuten auf. Eine T 30-RS Feuerschutztür weist eine Feuerwiderstandsdauer von 30 Minuten auf und ist zudem rauchdicht (DIN 18095).

3.1.12 Die nachfolgenden Kurzbezeichnungen haben folgende Bedeutung:
a) W 30: Nichttragende Außenwand, 30 Minuten Feuerwiderstandsdauer,
b) T 90: Feuerschutztür, 90 Minuten Feuerwiderstandsdauer,

c) K 90: Feuerschutzklappe, 90 Minuten Feuerwiderstandsdauer,
d) E 90: Elektrokabel mit Funktionserhalt, 90 Minuten Feuerwiderstandsdauer,
e) G 30: Strahlungsdurchlässige Verglasung, 30 Minuten Feuerwiderstandsdauer

3.1.13 Die nachfolgenden Kurzbezeichnungen nach DIN 4102 bedeuten:
a) F 30 A: Bauteil, 30 Minuten Feuerwiderstandsdauer, aus nicht brennbaren Baustoffen,
b) F 30 B: Bauteil, 30 Minuten Feuerwiderstandsdauer aus brennbaren Baustoffen,
c) F 90 AB: Bauteil, 90 Minuten Feuerwiderstandsdauer und in den wesentlichen Bauteilen aus nicht brennbaren Baustoffen,
d) F 60 B: Bauteil, 60 Minuten Feuerwiderstandsdauer aus brennbaren Baustoffen.

3.1.14 G-Verglasungen verhindern den Durchtritt von Flammen und Rauch. F-Verglasungen verhindern nicht nur den Durchtritt von Flammen und Rauch, sondern auch von Wärmestrahlung und sind somit hochwertiger als G-Verglasungen einzustufen.

3.1.15 Außer der vorgeschriebenen Feuerwiderstandsdauer müssen alle Feuerschutztüren selbstschließend ausgeführt werden. Zweiflügelige Feuerschutztüren sind mit einer *Schließfolgeregelung* auszustatten.

3.1.16 Die Bezeichnung T 90-2 bedeutet, dass es sich um eine zweiflügelige Feuerschutztür mit einer Feuerwiderstandsdauer von 90 Minuten handelt.

3.1.17 Außer der vorgeschriebenen Feuerwiderstandsdauer müssen Brandwände standsicher sein und aus nicht brennbaren Baustoffen bestehen.

3.1.18 Brandwände können aus Mauerwerk, Stahlbeton oder Gasbeton errichtet werden.

3.1.19 Soll in eine Brandwand aus betrieblichen Gründen eine Feuerschutztür eingebaut werden, so ist eine T 90-Feuerschutztür zu wählen.

3.1.20 Werden Lüftungsleitungen durch Brandwände geführt, so sind entweder Feuerschutzklappen in die Brandwanddurchführung einzubauen, die im Brandfall automatisch schließen oder die Lüftungsleitung ist in L 90-Ausführung zu ummanteln.

3.1.21 Die Verwendung brennbarer Baustoffe für die Erstellung von Brandwänden ist unzulässig.

3.1.22 Während eine F 90-Wand eine Feuerwiderstandsdauer von 90 Minuten nach Einheitstemperaturzeitkurve aufweist, muss eine Brandwand zusätzlich standsicher sein und einem Schlagversuch standhalten (herabstürzende Bauteile).

3.1.23 Alle zweiflügeligen Feuerschutztüren müssen mit einem *Schließfolgeregler* ausgerüstet sein.

3.1.24 Die Verwendung brennbarer Baustoffe für Feuerschutztüren ist zulässig. Moderne Feuerschutztüren werden aus Holz gefertigt und sind somit von herkömmlichen Holztüren kaum zu unterscheiden.

3.1.25 Feuerschutzabschlüsse werden als Türen, Tore und Rolltore gefertigt.

3.1.26 Eine harte Bedachung nach Teil 7 der DIN 4102 hält *Flugfeuer* und *Wärmestrahlung* stand. Eine weiche Bedachung hält den vorgenannten Komponenten nicht stand.

3.1.27 Harte Bedachungen sind Ziegel, Betondachsteine, Metalldächer und bekieste Bitumendachbahnen. Weiche Bedachungen sind beispielsweise Reetdächer.

3.1.28 Eine Brandschutzverglasung besteht aus der Glasscheibe, der Rahmenkonstruktion und den Befestigungen. Sie ist nur wirksam, wenn die Einbauvorschriften eingehalten wurden.

3.1.29 Während Feuerschutztüren den Durchtritt von Flammen und Wärmestrahlung verhindern und nach der Einheitstemperaturzeitkurve der DIN 4102 geprüft werden, verhindern Rauchschutztüren nur den Durchtritt von Brandrauch (DIN 18095).

3.1.30 Verbundbaustoffe, Bekleidungen, Dämmschichten, Beschichtungen, Rohre und Formstücke gelten im Sinne der DIN 4102 ebenfalls als Baustoffe.

3.1.31 Bei der Ofenprüfung wird der Ofen um 750 K aufgeheizt und es werden Probewürfel (40 × 40 × 50 mm) hineingegeben. Die Prüfung gilt als bestanden, wenn keine Entflammung auftritt und so viel Wärme abgegeben wird, dass dadurch die Temperatur im Ofen ohne weitere Energiezufuhr um mehr als 50 K ansteigt.

Bei der Brandschachtprüfung wird der Probekörper (vier Bretter, 190 × 1 000 mm) zehn Minuten lang mittels Gasbrenner beflammt. Während des Versuches wird der Brandschacht von unten nach oben mit einem gleichbleibenden Luftstrom durchströmt. Die Brandschachtprüfung gilt als bestanden, wenn alle Probekörper im Mittel mindestens 15 Zentimeter Restlänge aufweisen, kein Probekörper eine Restlänge von 0 Zentimeter aufweist und die Rauchgastemperatur 200 °C nicht überschreitet.

3.1.32 A2-Baustoffe sind nicht brennbar, dürfen jedoch in geringem Maße brennbare Bestandteile enthalten. Sie unterliegen einer Nachweisführung (Brandschacht) und können nur bei intensiver Energiezufuhr zum Brennen angeregt werden.

B1-Baustoffe sind brennbar, sie sind nur durch besondere Zusätze schwer entflammbar gemacht worden.

Aus der Sicht des vorbeugenden Brandschutzes sind A-Baustoffe zu bevorzugen.

3.1.33 Die baurechtliche Benennung *feuerhemmend* entspricht der Bezeichnung F 30 nach DIN 4102, die baurechtliche Benennung *feuerbeständig* entspricht der Bezeichnung F 90 nach DIN 4102.

3.1.34 In der Einheitstemperaturzeitkurve ist der Temperaturanstieg im Brandraum pro Zeiteinheit definiert. Nach den Temperaturanstiegsbedingungen dieser Kurve werden Bauteile über die Versuchsdauer wärmebeaufschlagt.

3.1.35 Während bei der herkömmlichen Brandverlaufskurve die Temperatur nur langsam ansteigt, wird nach Einheitstemperaturzeitkurve schon zu Beginn der Prüfung die Temperatur im Brandraum rasch ansteigen.

3.1.36 Die Feuerwiderstandsklasse von Bauteilen wird durch ein Prüfzeugnis auf der Grundlage von Bauteilprüfungen nach DIN 4102 Teil 2 nachgewiesen. Maßgebend für die Einstufung in eine Feuerwiderstandsklasse ist das ungünstigste Ergebnis an mindestens zwei Probekörpern.

3.1.37 Feuerwiderstandsklassen nach Teil 2 der DIN 4102:

Feuerwiderstands-klasse	Feuerwiderstands-dauer	baurechtliche Benennung
F 30	30 min	feuerhemmend
F 60	60 min	
F 90	90 min	feuerbeständig
F 120	120 min	
F 180	180 min	

3.1.38 Der Begriff Brandwand ist baurechtlich verankert. Es handelt sich hierbei um eine Wand, die 90 Minuten dem Feuer standhält (ETK), standsicher ist und aus nicht brennbaren Baustoffen besteht. Versicherer fordern darüber hinaus oft Komplextrennwände, die eine Feuerwiderstandsdauer von 180 Minuten aufweisen.

3.1.39 Die Leckrate darf bei einflügeligen Rauchschutztüren nach DIN 18095 maximal 20 m^3/h betragen, bei zweiflügeligen Türen maximal 30 m^3/h.

3.2 Der Baustoff Holz

3.2.1 Die Zündtemperatur von Bauteilen aus dem Baustoff Holz beträgt 200 °C bis 340 °C.

3.2.2 Die Abbrandrate von Bauteilen aus dem Baustoff Holz beträgt etwa 1 mm/min (Bauholz, GKL 2).

3.2.3 Mit dem Einsturz tragender Holzbauteile ist zu rechnen, wenn etwa 50 % des tragenden Querschnitts abgebrannt sind.

3.2.4 Der bevorstehende Einsturz tragender Holzbauteile im Brandfall kündigt sich durch knarrende und ächzende Geräusche an (Reißen der Fasern).

3.2.5 Vorbeugende Schutzmaßnahmen für Holzbauteile im Brandfall sind:
- Feuerschutzanstrich,
- Feuerschutzimprägnierung,
- Überdimensionierung des Querschnitts,
- Verkleidung mit Feuerschutzplatten.

3.2.6 Es besteht Einsturzgefahr, wenn 50 % des tragenden Querschnittes abgebrannt sind.
Querschnitt: $A = 10\ \text{cm} \times 10\ \text{cm} = 100\ \text{cm}^2$.
Einsturzgefahr besteht also bei einem Querschnitt von $50\ \text{cm}^2$.

Das entspricht einer Kantenlänge von etwa 7 cm × 7 cm.

3.2.7 Da beim Leimholz sehr trockenes Holz Verwendung findet und nur geringe Brettdicken verleimt werden, wird ein Arbeiten des Holzes weitgehend verhindert.

Es entstehen kaum Rissbildungen wie bei herkömmlichen Bauhölzern, welche das Brandverhalten nachteilig beeinflussen.

3.2.8 Bei Dachstuhlbränden sind insbesondere die Knotenpunkte (kraftschlüssige Verbindungen) der Dachkonstruktion zu schützen.

3.2.9 Dachformen:
A: Pultdach
B: Satteldach
C: Krüppelwalmdach
D: Walmdach
E: Mansarddach
F: Zeltdach
G: Sheddach
H: Turmdach

3.2.10 Dachkonstruktionen:
- Sparrendächer,
- Kehlbalkendächer,
- Pfettendächer,
- Hallenbinder,
- Sonderkonstruktionen.

3.2.11 Nagelbinder verhalten sich schlecht im Brandfall, weil durch das Ausglühen der Nägel und das Durchbrennen der Untergurte die Konstruktion zum Einsturz gebracht wird.

3.2.12 Das Brandverhalten tragender Holzbauteile ist abhängig von:
- dem Verhältnis Oberfläche zur Masse (U/A-Faktor)
- Rissbildungen, die durch ein Arbeiten des Holzes entstehen,
- der Holzart (Hartholz/Weichholz),
- dem Feuchtigkeitsgehalt,
- dem Harzanteil,
- der Oberflächenbeschaffenheit (ob glatt oder rau).

3.2.13 Der Baustoff Holz besteht aus den Elementen Kohlenstoff, Wasserstoff und Sauerstoff.

3.2.14 Die Längenausdehnung von Bauteilen aus dem Baustoff Holz ist vergleichsweise gering. Holz ist ein schlechter Wärmeleiter.

3.2.15 Ja, denn es macht einen Unterschied, ob Hartholz (z. B. Eiche) oder Weichholz (z. B. Tanne) verbrennt.

3.2.16 Knotenpunkte sind kraftschlüssige Verbindungen tragender Holzbauteile. Sie sind im Brandfall besonders zu schützen (kühlen).

3.2.17 Als Verbindungselemente zwischen tragenden Holzbauteilen werden Zapfenverbindungen, Bolzenverbindungen, Blechformteile, Nagel- und Schraubverbindungen sowie Leimverbindungen eingesetzt.

3.2.18 Knotenpunke von Holzbauteilen sind deshalb von ausschlaggebender Bedeutung, weil sie Kräfte bündeln, umlenken oder aufteilen. Kommt es im Brandfall zu einer Beschädigung dieser Knotenpunkte, so muss mit Teilbeziehungsweise Gesamteinsturz der Konstruktion gerechnet werden.

3.2.19 Durch die Imprägnierung eines Holzbauteiles wird das Entzündungsverhalten im Brandfall verändert. Feuerschutzanstriche schäumen auf und haben somit eine isolierende Wirkung.

3.2.20 Folgende Schutzmaßnahmen ermöglichen die Einstufung von Holzbauteilen in Feuerwiderstandsklassen:
- Überdimensionierung des Querschnittes,
- Bekleidungen mit Feuerschutzplatten, Putz oder Mauerwerk.

3.2.21 Bekleidungen sind Feuerschutzplatten (Gipskartonplatten, Gipsfaserplatten, Calcium-Silikatplatten), die im Brandfall den tragenden Holzquerschnitt schützen.
Bei der Überdimensionierung des Querschnittes wird der Holzquerschnitt von vorn herein je nach Abbrandrate und Holzart größer zugeschnitten.

3.2.22 Vollhölzer finden in Form von Kanthölzern, Rundhölzern, und Brettern Verwendung. Weiterhin werden Vollhölzer als Fachwerkbinder, Leimbinder und brettschichtverleimte Binder eingesetzt.

3.2.23 Die Widerstandsfähigkeit von Holz gegen Entzündung ist von nachfolgenden Faktoren abhängig:
- dem Feuchtigkeitsgehalt,
- der Rohdichte,
- der Holzoberfläche,
- den Abmessungen des Holzbauteiles,
- verwendeten Feuerschutzmitteln oder Bekleidungen.

3.2.24 Oberhalb von 500 °C bildet sich im Brandfall eine Holzkohlenschicht, wodurch die Abbrandgeschwindigkeit abnimmt.

3.2.25 Nach der Entzündung von Holzbauteilen brennen zunächst Gase, die an der Oberfläche freigesetzt werden. Dann entsteht eine Holzkohlenschicht welche durch ihre niedrige Leitfähigkeit den noch verbleibenden Querschnitt schützt.

3.2.26 Holzverbindungselemente aus Blech oder Stahl sind die Ursache für ein rasches Versagen der Konstruktion im Brandfall, da die Nägel ausglühen und die Nagelplattenverbinder abscheren.

3.2.27 Jeder Riss in einem Holzbauteil bewirkt eine Oberflächenvergrößerung und somit ein verschlechtertes Brandverhalten.

3.3 Der Baustoff Stahl

3.3.1 Die kritische Temperatur für Bauteile aus dem Baustoff Stahl beträgt etwa 500 °C.

3.3.2 Bauteile aus Stahl nehmen die Wärme rasch auf und leiten sie weiter. Dabei erfolgt eine Längenausdehnung, wobei die Gefahr besteht, dass Wände und Pfeiler umgedrückt werden. Wird die kritische Temperatur von 500 °C überschritten, führt dies zum Versagen der Stahlbauteile. Stahlträger, die auskühlen ziehen sich zusammen, es besteht die Gefahr, dass Sie von ihrem Auflager herabfallen.

3.3.3 Ein Stahlbauteil dehnt sich bei Wärmebeaufschlagung um 1,2 mm pro Meter Länge und pro 100 K Wärmebeaufschlagung aus.

3.3.4 (10 m × 400 K × 1,2 mm) : (1 m × 100 K) = 48 mm = 4,8 cm.

Ein 10 Meter langer Stahlträger, der während eines Brandes um 400 K erwärmt wird, dehnt sich um etwa 4,8 Zentimeter aus.

3.3.5 Bei einer Wärmebeaufschlagung von mehr als 500 K geben Stahlbauteile den Belastungen nach und versagen, das heißt Träger hängen durch und Stützen knicken seitlich aus.

3.3.6 Bei Stahlbauteilen ist mit schlagartigem Einsturz im Brandfall zu rechnen, wenn Schrauben, Nieten und Schweißnähte abscheren.

3.3.7 Vorbeugende Schutzmaßnahmen für Bauteile aus Stahl im Brandfall sind:
- Feuerschutzbekleidungen,
- Ummauerungen,
- Brandschutzanstriche,
- Überdimensionierung des Querschnittes,
- Wasserinnenkühlung ,
- Brandschutzputze,
- Stahlverbundstützen.

3.3.8 Mit dem U/A-Faktor bezeichnet man bei Stahlbauteilen das Verhältnis vom Umfang zur Fläche. Je kleiner dieser Faktor ist, desto besser ist das Brandverhalten der Stahlkonstruktion.

3.3.9 Natürliche Rauchabzugsanlagen (NRA) sind Anlagen, die im Brandfall automatisch oder von Hand geöffnet werden und somit Flächen im Dach freigeben, durch die Rauch und Wärme abströmen können. Durch den Einbau einer solchen Anlage wird die thermische Beaufschlagung der Stahlbauteile gemindert und die Konstruktion hält länger stand.

3.3.10 Eisenwerkstoffe werden nach ihrem Kohlenstoffgehalt in Gusseisen- und Stahlbauteile eingeteilt. Gusseisen ist aufgrund seines hohen Kohlenstoffgehaltes sehr spröde. Werden Gusseisenstützen im Brandfall mit Löschwasser beaufschlagt, so besteht Gefahr, dass sie zerplatzen und zusammenbrechen. Stahl hingegen ist relativ zäh und versagt bei einem Brand nur allmählich.

3.3.11 Ich rechne damit, dass die Gusseisenstütze bricht, wodurch ein Einsturz verursacht werden kann.

3.3.12 Im Brandfall besteht Gefahr, dass sich die Stahlträger der Kranbahn ausdehnen und die Brandwand zum Einsturz bringen.

3.3.13 Wenn Niet- und Schraubverbindungen im Brandfall abscheren besteht die Gefahr des schlagartigen Einsturzes tragender Stahlbauteile.

3.3.14 Bei etwa 500 °C weist ein Stahlbauteil nur noch 50 % seiner ursprünglichen Festigkeit auf.

3.3.15 Stahlbauteile sind im Brandfall deshalb schwer einzuschätzen, weil keine äußeren Zeichen wie beispielsweise die Abbrandrate beim Holz sichtbar werden.

3.3.16 Abschmelzbare Flächen sind Kunststoffe (Polycarbonat o.ä.), die in die Dachhaut eingebaut werden. Im Brandfall schmelzen diese Flächen bei etwa 300 °C, Brandrauch und Wärme können ins Freie abströmen und die tragende Stahlkonstruktion wird thermisch entlastet.

3.3.17 Bei der Überdimensionierung des Stahlquerschnittes werden größere Profilquerschnitte gewählt, die in der Lage wären, weitaus höhere Lasten aufzunehmen. Da der statische Grad der Konstruktion nicht ausgenutzt wird, halten überdimensionierte Querschnitte im Brandfall länger stand als Querschnitte, die statisch ausgelastet sind.

3.3.18 Stahlverbundstützen halten im Brandfall länger stand als Stahlstützen, weil die Stahlprofile durch Betonüberdeckung geschützt werden. Stahlverbundstützen sind deshalb besser zu bewerten.

3.3.19 Feuerschutzanstriche für Stahlbauteile sind Dämmschichtbildner, die im Brandfall aufschäumen und somit das Stahlbauteil schützen. Es sind Feuerwiderstandsdauern bis 60 Minuten möglich.

3.3.20 Während der Nachlöscharbeiten kühlen Stahlbauteile ab und ziehen sich zusammen. Bei Stahlträgern besteht die Gefahr, dass diese von ihrem Auflager herunterfallen und Einsatzkräfte verletzen können.

3.4 Der Baustoff Beton/Stahlbeton

3.4.1 Betonbauteile bestehen aus einem Gemisch von Wasser, Zement und Zuschlagstoffen.

3.4.2 Es gibt folgende Betonarten:
- Schwerbeton (> 2,8 t/m³),
- Normalbeton (2,0 – 2,8 t/m³),
- Leichtbeton (< 2,0 t/m³).

3.4.3 Bauteile aus dem Baustoff Beton besitzen die Eigenschaft, hohe Druckkräfte aufnehmen zu können. Da Stahl in der Lage ist, hohe Zugkräfte aufnehmen zu können, wird Stahl als Verbundpartner gewählt und in die Zugzonen der Bauteile eingebaut.

3.4.4 Der Beton nimmt die Druckkräfte auf, der Stahl nimmt die Zugkräfte auf.

3.4.5 Zuschlagstoffe sind Sand, Kies und Splitt. Das Wasser-Zement-Gemisch (Zementleim) füllt die Räume zwischen den Zuschlagstoffen.

3.4.6 Die Zugzone befindet sich bei einer Betondecke im unteren Drittel des Querschnittes, bei einem Kragarm (Balkon) befindet sich die Zugzone im oberen Drittel des Querschnittes.

3.4.7 Die kritische Temperatur von Stahlbetonbauteilen im Brandfall beträgt etwa 600 °C, da es bei dieser Temperatur zu einer Lockerung des Gefüges und zu Betonabplatzungen kommt.

3.4.8 Das Brandverhalten tragender Stahlbetonbauteile ist abhängig von:
- der Querschnittsform und Größe,
- der Art und Dauer der Beanspruchung,
- dem statischen System,
- der Betonüberdeckung der Bewehrung,
- der Art und Güte der Betonstähle.

3.4.9 Schutzmaßnahmen für Stahlbetonbauteile im Brandfall sind:
- Überdimensionierung,
- Verbessern der Beton- und/oder Stahlgüte,
- Bekleidungen,
- Herabsetzen der Bauteilspannungen,
- Vergrößerung der Betonüberdeckung.

3.4.10

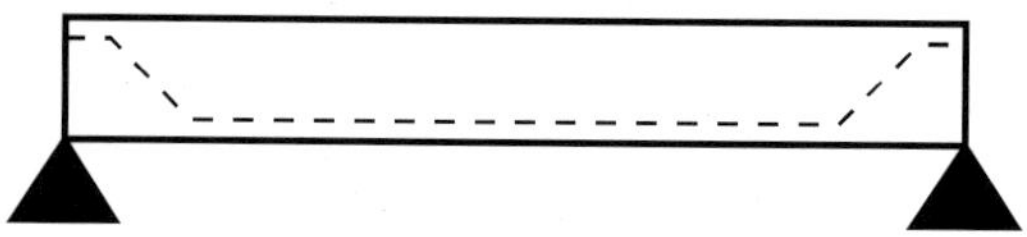

3.4.11 In Stahlbetonbauteilen treten nachfolgende Kräfte auf:
- Druckkräfte,

- Zugkräfte,
- Scherkräfte,
- Schubkräfte.

3.4.12 Bei länger andauernder Erwärmung verdampft zunächst das im Beton gebundene Wasser. Ab 350 °C beginnt die Zersetzung der Bestandteile des Zementsteines und die Druckfestigkeit nimmt ab. Oberhalb von 600 °C werden die Zuschlagstoffe geschädigt und es kommt zu erheblichen Festigkeitseinbußen und Abplatzungen.

3.4.13 Bei einer Wärmebeaufschlagung von mehr als 600 °C werden die Zuschlagstoffe angegriffen und es kommt zu Abplatzungen.

3.4.14 Bei großflächigen Abplatzungen und freiliegender Bewehrung besteht Einsturzgefahr, weil der Betonstahl nicht mehr in der Lage ist, die auftretenden Zugkräfte aufzunehmen.

3.4.15 Die verschiedenen Betonarten unterscheiden sich durch Ihre Rohdichte:
- Leichtbeton bis 2,0 t/m^3,
- Normalbeton 2,0 bis 2,8 t/m^3 und
- Schwerbeton mit mehr als 2,8 t/m^3.

3.4.16 Bügel und Körbe dienen zur Aufnahme der Schubspannungen im Betonbauteil.

3.4.17 Ab 350 °C zersetzen sich die Bestandteile des Zementsteines.

3.4.18 Oberhalb von 600 °C werden die Zuschlagstoffe im Beton angegriffen.

3.4.19 Um Betonbauteile nachträglich zu schützen sind Bekleidungen und Ummantelungen möglich.

3.5 Spannbeton

3.5.1 Beim Spannbeton wird die Zugzone im Beton mittels einer vorgespannten Bewehrung aus hochelastischem Spannstahl unter Druck gesetzt. Ein unbelasteter Balken biegt sich somit nach oben durch und bei späterer Belastung wird die Durchbiegung klein gehalten. Es treten keine Zugspannungen an der Bauteilunterseite auf.

3.5.2 Die kritische Temperatur für Bauteile aus Spannbeton beträgt 350 °C.

3.5.3 Bei Temperaturen von etwa 600 °C kommt es bei Betonbauteilen zu Abplatzungen und die Bewehrung wird freigelegt. Die kritische Temperatur von Spannbetonbauteilen beträgt 350 °C. Bei dieser Temperatur zerreißen die Spannstähle und das Bauteil stürzt schlagartig ein. Spannbetonbauteile verhalten sich also weitaus schlechter als Bauteile aus Normalbeton.

3.5.4 Beim Einbau von Spannbetonbauteilen können mit vergleichsweise geringen Querschnitten große Spannweiten überbrückt werden. Das bedeutet unter anderem auch Materialersparnis und nur wenige Stützen auf die die Spannbetonträger aufzulegen sind.

3.5.5 Durch die Wärmebeaufschlagung der Spannstähle geht die Vorspannung im Bauteil verloren, die Bauteile werden schlagartig überbelastet und stürzen ein.

3.5.6 Spannbetonbauteile sind äußerlich an ihren schlanken Querschnitten und an ihren großen Spannweiten erkennbar.

3.5.7 Schutzmaßnahmen für Bauteile aus Spannbeton im Brandfall sind:
- Überdimensionierung,
- Verbesserung der Beton- oder Stahlgüte,
- Feuerschutzbekleidungen,
- Herabsetzen der Bauteilspannungen,
- Vergrößerung der Spannstahlüberdeckung.

3.6 Mauerwerk

3.6.1 Mauersteine werden nach Vorkommen und Herstellung in natürliche und künstliche Steine eingeteilt. Bei künstlichen Steinen werden gebrannte und ungebrannte Erzeugnisse unterschieden.

3.6.2 Künstliche Steine weisen im Gegensatz zu natürlichen Steinen ein *homogenes* Gefüge auf und verhalten sich deshalb besser im Brandfall.

3.6.3 Große Wärmebeaufschlagung löst den Fugenmörtel und die Köpfe der Mauersteine platzen ab. Weiterhin kommt es zu Rissbildungen, die Wände werden instabil und stürzen je nach Belastung ein.

3.6.4 Einsturzgefahren bestehen besonders für freistehende Giebelwände und freistehende Schornsteine (insbesondere schräg geführte, geschleifte Schornsteine) nach einem Dachstuhlbrand.

3.6.5 Nach einem Dachstuhlbrand rechne ich bei freistehenden Schornsteinen, insbesondere bei schräg geführten Schornsteinen, mit Einsturzgefahren. Oft sind die Verbindungspunkte vom Schornstein zur Dachkonstruktion weggebrannt und auch auftretende Windkräfte tragen zum Einsturz bei.

3.6.6 Natursteine mit dichtem Gefüge bauen bei Erwärmung aufgrund ihrer uneinheitlichen Zusammensetzung hohe innere Spannungen auf, die zum Zerplatzen der Steine führen.

3.6.7 Gebrannte Steinerzeugnisse werden bei der Fertigung hohen Temperaturen ausgesetzt, wodurch sie ein sehr gleichmäßiges Gefüge und eine hohe Widerstandsfähigkeit gegen Brandbelastung erhalten.

3.6.8 Gipsbauplatten sind in Bezug auf Wärmebeaufschlagung gut zu bewerten, deshalb werden Feuerschutzplatten häufig aus Gipskarton gefertigt.

3.7 Baukunde, allgemeine Fragen

3.7.1 Feuerwehrführungskräfte müssen sich besonders gut mit dem Brandverhalten der Baukonstruktionen aus verschiedenen Baustoffen auskennen, um:
- Einsturzgefahren zu erkennen,
- die Gefahr der Brandausbreitung abschätzen zu können,
- Gefahrenschwerpunkte zu erkennen,
- Tätigkeiten im Vorbeugenden Brandschutz ausüben zu können.

3.7.2 A: Firstpfette
B: Fußpfette
C: Streifenfundament
D: Mittelpfette
E: gezogener Schornstein
F: Brüstung
G: Drempel

3.7.3 Preußische Kappendecken sind häufig bei älteren Gebäuden vorzufinden, welche um die Jahrhundertwende erbaut wurden. Meistens wurden sie zwischen Keller- und Erdgeschoss eingebaut.

Im Brandfall verhalten sich Preußische Kappendecken sehr schlecht, denn sobald ein Deckenfeld infolge Brandeinwirkung zerstört wird, brechen die Mauersteine auch aus den benachbarten Deckenfeldern aus.

3.7.4 A: First
B: Ortgang
C: Traufe
D: Grat
E: Kehle
F: Walm

3.7.5 Statik ist die *»Lehre vom Gleichgewicht«*. Sie ist ein Teilgebiet der Mechanik und untersucht mechanische Vorgänge, ohne dabei die Zeit zu berücksichtigen. In baulichen Anlagen müssen alle Kräfte im Gleichgewicht sein.

3.7.6 Auf ein Gebäude wirken äußere Kräfte als ständige Lasten und innere Kräfte ein.

Äußere Kräfte sind:
- Verkehrslasten,
- Auflagerkräfte.

Innere Kräfte sind:
- Normalkräfte,
- Querkräfte,
- Momente.

3.7.7 Bei der Errichtung und Änderung baulicher Anlagen sind die Landesbauordnungen und die Sonderbauordnungen zu beachten.

3.7.8 Der Begriff Spannung ist wie folgt definiert:
Spannung = Kraft/Fläche [N/mm^2]
Auf ein Bauteil wirken verschiedene Spannungsarten ein, wie beispielsweise Druckspannungen, Zugspannungen oder Scherspannungen.

3.7.9 Die Druckspannungen einer Holzkonstruktion können verhindert werden, indem der Querschnitt verstärkt wird oder die Last vermindert wird.

3.7.10 a) Die Kraft in einem Bauteil, die der Druckkraft entgegenwirkt, nennt man *Druckfestigkeit.*
b) Die Kräfte in einem Bauteil, die den Zugkräften entgegenwirken, nennt man *Zugfestigkeit.*
c) Der Widerstand, der der Durchbiegung eines Bauteiles entgegenwirkt, wird mit *Biegefestigkeit* benannt.
d) Bei der Durchbiegung eines Balkens entstehen Schubspannungen in Balkenlängsrichtung. Der Widerstand heißt *Schubfestigkeit.*
e) Beim Abscheren in einem Bauteil wirken Druck und Gegendruck in einer Ebene. Den dagegen wirkenden Widerstand nennt man *Scherfestigkeit.*

3.7.11 Beim Einbau von Kunststoffen in Gebäuden besteht die Gefahr, dass bei einem Brand Rauchgase anfallen, die aggressiv und toxisch sind.

3.7.12 Nachfolgende Kunststoffe werden in bauliche Anlagen eingebaut:
- Thermoplaste,
- Duroplaste,
- Elastomere.

3.7.13 *Thermoplaste* werden bei Erwärmung zunächst weich und dann flüssig (Hart-PVC, Weich-PVC, Polyethylen, Polystyrol).
Duroplaste sind nicht warm verformbar und nicht schweißbar (Polyester, Epoxidharz).
Elastomere sind Kunststoffe, die elastisch wie Gummi sind (Polyurethanschaum, Silikonkautschuk).

3.7.14 Sperrstoffe schützen gegen Nässe, Dämmstoffe dienen dem Wärme- und Kälteschutz.

3.7.15 Kunststoffe, die tropfend abbrennen, sind am Boden erloschen. Kunststoffe die brennend abtropfen, brennen am Boden weiter und tragen somit zur Brandausbreitung bei.

3.7.16 Tragende Wände sind Wände, die Deckenlasten, Dachlasten usw. aufnehmen. Nicht tragende Wände dienen zur Begrenzung von Räumen und nehmen keine Bauwerkslasten auf. Aussteifende Wände haben zwar keine tragende Funktion, sie dienen jedoch zur Aussteifung des Gebäudes und machen es stabil.

3.7.17 Einfeldträger sind Träger, die nur über ein Deckenfeld gespannt sind (zwei Auflager). Mehrfeldträger sind über mehrere Deckenfelder gespannt (mindestens drei Auflager).

3.7.18 *Gezogene* oder auch *geschleifte* Schornsteine sind schräg geführte Schornsteine.

3.7.19 *Windrispen* übernehmen die Längsaussteifung einer Dachkonstruktion und verhindern somit ein Umfallen der Sparrenpaare in Längsrichtung.

3.7.20 Bei so genannten Pfettendachkonstruktionen werden die Sparren des Daches durch Pfetten unterstützt, die in Längsrichtung des Daches verlaufen. Je nach Anordnung werden Fußpfetten, Mittelpfetten und Firstpfetten unterschieden. Die Pfetten werden gegebenenfalls durch Stiele (Holzpfosten) und Wände unterstützt.

3.7.21 Die Bauart bezeichnet die Baukonstruktion (massive Bauart, Holzbauart). Die Bauweise gibt Aufschluss über das Maß der baulichen Nutzung. Es wird die *offene* und die *geschlossene Bauweise* unterschieden.

3.7.22 Einige der bekannten Bauarten sind zum Beispiel die massive Bauart, die Holzbauart, die Betonbauart oder die Betonskelettbauart.

3.7.23 In der offenen Bauweise sind Häuser und Hauszeilen bis 40 Meter Länge zulässig. In der geschlossenen Bauweise sind Häuser und Hauszeilen mit mehr als 40 Metern Länge zulässig.

4 Brandlehre

4.1 Allgemeines

4.1.1 Aufgabe der Brandlehre als brandschutzspezifisches Lehrfach ist es, die stofflichen Umwandlungen zu beschreiben, welche bei der Verbrennung stattfinden.

4.1.2 Damit eine Verbrennung stattfinden kann, müssen bestimmte chemische und physikalische Voraussetzungen erfüllt sein. Zu den chemischen Voraussetzungen werden der brennbare Stoff, der Sauerstoff und das richtige Mengenverhältnis gerechnet. Zu den physikalischen Voraussetzungen gehören die Zündenergie und eventuell ein Katalysator.

4.1.3 Beim Begriff Feuer handelt es sich um einen Oberbegriff, der sowohl das bestimmungsgemäße Brennen (Nutzfeuer) als auch das nicht bestimmungsgemäße Brennen (Schadenfeuer) umfasst. Bei einem Brand handelt es sich um ein nicht bestimmungsgemäßes Brennen, das sich unkontrolliert ausbreiten kann.

4.1.4 Beim Brennen handelt es sich um eine selbstständig ablaufende exotherme Reaktion zwischen dem Sauerstoff und dem brennbarem Stoff, wobei es zu einer Flammen- und/oder Glutbildung kommt.

4.1.5 Entsprechend ihrem Brandverhalten werden die brennbaren Stoffe einer Brandklasse zugeordnet. Es handelt sich also hierbei um eine grobe Einteilung der Brände, die im Wesentlichen gleiches Verhalten zeigen.

4.1.6 Der Zweck der Brandklasseneinteilung ist darin zu sehen, dass man bestimmten Gruppen von Bränden geeignete Löschmittel zuordnen kann.

4.1.7 Die Brandklasse A umfasst die Brände fester Stoffe, hauptsächlich organischer Natur, die normalerweise unter Glutbildung verbrennen.

4.1.8 Zur Brandklasse B rechnet man die Brände der flüssigen und flüssig werdenden Stoffe.

4.1.9 Zur Brandklasse C werden die Brände von Gasen gezählt.

4.1.10 Die Brandklasse D umfasst die Brände von Metallen.

4.1.11 Die Brandklasse F umfasst die Brände von Speiseölen/-fetten (pflanzliche oder tierische Öle und Fette) in Frittier- und Fettbackgeräten und anderen Kücheneinrichtungen und -geräten.

4.1.12 Holz, Papier oder Stroh gehören zu den brennbaren Stoffen, die mit Flamme und/oder Glut verbrennen können.

4.1.13 Holzkohle, Koks oder die brennbaren Metalle gehören zu den Stoffen, die nur mit Glut verbrennen.

4.1.14 Unter Glut versteht man einen festen oder flüssigen Stoff von dem eine sichtbare Wärmestrahlung ausgeht.

4.1.15 Bei Partikelfunken handelt es sich um glühende Teilchen, welche bei Feuer, Schweißarbeiten, Schlag, Stoß oder Reibung entstehen können.

4.1.16 Die Umgebungsatmosphäre enthält ungefähr 21 Vol.- % Sauerstoff. Nur dieser Anteil der Atmosphäre nimmt an der Verbrennung teil. Erhöht sich nun der Sauerstoffgehalt in der Umluft, so kommt es zu einem schnelleren Ablauf der Verbrennung. Nimmt der Sauerstoffgehalt dagegen ab, so nimmt auch die Verbrennungsgeschwindigkeit ab. Bei genügender Reduzierung des Sauerstoffgehaltes kann es sogar zum Abbruch der Verbrennung kommen.

4.1.17 Im einfachen Sinne versteht man unter einer Oxidation die Vereinigung eines Stoffes mit Sauerstoff. Der hierbei entstehende neue Stoff wird als Oxid bezeichnet.

4.1.18 Ja, es gibt viele chemische Verbindungen, bei denen der Sauerstoff im Molekül gebunden enthalten ist. Bei einigen dieser Stoffe ist der Sauerstoffanteil so groß, dass für deren Verbrennung kein weiterer Sauerstoff aus der Atmosphäre erforderlich ist. Dies ist bei einigen Spreng- und Explosivstoffen, wie beispielsweise Nitropenta oder Nitroglyzerin, der Fall.

4.1.19 In der Brandlehre versteht man unter Katalysator einen Stoff, der die Zündenergie erniedrigt. Er geht mit einem der Reaktionspartner eine Zwischenverbindung ein, wird aber im Verlauf der Reaktion wieder frei. Ein Katalysator wird durch die Reaktion nicht verbraucht.

4.1.20 Bei einer homogenen Katalyse liegen der Katalysator und die Reaktionspartner im gleichen Aggregatzustand vor.

4.1.21 Bei einer heterogenen Katalyse liegen der Katalysator und die Reaktionspartner in unterschiedlichen Aggregatzuständen vor.

4.1.22 Zu den heterogenen Katalysen gehören zum Beispiel die Entzündung von Wasserstoff durch einen Platindraht oder die Entzündung eines Zuckerwürfels in Anwesenheit von Zigarettenasche.

4.1.23 Unter Brandgasen versteht man ein gasförmiges Gemisch aus Oxiden, inerten Bestandteilen des brennenden Stoffes und Pyrolyseprodukten, die bei einer Verbrennung entstehen.

4.1.24 Unter Rauch versteht man ein überwiegend aus Brandgasen und festen Teilchen bestehendes Aerosol. Sehr dichter Rauch wird dagegen als Qualm bezeichnet. Im Qualm können zusätzlich noch Pyrolyse- und Destillationsprodukte enthalten sein.

4.1.25 Chemische Reaktionen werden dann als exotherm bezeichnet, wenn die frei werdende Reaktionsenergie größer als die zugeführte Aktivierungsenergie ist. Bei der Reaktion wird also Energie in Form von Wärme frei. Verbrennungen stellen stets exotherme Reaktionen dar.

4.1.26 Als endotherm wird eine chemische Reaktion dann bezeichnet, wenn die frei werdende Reaktionsenergie geringer ist als der Energiebetrag der zugeführten Aktivierungsenergie. Eine solche Reaktion verbraucht also Energie.

4.1.27 Unter dem Heizwert versteht man die Wärmemenge, die bei der vollständigen Verbrennung eines brennbaren Stoffes freigesetzt wird. Die Angabe des Heizwertes erfolgt entweder in kJ/kg oder kJ/m^3 bei Gasen.

4.1.28 Der Unterschied zwischen dem Brennwert und dem Heizwert besteht in dem Energiebetrag, der durch die Verdampfung des im brennbaren Stoff enthaltenen, beziehungsweise bei der Verbrennung wasserstoffhaltiger Brennstoffe gebildeten Wassers verbraucht wird.

4.1.29 Allgemein versteht man unter einer Abbrandrate den in einer bestimmten Zeiteinheit verbrennenden Materialanteil. Wie hoch die Abbrandrate ist, hängt u. a. von der Verteilung des brennbaren Stoffes (Verhältnis Masse/Oberfläche) und dem Sauerstoffanteil der Umluft ab.

4.1.30 Unter einer Explosion versteht man eine plötzlich auftretende Zerfalls- oder Oxidationsreaktion, die eine Temperatur- und/oder Druckerhöhung bewirkt.

4.1.31 Unter Detonation versteht man eine plötzliche Zerfalls- oder Oxidationsreaktion, die mit einer Stoßwelle gekoppelt ist und im Unterschied zur Deflagration oberhalb der Schallgeschwindigkeit abläuft. Durch die im Wellenkopf der Stoßwelle auftretenden hohen Temperatur- und Drucksprünge wird die Reaktion schlagartig ausgelöst. Im Gegensatz hierzu pflanzt sich die Deflagration unterhalb der Schallgeschwindigkeit durch die freiwerdende Reaktionswärme fort.

4.1.32 Die Verpuffung ist eine Deflagration, bei der es nur zu einem geringen Druckanstieg kommt (etwa 1 bar).

4.1.33 Werden brennbare Stäube aufgewirbelt, so kann es in der Atmosphäre zur Bildung zündfähiger Staub-Luft-Gemische kommen. Zur Zündung derartiger Gemische reichen bereits geringe Zündenergien aus. Durch die entstehende Druckwelle wird weiteres Material aufgewirbelt und gezündet, eine Kettenreaktion (Staubexplosion) ist die Folge. Mühlen, Schleifereien und Silos stellen Bereiche dar, in denen die Gefahr einer Staubexplosion bestehen kann.

4.1.34 Unter einer Implosion ist das plötzliche Aufreißen der Wandung eines unter Unterdruck stehenden Gefäßes zu verstehen.

4.1.35 Die DIN 14 011 beschreibt die Zündquelle als eine Energiequelle, welche den brennbaren Stoffen oder Stoffgemischen Zündenergie zuführen kann. Mögliche Zündquellen stellen zum Beispiel Funken, offene Flammen, Wärmestrahlung, elektrostatische Entladung oder Kompression dar.

4.1.36 Wird bei einem System mehr Wärme gespeichert als abfließen kann, so spricht man von einem Wärmestau.

Von einer Selbstentzündung wird dann gesprochen, wenn es zu einer Entzündung ohne Energiezufuhr von außen kommt.

4.1.37 Zu den selbstentzündlichen Stoffen gehören zum Beispiel weißer Phosphor, mit Leinöl getränkte Faserstoffe, Braunkohlenstaub oder Heu mit Restfeuchtigkeit.

4.1.38 Durch die van't Hoffsche Regel wird der Zusammenhang zwischen Reaktionsgeschwindigkeit und der Temperatur beschrieben. So bewirkt eine Temperaturerhöhung eine Steigerung der Reaktionsgeschwindigkeit. Eine höhere Reaktionsgeschwindigkeit bedingt wiederum eine Zunahme der Energiefreisetzung pro Zeiteinheit, sodass sich das System auf seine Zündtemperatur hochschaukeln kann.

4.1.39 Unter dem Begriff Brandtemperatur versteht man die Temperatur, welche bei einem Brand auftreten kann.

4.1.40 Unter der Mindestverbrennungstemperatur versteht man die Temperatur einer Verbrennung, bei der gerade so viel Energie freigesetzt wird, dass der Verbrennungsvorgang noch selbstständig weiterlaufen kann.

4.1.41 Zu einem Flash-over (auch als Rauchdurchzündung bezeichnet) kann es dann kommen, wenn durch einen Brand in einem Raum andere, dort gelagerte brennbare Stoffe thermisch aufbereitet werden und aus ihnen entzündliche Gase entweichen. Innerhalb weniger Sekunden kann es nun zu einem Übergang des Entstehungsbrandes zu einem vollentwickelten Brand kommen, indem die entstandenen Pyrolyseprodukte durchzünden. Durch Luftzufuhr kann dieser Vorgang begünstigt werden.

4.2 Wärme und Wärmeübertragung

4.2.1 Unter Wärme versteht man eine spezielle Form von Energie, die sich in der kinetischen Energie (Bewegungsenergie) der kleinsten Teilchen (Atome, Moleküle, Ionen) äußert.

4.2.2 Die Einheit der Wärme ist das Joule.

4.2.3 Die Temperatur ist eine Zustandsgröße, die den Wärmezustand eines Stoffes beschreibt. Die Temperatur stellt somit ein Maß für die kinetische Energie der Teilchen dar.

4.2.4 Unter Wärmeübertragung versteht man die Übertragung von Wärme von einem Ort zu einem anderen.

4.2.5 Eine Wärmeübertragung kann nur dann stattfinden, wenn zwischen verschiedenen Körpern Temperaturdifferenzen vorliegen. Ist diese Voraussetzung erfüllt, dann fließt die Wärme selbstständig von dem Körper mit höherer Temperatur zu dem Körper mit niedrigerer Temperatur.

4.2.6 Beim Wärmetransport wird zwischen der Wärmeleitung, der Wärmeströmung (Konvektion oder Wärmemitführung) und der Wärmestrahlung unterschieden.

4.2.7 Wird ein Stoff erwärmt, so nimmt die Bewegungsenergie seiner kleinsten Teilchen zu. Die Teilchen werden dabei so stark angeregt, dass sie mit den benachbarten Teilchen zusammenstoßen. Bei jedem Zusammenstoß wird nun ein Teil der aufgenommenen Energie auf das andere Teilchen übertragen.

4.2.8 Werden Gase oder Flüssigkeiten erwärmt, so dehnen sich die erwärmten Gas- beziehungsweise Flüssigkeitsteilchen aus und werden damit spezifisch leichter als die noch nicht erwärmten Teilchen. Als Folge hiervon erfahren die erwärmten Teilchen einen Auftrieb (Wärmeströmung) und nehmen die aufgenommene Wärme mit. Während des Strömungsvorganges stoßen sie mit anderen Teilchen zusammen, wobei wiederum eine Wärmeübertragung stattfindet.

4.2.9 Bei der Wärmestrahlung handelt es sich um eine elektromagnetische Strahlung, die ein Stoff infolge seiner Temperatur unter Abgabe eines Teiles seines Wärmeinhaltes an die Umgebung aussendet. Wärmestrahlung findet auch im luftleeren Raum statt.

4.2.10 Durch die Erwärmung von Stahl kommt es zu einer Ausdehnung des Stoffes und zu einer Abnahme der Festigkeit. Wird der Stahl hoch genug erhitzt, so kann er zusätzlich den Aggregatzustand ändern.

4.2.11 Durch die Erwärmung der Stoffe nimmt die kinetische Energie der kleinsten Teilchen (Atome, Moleküle) zu. Ihre Schwingungen werden heftiger, sie benötigen dafür mehr Platz. Der Stoff dehnt sich aus.

4.2.12 Beispiele für gute Wärmeleiter sind zum Beispiel die Metalle (Gold, Silber, Kupfer, Eisen usw.), als Beispiele für schlechte Wärmeleiter sind Stoffe wie Holz oder Kunststoffe zu nennen.

4.2.13 Für die gute oder schlechte Wärmeleitfähigkeit eines Materials sind in erster Linie die Abstände der kleinsten Teilchen verantwortlich. In den Metallen sind die kleinsten Teilchen wesentlich dichter zusammengepackt als dies bei den Kunststoffen der Fall ist. Kleinere Abstände zwischen den Teilchen bedeuten einen besseren Wärmetransport. Hier reicht bereits eine geringe Wärmezufuhr aus, damit die Teilchen zusammenstoßen.

4.2.14 Werden an einer Rohrleitung Schweißarbeiten durchgeführt, so wird die zugeführte Wärme durch das Metall des Rohres weitergeleitet. Sind nun in einem Nebenraum brennbare Materialien an der erwärmten Rohrleitung gelagert, so kann es durch Wärmeübertragung zur Entzündung dieser Stoffe kommen.

4.2.15 Die Erwärmung von Stahlträgern kann zu einer Reihe von Folgeerscheinungen führen. Mögliche Folgeerscheinungen der Erwärmung sind beispielsweise:
- die Ausdehnung des Trägers und dadurch bedingt das Herausdrücken der Auflager mit der Folge eines Einsturzes,
- das Abscheren von Niet- und/oder Schraubverbindungen an den Verbindungspunkten,
- der Verlust an Festigkeit und damit verbundene geringere Tragfähigkeit.

4.2.16 Im Prinzip kann jeder Körper mit einer Temperatur über 0 K Energie in Form von Wärmestrahlung abgeben.

4.2.17 Schwarze Körper mit einer rauen Oberfläche nehmen die Wärmestrahlung besonders gut auf.

4.2.18 Nein, ein Teil der Wärmestrahlung wird auch reflektiert. Körper, wie beispielsweise Glas, lassen die Wärmestrahlung sogar ganz oder teilweise durch.

4.2.19 Durch das Abstandsgesetz wird der Zusammenhang zwischen der Strahlungsintensität und dem Abstand zur Strahlenquelle beschrieben. Das Gesetz besagt, dass die Intensität der Wärmestrahlung mit dem Quadrat des Abstandes von der Wärmequelle abnimmt.

4.2.20 Das Gesetz von Stefan-Boltzmann besagt, dass die Strahlungsleistung eines Körpers der strahlenden Oberfläche und der vierten Potenz seiner absoluten Temperatur proportional ist.

4.2.21 Ausbreitungsrichtung der drei Wärmetransportarten:
- Wärmeleitung: festgelegt durch den leitenden Stoff,
- Konvektion: abhängig von den Strömungs- beziehungsweise meteorologischen Verhältnissen,
- Wärmestrahlung: Ausbreitung in alle Raumrichtungen mit Lichtgeschwindigkeit.

4.2.22 Unter Wärmeübergang versteht man die Übertragung der Wärme eines gasförmigen oder flüssigen Stoffes auf die Oberfläche eines festen Stoffes oder umgekehrt.

4.2.23 Als Wärmedurchgang wird die Übertragung der Wärme eines gasförmigen oder flüssigen Stoffes durch eine Wandung zu einem anderen gasförmigen oder flüssigen Stoff bezeichnet.

4.3 Sicherheitstechnische Kennzahlen

4.3.1 Bei den sicherheitstechnischen Kennzahlen handelt es sich um zahlenmäßige Kennwerte der unterschiedlichsten brennbaren Stoffe. Diese Kennwerte werden herangezogen um eine Beurteilung und einen Vergleich der Stoffe bezüglich ihrer Brand- und/oder Explosionsgefahr, ihrer Zuordnung zu bestimmten Klassen und der besonderen Schutzmaßnahmen zu ermöglichen.

4.3.2 Zu den sicherheitstechnischen Kennzahlen gehören zum Beispiel der Flammpunkt, der Brennpunkt, die Zündtemperatur oder die Explosionsgrenzen.

4.3.3 Explosionsfähige Atmosphären sind explosionsfähige Gemische von Gasen, Dämpfen, Nebeln oder Stäuben mit der Luft.

4.3.4 Als explosionsfähiges Gemisch bezeichnet man ein Gemisch von Gasen oder Dämpfen untereinander oder mit Nebeln oder Stäuben, das explosionsfähig ist.

4.3.5 Als Explosionsbereich bezeichnet man den Konzentrationsbereich zwischen der unteren und oberen Explosionsgrenze.

4.3.6 Bei der unteren beziehungsweise oberen Explosionsgrenze handelt es sich um die niedrigste beziehungsweise höchste Konzentration eines brennbaren Stoffes im Gemisch mit Gasen, Dämpfen, Nebeln und/oder Stäuben, in dem sich nach dem Zünden ein Brennen gerade nicht mehr selbstständig fortpflanzen kann. Die untere beziehungsweise obere Explosionsgrenze grenzt den Explosionsbereich vom Gebiet der zu mageren Gemische und dem Gebiet der zu fetten Gemische ab.

4.3.7 Stoffe mit einem großen Explosionsbereich werden in der Regel als gefährlicher eingestuft als solche mit einem kleinen Explosionsbereich.

4.3.8 Stoffe mit einem *kleinen Explosionsbereich* sind zum Beispiel:

Aceton:	2,5 bis 13,0 Vol.-%
Benzin:	0,6 bis 8,0 Vol.-%
n-Hexan:	1,2 bis 7,4 Vol.-%
Toluol:	1,2 bis 7,0 Vol.-%

Stoffe mit einem *großen Explosionsbereich* sind zum Beispiel:

Acetylen:	2,4 bis 83 Vol.-%
Kohlenstoffmonoxid:	12,5 bis 74 Vol.-%
Schwefelkohlenstoff:	1,0 bis 60 Vol.-%
Wasserstoff:	4,0 bis 75,6 Vol.-%

4.3.9 Werden brennbare Flüssigkeiten abgelöscht, so kann es innerhalb geschlossener Räume zur Bildung zündfähiger Gas- beziehungsweise Dampf-Luft-Gemische kommen. Bei Anwesenheit einer geeigneten Zündquelle besteht dann Explosionsgefahr.

4.3.10 Als Flammpunkt bezeichnet man die niedrigste Temperatur einer brennbaren Flüssigkeit, bei der aus ihr gerade so viele Dämpfe entweichen, dass eine Zündung möglich ist. Da die Dampfbildung am Flammpunkt jedoch noch sehr gering ist, findet nach dem Zünden kein ständiges Brennen statt, da hierfür noch nicht genügend Dämpfe nachgeliefert werden.

4.3.11 Im Gegensatz zum Flammpunkt entwickeln sich am Brennpunkt einer brennbaren Flüssigkeit bereits Dämpfe in einer solchen Menge, dass sich nach dem Zünden durch eine Zündquelle eine selbstständig weiterlaufende Verbrennung einstellt.

4.3.12 Als Zündtemperatur für eine explosionsfähige Atmosphäre wird die niedrigste Temperatur einer erwärmten Oberfläche, an der die am leichtesten entzündbare explosionsfähige Atmosphäre gerade noch gezündet werden kann, bezeichnet.

4.3.13 Die Verdunstungszahl beschreibt, wie schnell 0,5 Milliliter einer Flüssigkeit im Vergleich zu 0,5 Millilitern Diethylether verdunsten.

4.3.14 Unter der Abbrandrate versteht man im Allgemeinen den in einer bestimmten Zeiteinheit auftretenden Masseverlust des brennbaren Materials.

4.3.15 Einfluss auf die Abbrandrate üben folgende Faktoren aus:
- die Art und die Eigenschaften des brennbaren Stoffes,
- das Mischungsverhältnis zwischen dem brennbaren Stoff und dem Sauerstoff der Umluft,
- der Sauerstoffgehalt der Umgebungsatmosphäre: je höher der Sauerstoffanteil umso höher die Abbrandrate,
- das Verhältnis von Oberfläche zur Masse des brennbaren Stoffes.

5 Brandmeldeanlagen

5.1 Allgemeines

5.1.1 Eine Brandmeldeanlage hat die Aufgabe, Schadenfeuer zum frühest möglichen Zeitpunkt zu erkennen und so zu melden, dass geeignete Gegenmaßnahmen ergriffen werden können.

5.1.2 Brandmeldeanlagen werden eingebaut, weil sie in den Sonderbauverordnungen gefordert werden oder als Kompensationsmaßnahme im Baugenehmigungsverfahren dienen.

5.1.3 Brandmeldeanlagen werden beispielsweise als Kompensationsmaßnahme für größere Brandabschnitte gefordert oder als Frühwarnanlage für Gebäude mit hohem Personenaufkommen.

Hochhausverordnung, Verkaufsstättenverordnung und Krankenhausbauverordnung schreiben Brandmeldeanlagen ab einer gewissen Größe vor.

5.1.4 Nach folgenden Sonderbauverordnungen werden Brandmeldeanlagen vorgeschrieben:
- Hochhausverordnung,
- Gaststättenbauverordnung,
- Verkaufsstättenverordnung,
- Garagenverordnung.

5.1.5 Nach VDE 0833 gehören Brandmeldeanlagen zu den Gefahrenmeldeanlagen.

5.1.6 Brandmeldeanlagen werten eingehende Informationen zu Gefahrenmeldungen aus, geben diese aus und erkennen Störungen. Dies nennt man auch *EVA-Prinzip* (Eingabe-Verarbeitungs-Ausgabeprinzip).

5.1.7 Eine Brandmeldeanlage erkennt das Brandgeschehen zu einem möglichst frühen Zeitpunkt und meldet dies einer besetzten Stelle. Durch ein frühzeitiges Eingreifen der Feuerwehr wird somit die Brandentwicklungsdauer verkürzt und ein wirkungsvoller Löschangriff begünstigt.

5.1.8 Eine flächendeckende Brandmeldeanlage ist eine Anlage, die sich über das gesamte Objekt erstreckt, wobei alle Räumlichkeiten zu überwachen sind.

5.1.9 Bei der Aufschaltung von Feuerschutztüren auf Brandmeldeanlagen ist zu beachten, dass diese bei Auslösung der Feststellvorrichtung zwar auf die Brandmeldeanlage auflaufen dürfen, nicht aber der Alarm zur Leitstelle der Feuerwehr durchgeschaltet werden darf.

5.1.10 Brandmeldeanlagen sind nach *EN 54*, *DIN 14675* und *VDE 0833* zu planen und auszuführen.

5.2 Aufbau und Bestandteile von Brandmeldeanlagen

5.2.1 Eine Brandmeldezentrale hat folgende Aufgaben:
- die eingehenden Informationen von den angeschlossenen Meldern aufzunehmen, auszuwerten, optisch und akustisch anzuzeigen, die Meldergruppen beziehungsweise Melderbereiche oder den Melder zu kennzeichnen und zu registrieren,
- die Brandmeldeanlage zu überwachen sowie Störungen optisch und akustisch anzuzeigen,
- die angeschlossenen Melder mit Strom zu versorgen,
- Brandmeldungen zu einer ständig besetzten Stelle zu übertragen und Steuereinrichtungen für Brandschutzeinrichtungen bereitzustellen,
- Anschlussmöglichkeiten für Bedienteile der Feuerwehr zur Verfügung zu stellen.

5.2.2 Eine Brandmeldezentrale bietet optische und akustische Anzeigemöglichkeiten.

5.2.3 Das Feuerwehrbedienfeld stellt den Einsatzkräften der Feuerwehr eine einheitliche und separat angebrachte Möglichkeit der wichtigsten Anzeigen und Bedienungen zur Verfügung, wobei das Ganze unabhängig von Firmenausführungen der Brandmeldezentrale ist.

5.2.4 Folgende Anzeigen sind auf dem Feuerwehrbedienfeld zu finden:
- Bedienfeld in Betrieb,
- Löschanlage ausgelöst,
- akustische Signale ab,
- Übertragungseinrichtung ab,
- Übertragungseinrichtung ausgelöst,
- Brandmeldezentrale zurückstellen,
- Übertragungseinrichtung prüfen,
- Reservefeld.

5.2.5 Brandmeldeanlagen müssen zwei voneinander unabhängige Stromversorgungen aufweisen. Dabei muss eine Stromversorgung aus dem öffentlichen Netz, die andere aus einer Batterie erfolgen.

5.2.6 Primärleitungen sind Leitungen, die auf Drahtbruch und Kurzschluss überwacht werden. Ihnen kommt besondere Bedeutung zu, da sie direkt zur Feuerwehr durchgeschaltet sind.

Sekundärleitungen sind nicht überwachte Leitungen. Sie werden in der unmittelbaren Nachbarschaft der Brandmeldeanlage eingebaut.

5.2.7 Eine Brandmeldezentrale erfasst Brandkenngrößen zur weiteren Verarbeitung.

5.2.8 Leuchtdioden für die Zustände:
a) Betrieb: grün,
b) Alarm: rot,
c) Störung: weiß oder gelb.

5.2.9 Betriebszustände der Brandmeldeanlage:
- Betriebsbereit,
- Brandmeldung,
- Störung,
- Abschaltung von Anlagenteilen,
- Übertragungseinrichtung ausgelöst.

5.2.10 Brandmeldezentralen sind zusätzlich mit einem Zählwerk ausgestattet, um jeden Alarm zu registrieren. In Verbindung mit dem Betriebsbuch soll hierdurch versucht werden, die Ursachen für Täuschungsalarme zu ermitteln und einzuschränken.

5.2.11 Ein Feuerwehrbedienfeld nach DIN 14461 ermöglicht die einheitliche Bedienung von Brandmeldezentralen, da diese herstellerbedingt unterschiedlich aufgebaut sind.

5.2.12 Ein Auslösen des gelben Dauerlichtes bedeutet, dass die Übertragungseinrichtung ausgelöst und die Feuerwehr alarmiert wurde.

5.2.13 Nein, Brandmeldeanlagen müssen zwei voneinander unabhängige Stromversorgungen aufweisen. Dabei muss eine Stromversorgung aus dem öffentlichen Netz, die andere aus einer Batterie erfolgen.

5.2.14 Zur Weiterleitung von Brandmeldungen stehen folgende Möglichkeiten zur Verfügung:
- gemietete Stromwege (Standleitungen),
- Telefonwählgeräte im analogen Wählnetz,
- ISDN (digitales Wählnetz).

5.2.15 Primärleitungen werden auf die Störfaktoren *Drahtbruch* und *Kurzschluss* überwacht.

5.2.16 Innerhalb von zehn Sekunden müssen Störungen in Primärleitungen erkannt und angezeigt werden.

5.2.17 Standleitungen stellen die bislang sicherste Methode zur Weiterleitung von Brandmeldungen dar.

5.2.18 Telefonwählgeräte sind schlechter zu bewerten als Standleitungen, da möglicherweise der Ruf bei Überlastung des Ortsnetzes nicht weitergeleitet wird.

5.2.19 Feuerwehrschlüsseldepots sind vom Versicherer zugelassene Aufbewahrungseinrichtungen für Objektschlüssel. Nur bei Auslösen der Brandmeldeanlage kann der Objektschlüssel von der Feuerwehr entnommen werden.

5.2.20 Bei eingezäuntem Gelände ist darauf zu achten, dass das Feuerwehrschlüsseldepot am Zugangstor zum Gelände angebracht wird, da ansonsten bei Auslösen der Brandmeldeanlage zunächst Zaun- und Toranlagen überwunden werden müssen, um zum Objektschlüssel zu gelangen.

5.2.21 Durch so genannte Umstellschlösser kann die Schließung eines Feuerwehrschlüsseldepots auf einen neuen Schlüssel eingestellt werden. Dies ist dann erforderlich, wenn ein Schlüssel entwendet wird oder wenn ein Feuerwehrmann den Schlüssel im Einsatz verliert.

5.2.22 Freischaltelemente lösen durch Herausnahme des Zylinders die Brandmeldeanlage wie durch einen Druckknopfmelder aus und das Feuerwehrschlüsseldepot wird entriegelt. Somit hat die Feuerwehr auch dann eine Zugangsmöglichkeit, wenn die Brandmeldeanlage nicht auslöst, wie beispielsweise bei Bränden im Freigelände.

5.3 Brandmelder

5.3.1 Ein automatischer Brandmelder nimmt eine Brandkenngröße wahr und leitet diese Information zur Brandmeldezentrale weiter, wo sie verarbeitet wird. Ein nicht automatischer Brandmelder wird von Hand ausgelöst. Als Beispiel hierfür wäre ein Druckknopfmelder zu nennen.

5.3.2 Ein Wärmemaximalmelder ist ein Brandmelder, der bei Erreichen einer bestimmten Auslösetemperatur Alarm auslöst.

5.3.3 Ein Wärmedifferenzialmelder ist ein Melder, der einen Temperaturanstieg pro Zeiteinheit erfasst. So ist es möglich, nur schnelle Temperaturanstiege zu erfassen.

5.3.4 Möglichkeiten der Messwertaufnahme bei *Wärmemaximalmeldern* sind:
- Schmelzlot,
- Bimetall,
- NTC Widerstand.

Möglichkeiten der Messwertaufnahme bei *Wärmedifferenzialmeldern* sind:
- Luftkammer,
- Heißleiter,
- NTC Widerstand.

5.3.5 Bei einem Flammenmelder wird der von der Flamme ausgehende infrarote und ultraviolette Strahlungsanteil gemessen.

5.3.6 Es gibt optische Rauchmelder und Ionisationsrauchmelder. Der letztgenannte Rauchmelder wird wegen seines radioaktiven Inhaltes wenig verwendet.

5.3.7 Optische Rauchmelder messen über eine Lichtquelle und eine Fotozelle den bei einer Verbrennung entstehenden sichtbaren Rauch.

5.3.8 In einem Ionisationsrauchmelder befindet sich eine Kammer, in der ein elektrisches Feld aufgebaut wird. Durch eine radioaktive Strahlenquelle wird die Luft in der Kammer elektrisch leitfähig gemacht, ionisiert. Dringen im Brandfall Rauchpartikel in diese Kammer ein, wird der Stromfluss vermindert und als Brandereignis ausgewertet.

5.3.9 Brandkenngrößen und Melderarten:
a) *Rauch:* optische Rauchmelder, Ionisationsrauchmelder, Infrarot-Linearmelder, Absaugsysteme
b) *Temperatur:* Wärmemaximalmelder, Wärmedifferenzialmelder,
c) *Strahlung:* Flammenmelder.

5.3.10 Druckknopfmelder werden üblicherweise im Verlauf von Rettungswegen sowie an Ausgangs- und Notausgangstüren angebracht.

5.3.11 Beim Streulichtprinzip dringt durch ein Labyrinth im Innern der Messkammer der Brandrauch ein und gebündelte Lichtimpulse werden an den Rauchpartikeln reflektiert. Sie gelangen zu einer Fotodiode, das Alarmsignal wird zur Brandmeldeanlage weitergeleitet.

Beim Durchlichtprinzip liegen Leuchtdiode und Fotodiode direkt gegenüber. Dringt Brandrauch ein, so wertet die Fotodiode dies als Alarm.

5.3.12 Der *»Tyndall-Effekt«* besagt, dass Lichtstrahlen durch die Reflexion an der Oberfläche kleiner Rauchpartikel diffus gestreut werden.

5.3.13 Infrarot-Linearmelder senden einen Lichtstrahl im Infrarotbereich aus, der von einem Empfänger ausgewertet wird. Bei Eindringen von Brandrauch wird das Signal geschwächt und als Brandalarm ausgewertet.

5.3.14 Mit einem Infrarotmelderpaar können 10 × 100 Meter abgedeckt werden, also etwa 1 000 Quadratmeter.

5.3.15 Nach einem Brand sind die Ionisationsmelder vom Brandschutt zu trennen und als radioaktives Material zu entsorgen.

5.3.16 Infrarot-Flammenmelder sprechen auf infrarote Strahlung oder auf die Flackerfrequenz einer Flamme an.
Ultraviolett-Flammenmelder sprechen auf ultraviolette Strahlungen an.

5.3.17 Man unterscheidet nachfolgende Wärmemelder:
– Wärmemaximalmelder,
– Wärmedifferenzialmelder,

– Wärme-Differenzial-Maximalmelder,
– linienförmige Wärmedifferenzialmelder.

5.3.18 Absaugsysteme saugen die Luft aus dem zu überwachenden Bereich kontinuierlich ab und werten diese wie beispielsweise ein optischer Rauchmelder zentral aus.

5.3.19 Absaugsysteme werden in denkmalgeschützten Gebäuden, in Hochregalanlagen oder in Klimaanlagen angewendet. Die Vorteile der Absaugsysteme bestehen darin, dass keine Einzelmelder zu installieren sind, die möglicherweise optische Nachteile bieten. Somit ist nur eine kleine Ansaugöffnung sichtbar; das Rohrsystem kann verdeckt verlegt werden. Weiterhin kann dieses System in Räumen angewendet werden, in denen der Einsatz von herkömmlichen Meldern nicht möglich ist wie zum Beispiel in frostgefährdeten Bereichen oder Klimakanälen.

5.3.20 In Absaugsystemen können Wärmemelder, Ionisationsrauchmelder oder optische Rauchmelder Verwendung finden.

6 Einsatzlehre

6.1 Einsatzplanung und -vorbereitung

6.1.1 Ein Alarmplan sollte die Anschriften von Einheiten, Dienststellen, Einrichtungen und Einzelpersonen enthalten, welche mit der Gefahrenabwehr bei Schadenereignissen beauftragt sind. In einem Alarmplan sind ferner die Alarmierungsart und die Alarmierungswege festzuschreiben.

6.1.2 Die Alarm- und Ausrückeordnungen sollen einen raschen und der Schadensmeldung angemessenen Feuerwehreinsatz garantieren.

6.1.3 Die Alarm- und Ausrückeordnung sollte folgende Festlegungen enthalten:

- die Behandlung von Alarmmeldungen durch das Leitstellenpersonal,
- die Alarmierung von Einheiten und die Verständigung von Führungskräften,
- Ausrückebereiche und Ausrückefolge,
- Alarmstufen,
- Einsatzleitung,
- besondere Einsatzlagen und Ausnahmesituationen,
- die Anforderung von überörtlicher Hilfe,
- die Entsendung eigener Kräfte bei einer überörtlichen Hilfe,
- Einsätze bei Großschadenereignissen beziehungsweise Katastrophen.

6.1.4 Orts- und Objektkenntnisse sind wichtige Grundvoraussetzungen für einen erfolgreichen Feuerwehreinsatz. Sie fließen als vorhandenes Wissen in die Lagefeststellung des Einsatzleiters mit ein.

6.1.5 Zu einer guten Ortskenntnis rechnet man Informationen über die Verkehrswege, Straßenkenntnis, Anfahrtswege der Feuerwehr sowie die Kenntnisse über die einzelnen Stadtteile und das Umland.

6.1.6 Altstadtbereiche, Verkehrsknotenpunkte, Industrieunternehmen, Umschlagpunkte für Gefahrgut, Krankenhäuser, Altenheime, Versammlungsstätten, große Warenhäuser und Laboratorien für biologische oder radioaktive Stoffe zählen zu den besonders gefährdeten Objekten.

6.1.7 Feuerwehrpläne nach DIN 14 095 sollen zu einer raschen Orientierung in einem Objekt oder einer baulichen Anlage führen.

6.1.8 Die Hauptzufahrten sollen immer am unteren Rand des Planes liegen.

6.1.9 Ein Feuerwehrplan sollte folgende Angaben enthalten:
- Bezeichnung des Objektes,
- Art der Nutzung,
- Zugangsmöglichkeiten,
- besondere Angriffs- und Rettungswege,
- Trennwände; Wände, die Brandabschnitte bilden,
- besondere Hinweise auf Gefahrenpunkte,
- Hinweise zur Löschwasserbevorratung.

6.1.10 Die Farben in einem Feuerwehrplan haben folgende Bedeutung:
- *Blau* für Löschwasser (z. B. Behälter oder offene Löschwasserentnahmestelle),
- *Rot* für Räume und Bereiche mit besonderen Gefahren,
- *Gelb* für nicht befahrbare Flächen,
- *Grau* für befahrbare Flächen.

6.1.11 Die Bezeichnung *–1 +E +6* bedeutet, dass dieses Gebäude aus einem Kellergeschoss, einem Erdgeschoss und sechs Obergeschossen besteht.

6.1.12 Die Raster in einem Feuerwehrplan sollen eine schnelle Hilfe beim Abschätzen von Entfernungen (Abständen) geben.

6.1.13 Bei Übersichtsplänen wird in der Regel ein Raster von 20 Metern oder 50 Metern gewählt. Detailpläne besitzen eine Rasterung von 10 Metern.

6.2 Einsätze bei Waldbränden

6.2.1 Erfahrungsgemäß treten die meisten Waldbrände im Frühjahr auf, da in den Bäumen und Pflanzen nur wenig Feuchtigkeit gespeichert ist und noch keine Triebe vorhanden sind. Auch ist zu dieser Zeit der Boden meist mit vertrocknetem Laub und verdorrten Gräsern bedeckt.

6.2.2 Die Ausbreitungsgeschwindigkeit von Waldbränden wird im Wesentlichen von folgenden Faktoren beeinflusst:
- der Tageszeit: während des Tages breitet sich ein Brand schneller aus als während der Nacht,
- der Art des Baumbestandes: in reinen Nadelwäldern breitet sich der Brand wesentlich schneller aus als bei Mischkulturen,
- der Beschaffenheit des Geländes: hangaufwärts breitet sich ein Brand schneller aus als hangabwärts,
- den Windverhältnissen: je höher die Windgeschwindigkeit umso schneller ist auch die Brandausbreitung.

6.2.3 Bei den Waldbränden wird zwischen Erdfeuer, Boden- oder Lauffeuer, Wipfel- oder Kronenfeuer, einem Totalbrand und einem Stammfeuer unterschieden.

6.2.4 Als Erdfeuer werden Feuer unterhalb der Erdoberfläche bezeichnet. Erdfeuer treten in der Regel bei Torf- und/oder Moorböden auf und liegen meist als Schwelbrand vor. Beim Erdfeuer kommt es darauf an, die Brandnester freizumachen und mit Wasser auszugießen. Auch ein »Durchpflügen« mit einem scharfen Löschstrahl oder eine Abgrabung kann zum Löscherfolg führen. Liegt eine große Brandausbreitung vor, so empfiehlt sich das Ausheben von Gräben und das Ziehen von Wundstreifen gegen den angrenzenden Wald.

6.2.5 Unter einem Boden- oder Lauffeuer versteht man den Abbrand des Bodenbewuchses (Sträucher, abgeworfene Äste, Laub usw.) eines Waldgebietes. Die Bekämpfung dieser Brände erfolgt entweder nach dem Abschnür- oder dem Ringprinzip.

Beim Abschnürprinzip erfolgt zunächst ein flankierender Angriff mit dem Wind. Hierbei sollen die Feuerzungen ellipsenförmig nach vorne eingeengt und zu einer Spitze zusammengetrieben werden. Sofern es die Gegebenheiten erlauben, soll der Brand gegen natürliche oder künstliche Riegel gelenkt werden.

Beim Ringprinzip beginnt die Brandbekämpfung an der Windseite und der Feuersaum soll an beiden Seiten gleichzeitig nach vorne abgelöscht werden.

6.2.6 Wipfelfeuer oder Totalbrände lassen sich durch die gleichen Maßnahmen bekämpfen wie ein Bodenfeuer. Zusätzlich können Wundstreifen in einem großen Abstand vom Feuer gezogen werden. Versagen alle genannten Mittel, so kann auch ein etappenweises Gegenfeuer an den Flanken, oder sogar ein frontales Gegenfeuer gelegt werden.

6.2.7 Bei einem Stammfeuer sollte zunächst das brennbare Material aus der näheren Umgebung beseitigt werden. Hohle Bäume sind mit Erde oder Rasenstücken zu verstopfen. Erforderlichenfalls sind sie zu fällen und mit Sand oder Erde abzudecken. Zum Ablöschen kann aber auch Wasser eingesetzt werden.

6.2.8 Zusätzlich zu der Vornahme von Strahlrohren können unterstützende Angriffe mit Feuerpatschen, Schaufeln, Spaten, Äxten oder Motorsägen erfolgen.

6.3 Einsätze bei Hochbauunfällen

6.3.1 Einsturzursachen von Hochbauten sind beispielsweise:
- Unterspülen von Fundamenten,
- Tragfähigkeitsverlust durch Brandeinwirkung,

- Überlastung durch Bau- und Brandschutt,
- Unzureichende Absicherung bei Bauarbeiten,
- Bauliche Mängel,
- Aufprall von Fahrzeugen,
- Explosionen,
- Naturereignisse (zum Beispiel Hochwasser und Stürme).

6.3.2 Bei den abzustützenden Bauteilen kann überschlägig mit nachfolgenden spezifischen Gewichten gerechnet werden:
- Beton: 2,5 t/m^3,
- Mauerwerk: 2,0 t/m^3,
- Holz: 1,0 t/m^3.

6.3.3 Nachfolgende Versorgungseinrichtungen sind nach einem Gebäudeeinsturz abzustellen, beziehungsweise abzuschiebern:
- Gasleitungen,
- Wasserleitungen,
- Stromversorgung,
- eventuell Fernwärme.

6.3.4 Bei der Annäherung an eingestürzte Gebäude sind grundsätzlich nachfolgende Maßnahmen zu veranlassen:
- Einsatzstelle weiträumig absperren, Trümmerschatten beachten,
- zusätzliche Belastungen vermeiden (Einsatzkräfte, Gerät, usw.),
- erkunden, ob Personen vermisst werden oder verschüttet sind,
- Notarzt verständigen,
- Gas, Wasser, Strom absperren,
- Hohlräume absuchen,
- Notaussteifungen anbringen.

6.3.5 Beim Verlassen der Einsatzstelle eines eingestürzten Gebäudes ist die Einsatzstelle gegen unbefugtes Betreten abzusichern. Dies kann etwa durch Verschalen der Zugänge oder durch einen Bauzaun geschehen. Zusätzlich zu den vorgenannten Maßnahmen ist eine Warnbeschilderung anzubringen.

6.3.6 Eine geschosshohe Rundholzstütze aus Nadelholz der Güteklasse II besitzt eine Tragkraft von etwa 2,0 Tonnen.

6.3.7 Ich vermute verschüttete Personen am Fuß der Rutschfläche, möglicherweise auch unter den dort liegenden Trümmern. Weitere Personen können sich hinter der Rutschfläche (Betondecke) im so genannten *halben Raum* befinden.

6.3.8 Schadenelemente nach Dr. Maak:
- Rutschfläche,
- Schichtungen,
- ausgegossener Raum,
- eingeschlämmter Raum,
- mit Schichtungen ausgepresster Raum,
- halber Raum,
- angeschlagener Raum,

- versperrter Raum,
- Schwalbennest,
- Randtrümmer *A* und *B*,
- Trümmerkegel.

6.3.9 *Schichtungen* entstehen durch mehrere großflächige Decken-, Wand- oder Dachteile, die horizontal bis vertikal übereinander liegen. Zwischen den Schichtungen können sich auch andere Trümmerteile oder Einrichtungsgegenstände befinden.

6.3.10 Werden Schichtungen bewegt, so besteht die Gefahr, dass Trümmerteile von den Rutschflächen herabfallen und eingeschlossene Personen gefährden.

6.3.11 Ein *ausgegossener Raum* ist mit Trümmern, Schutt und Einrichtungsgegenständen gefüllt, bei einem *eingeschlämmten Raum* kommt zu den vorgenannten Bauteilen Wasser hinzu.

6.3.12 Um das Schadenelement *eingeschlämmter Raum* zu verhindern, sind sämtliche Wasserleitungen abzuschiebern.

6.3.13 Das Füllmaterial eines mit Schichtung ausgepressten Raumes besteht aus Betondecken, Wandscheiben, Trümmern, Schutt und Mobiliar.

6.3.14 Angeschlagene Räume sind weitestgehend unbeschädigt, daher haben darin befindliche Personen gute Überlebenschancen.

6.3.15 *Versperrte Räume* sind freizulegen um einen Zugang zu vermissten Personen zu schaffen.

6.3.16 Beim Übersteigen von der Drehleiter auf die auskragende Betondeckenplatte eines Schwalbennestes besteht die Gefahr, dass die Deckenplatte überlastet wird und bricht.

6.4 Einsätze bei Tiefbauunfällen

6.4.1 Ursachen für Tiefbauunfälle sind:
- falsche Einschätzung des Erddruckes oder der Bodenart,
- Lasten seitlich von Baugruben, die zusätzlichen Druck ausüben,
- labiler, gelockerter Boden oder schrägstehende Erd- oder Felsschichten, die übereinander abrutschen können,
- fehlender, unsachgemäßer oder mangelhafter Verbau.

6.4.2 Die Standfestigkeit der Böden ist abhängig von:
- der Bodenart,
- dem Grundwasserstand,
- Witterungseinflüssen,
- zusätzlichen Belastungen,
- Erschütterungen.

6.4.3 Nachfolgende Böschungswinkel sind bei Erdarbeiten einzuhalten:
a) bei Sand, Kies, Mutterboden: 45°,
b) bei Ton, Lehm: 60°,
c) bei Fels: 80°.

6.4.4 Bei Einsätzen an eingestürzten Baugruben ist insbesondere darauf zu achten, dass zusätzliche Belastungen und Erschütterungen vermieden werden.

6.4.5 Bis zu einer Tiefe von 1,25 Metern dürfen Baugruben und Gräben bei stehenden Böden ohne Verbau erstellt werden.

6.4.6 Aushub und Gerät sind mindestens 0,6 Meter entfernt von Baugruben und Gräben zu lagern, um zusätzliche Belastungen zu vermeiden.

6.4.7 Nachfolgende Verbauarten können an Tiefbaustellen vorgefunden werden:
- horizontaler Verbau,
- vertikaler Verbau,
- Verbaukästen.

6.4.8 Als Einsatzleiter bei Tiefbauunfällen habe ich insbesondere darauf zu achten, dass keine zusätzlichen Erschütterungen durch Fahrzeuge, Geräte oder Einsatzpersonal verursacht werden.

6.4.9 Ich habe eine Entlastung durch vorsichtiges Abtragen des Erdreiches zu veranlassen. Dabei sind Erschütterungen und zusätzliche Belastungen zu vermeiden.

6.4.10 Unter *minieren* versteht man den Bau eines Tunnels um etwa an verschüttete Personen heranzukommen. Diese Vorgehensweise bietet sich insbesondere bei versperrten Räumen, angeschlagenen Räumen und halben Räumen an.

6.5 Einsätze von Überdruckbelüftern

6.5.1 Durch eine Belüftung sollen zum Beispiel:
- Rauch, explosive oder gifte Gase verdünnt oder verdrängt werden,
- Rettungswege freigehalten werden,
- die Sicht von vorgehenden Trupps verbessert werden.

6.5.2 Bei den Belüftungsverfahren wird zwischen der natürlichen und der künstlichen Belüftung unterschieden.

6.5.3 Zu den mechanischen Belüftungsmethoden gehören die Überdruck- und die Unterdruckbelüftung.

6.5.4 Bei der Überdruckbelüftung unterscheidet man zwischen der mobilen und der stationären Überdruckbelüftung.

6.5.5 Überdruckbelüfter können entweder als Einzelgeräte, im Parallelbetrieb oder im Blockbetrieb eingesetzt werden.

6.5.6 Beim Einsatz von Überdruckbelüftern ist darauf zu achten, dass:
- die Belüftung möglichst frühzeitig vorbereitet und durchgeführt wird,
- nur in Richtung des Löschangriffes belüftet wird,
- das vor Beginn der Belüftung die Abluftführung überprüft wird,
- keine Überdruckbelüfter mit Verbrennungsmotor in verqualmten Bereichen aufgestellt werden,
- im Objekt eingesetzte Trupps über den Lüftereinsatz informiert werden,
- die Druckverhältnisse des Brandes beachtet werden.

6.5.7 Bei der Überdruckbelüftung können sich folgende Gefahren ergeben:
- der Rauch kann in bislang noch nicht betroffene Bereiche gedrückt werden,
- mit dem Luftstrom wird verstärkt Sauerstoff zugeführt,
- Stäube und sonstige Gegenstände können aufgewirbelt werden,
- Brandausbreitung bei versteckten Brandnestern,
- Lärm und damit verbundene Verständigungsschwierigkeiten.

7 Fahrzeug- und Pumpenkunde

7.1 Fahrzeugkunde, Begriffe und Definitionen

7.1.1 In der DIN/EN 1846-1 wird ein einheitliches Bezeichnungssystem für Feuerwehrfahrzeuge festgelegt.

7.1.2 Die DIN/EN 1846-1 gilt für Feuerwehrfahrzeuge. Sie legt Klassen und Kategorien in Abhängigkeit von der Verwendung und dem Gewicht der Fahrzeuge fest.

7.1.3 Ein Feuerwehrfahrzeug ist ein Kraftfahrzeug, das zur Bekämpfung von Bränden, zur Durchführung technischer Hilfeleistung und/oder für Rettungseinsätze bestimmt ist.

7.1.4 Wechselaufbauten sind besonders gestaltete Behälter, die von einem geeigneten Fahrzeug einfach aufgeladen und abgesetzt werden können.

7.1.5 Fahrzeuge mit mehr als zwei Tonnen Gesamtgewicht werden nachfolgenden Gewichtsklassen zugeordnet:

Gewichtsklasse	Gesamtgewicht
Leicht (L)	$2\,t < GM \leq 7{,}5\,t$
Mittel (M)	$7{,}5\,t < GM \leq 14\,t$
Super (S)	$GM > 14\,t$

7.1.6 a) *Straßenfähig:*
Kraftfahrzeug, das zum Befahren von befestigten Straßen geeignet ist.

b) *Geländefähig:*
Kraftfahrzeug, das zum Befahren aller Straßen und bedingt für Geländefahrten geeignet ist.

c) *Geländegängig:*
Kraftfahrzeug, das zum Befahren aller Straßen und für Geländefahrten (Querfeldeinfahrten) geeignet ist.

7.1.7 Zu den Löschfahrzeugen gehören:
- LF 10/6,
- (H)LF 20/16,
- TLF 16/24-Tr,
- TLF 24/50,
- TSF,
- TSF-W,
- KLF.

7.1.8 Ein Löschfahrzeug ist ein Feuerwehrfahrzeug, das mit einer Feuerlöschpumpe und im Regelfall mit einem Wasserbehälter und anderen zusätzlichen Geräten für die Brandbekämpfung ausgerüstet ist.

7.1.9 Zu den Löschfahrzeugen gehören die Löschgruppenfahrzeuge, die Tanklöschfahrzeuge und die Tragkraftspritzenfahrzeuge.

7.1.10 Sonderlöschfahrzeuge sind Fahrzeuge, die spezielle Löschmittel transportieren.

7.1.11 Ein Hubrettungsfahrzeug ist ein Feuerwehrfahrzeug, das mit einer Drehleiter oder einer Hubarbeitsbühne ausgerüstet ist.

7.1.12 Zu den Hubrettungsfahrzeugen gehören die Drehleitern sowie die Hubarbeitsbühnen.

7.1.13 Eine Drehleiter besteht aus einer ausschiebbaren Konstruktion in Form einer Leiter mit oder ohne Rettungskorb. Sie ist auf dem Fahrgestell dreh- und schwenkbar montiert.

7.1.14 Kraftfahrdrehleitern nach DIN 14701 Teil 2:
- DL 12-9,
- DLK 12-9,
- DL 18-12,
- DLK 18-12,
- DL 23-12,
- DLK 23-12.

7.1.15 Hubarbeitsbühnen bestehen aus einer ausschiebbaren Konstruktion mit Rettungskorb, einer oder mehreren starren oder teleskopierbaren, gelenkartigen oder scherenartigen Mechanismen oder einer Kombination dieser Möglichkeiten in Form von Auslegern und/oder Leitern.

7.1.16 Rüst- und Gerätefahrzeuge sind für nachfolgende technische Hilfeleistungseinsätze konzipiert:
- Suchen und Retten von Personen,
- Beseitigen von Unfallfolgen,
- gewaltsames Öffnen von Zugängen,
- Tierrettung.

7.1.17 Der Rüstwagen (RW) ist nach DIN 14 555-3 genormt.

7.1.18 Ein Krankenkraftwagen ist ein Fahrzeug, das von Feuerwehrpersonal für die Versorgung und den Transport von Patienten benutzt wird.

7.1.19 Zu den Krankenkraftwagen der Feuerwehr gehören:
- RTW (DIN 75 079 Teil 2): Rettungswagen,
- KTW (DIN 75080 Teil 3): Krankentransportwagen,
- NAW: Notarztwagen,
- NEF (DIN EN 1789): Notarzt-Einsatzfahrzeug,
- GKTW (nicht genormt) Großraum-Krankentransportwagen.

7.1.20 Gerätewagen Gefahrgut werden für nachfolgende Schäden eingesetzt:
- Gefahr einer Umweltverschmutzung,
- chemische Gefahr,
- Gefahr durch radioaktive Stoffe,
- biologische Gefahren,
- Bergungen.

7.1.21 Genormt ist der Gerätewagen Gefahrgut GW-G (DIN 14 555 Teil 12).

7.1.22 Einsatzleitwagen sind Feuerwehrfahrzeuge, die mit Kommunikationsmitteln und anderen Ausrüstungen zur Führung taktischer Einheiten ausgerüstet sind.

7.1.23 Genormte Einsatzleitwagen sind:
- ELW 1 (DIN 14 507 Teil 2),
- ELW 2 (DIN 14 507 Teil 3),
- KdoW (DIN 14 507 Teil 5).

7.1.24 Leermasse ist die Masse des betriebsfertigen Fahrzeuges einschließlich Fahrer (75 kg) und aller am Fahrzeug fest angebrachten Teile.

7.1.25 Speziell für die Motorleistung sind keine Angaben gemacht. Die Leistungsfähigkeit spiegelt sich in der dynamischen Leistung wieder, die sich in eine Beschleunigung aus dem Stand über 100 m Fahrstrecke und auf Erreichen einer Geschwindigkeit von 65 km/h aufteilt (auszugsweise s. Tabelle). Die in der Tabelle angegebenen Werte gelten für geländefähige Fahrzeuge; straßen- und geländegängige Fahrzeuge haben ggf. andere Werte.

Gewichtsklasse	Leicht L	Mittel M	Super S
Zeit für 100 m aus dem Stand	≤ 15 s	≤ 15 s	≤ 16 s
Zeit für 0 km/h auf 65 km/h	≤ 25 s	≤ 30 s	≤ 35 s

7.1.26 Allradangetriebene Fahrzeuge müssen so verschränkungsfähig sein, dass ein Auffahren auf zwei diagonal zur Standfläche angeordnete Erhöhungen von mindestens 0,2 m möglich ist.

7.1.27 Der Kraftstoffbehälter eines Feuerwehrfahrzeuges muss für eine Entfernung von mindestens 300 Kilometern auf der Straße oder 4 Stunden Dauerbetrieb ausgelegt sein.

7.1.28 Zusatzausstattungen für Feuerwehrfahrzeuge sind:
- Steckdose zum Aufladen der Batterien,
- Hauptscheinwerfer mit Halogenlampen,
- Rückfahrscheinwerfer,
- Nebelscheinwerfer und Nebelschlussleuchte,
- Rückfahrwarneinrichtung,
- trittsichere, rutschfeste Oberflächen.

7.1.29 Den Aufbauherstellern von Feuerwehrfahrzeugen werden nachfolgende Vorschriften gemacht:
- Funktionstüchtigkeit von Türen und Klappen,
- Dichtigkeit gegen Schmutz und Wasser,
- Leistungsfähigkeit der Heizung,
- Ausführung der Windschutzscheibe,
- Abmessung und Ausführung der Räume,
- Abmessung für die Auftritte,
- Halterungen für Atemschutzgeräte.

7.1.30 Die feuerwehrtechnische Beladung muss transportsicher gelagert und leicht und gefahrlos zu entnehmen sein.

7.1.31 In die Überhangwinkel dürfen bei Fahrzeugen der Gewichtsklasse L keine starren Teile hineinragen. Die Aufprotzeinrichtungen der fahrbaren Schlauchhaspel darf dagegen bei Allradantrieb in den hinteren Überhangwinkel höchstens 11° hineinragen.

7.1.32 a) *Fahrzeuglänge* ist die Länge des Fahrzeuges über alles gemessen (einschließlich Stoßfänger usw.).
b) *Fahrzeugbreite* ist die Breite des Fahrzeuges über alles gemessen (Fahrtrichtungsanzeiger, Rückspiegel, Begrenzung, Spurhalteleuchten, elastische Schmutzfänger). Herablassbare Trittstufen dürfen die Fahrzeugbreite überragen.
c) *Fahrzeughöhe* ist die Höhe des Fahrzeuges über alles gemessen (einschließlich Verdeck, Dachgepäckträger usw.).
d) *Radstand* ist der geometrische Abstand zwischen den Radmitten der Vorderräder und der Hinterräder.
e) *Spurweite* ist der Abstand der Räder einer Achse von Reifenmitte zu Reifenmitte auf der Standebene gemessen.

7.1.33 Der Rampenwinkel ist der Winkel, der zwischen Ebene und Gefällestrecke gemessen wird.

7.1.34 Der Überhangwinkel ist der Winkel zwischen der Standebene des Kraftfahrzeuges und einer Ebene, die die statischen Rollradien der Räder der Achsen tangiert und den äußersten, tiefsten und festen Punkt des Kraftfahrzeuges vor der Achse berührt. Man unterscheidet den vorderen und den hinteren Überhangwinkel.

7.1.35 Massenreserve ist die zulässige Gesamtmasse eines Fahrzeuges minus tatsächliche Gesamtmasse.

7.1.36 Bei Gewichts- und Raumreserve können LF 10/6 und (H)LF 20/16 zusätzlich mit weiteren Beladungseinheiten ausgestattet werden:
- Satz Hebekissen,
- Schutzbrillen und Gesichtsschutz zum Feuerwehrhelm,
- Flutlichtstrahler und Stativ,
- Leitungstrommel,
- Rettungszylinder,
- Spreizer,
- Wärmebildkamera,
- Schneidgerät,
- Tauchpumpe,
- Stromerzeuger,
- Motorsäge,
- Trennschleifer,
- Beinlinge,
- TS 8/8 mit Zubehör.

7.1.37 Ein Rüstwagen ist ein Feuerwehrfahrzeug mit geländefähigem Allradantrieb, einem vom Fahrzeugmotor angetriebenen Stromerzeuger, einer fahrzeugmotorbetriebenen Zugeinrichtung und einem ein- oder angebauten Lichtmast, der betriebsbereit angeschlossen ist. Die Zugeinrichtung muss DIN 14 584 entsprechen. Generator, maschinelle Zugeinrichtung, Lichtmast und tragbarer Stromerzeuger müssen den einschlägigen Normen entsprechen. Der gleichzeitige Betrieb von Generator, Zugeinrichtung und Lichtmast muss möglich sein.

7.1.38 Für den Rüstwagen ist nachfolgende Zusatzbeladung möglich:
- Kübelspritze,
- Steckleiter, zweiteilig,
- Flutlichtstrahler 1 000 W,
- Stativ mit Sturmverspannung,
- verstellbare Stützen, 20 kN,
- Hebebaum, 3,0 Meter lang,
- Hebesatz,
- Luftheber,
- Druckkissen und Steuerteil,
- Schneidgerät,
- Einreißhaken.

7.1.39

EN 1846-1	=	Normnummer
-M	=	Kraftfahrzeug-Gewichtsklasse: mittel
-1	=	Kraftfahrzeugkategorie: straßenfähig
-6	=	Sitzplatzkapazität für die Mannschaft: 6
-800	=	Löschwassertankkapazität 800 Liter
10/ 2000	=	Leistung der eingebauten Feuerlöschpumpe 10 bar; 2000 l/min
-1	=	besondere Ausrüstung (elektrischer Generator)

7.2 Hubrettungsfahrzeuge

7.2.1 Hubrettungsfahrzeuge werden vorrangig zur Rettung von Menschen aus Notlagen, zur Durchführung technischer Hilfeleistungen und zur Brandbekämpfung eingesetzt.

7.2.2 Zu den Hubrettungsfahrzeugen gehören Drehleitern, Gelenkmaste und Teleskopmaste.

7.2.3 Ein Hubrettungsfahrzeug besteht aus Fahrgestell, Aufbau und einem maschinell angetriebenen Hubrettungssatz mit oder ohne Rettungskorb.

7.2.4 a) Ein *Hubrettungssatz* ist der bewegliche Teil des Hubrettungsfahrzeuges, der oberhalb des Fahrgestellrahmens liegt.
b) Ein *Hubrettungsausleger* ist ein Teil des Hubrettungssatzes. Er besteht aus mehreren Auslegerelementen, die teleskopierbar oder gelenkartig miteinander verbunden sind.
c) Ein *Rettungskorb* ist der Teil des Hubrettungssatzes, mit dem Personen befördert werden.

7.2.5 a) Der *Aufrichtewinkel* ist der jeweilige Winkel zwischen den Mittelachsen der Auslegerelemente und der Waagerechten.
b) Der *Querneigungswinkel* ist der Winkel quer zum Fahrzeug zwischen der Waagerechten und der Standfläche.
c) Der *Längsneigungswinkel* ist der Winkel in der Längsrichtung des Fahrzeuges zwischen der Waagerechten und der Standfläche.

7.2.6 Die *Rettungshöhe* ist die lotrechte Höhe von der waagerechten Standfläche bis zum Boden des Korbes.

Die *Nennrettungshöhe* ist eine bestimmte lotrechte Höhe, die bei Nennausladung und waagerechter Standfläche bis zum Boden des Korbes ohne Belastung gemessen wird. Ohne Korb wird in Höhe der obersten Sprosse gemessen.

7.2.7 Die *Ausladung* ist der Überhang von Fahrzeugaußenkante bis zum Lot der Außenkante des Korbbodens. Gemessen wird rechtwinklig zur Fahrzeuglängsachse auf waagerechter Stellfläche ohne Belastung.

Die *Nennausladung* ist eine bestimmte Ausladung bei Nennrettungshöhe. Gemessen wird wie bei der Ausladung.

7.2.8 a) Die *Nennlast* ist die Last, mit der Korb oder Spitze eines Hubrettungssatzes im Freistandsfeld bis an die für diese Last gültige Freistandsgrenze lotrecht belastet werden dürfen.
b) Die *Prüflast* ist die Last, die für die statische und dynamische Prüfung des Hubrettungssatzes vorgeschrieben ist.
c) Die *Nutzlast* ist die Last, mit der die Auslegerelemente mit oder ohne Korb belastet werden können ohne die Standsicherheit zu gefährden.

d) Die *Zusatzlast* ist das Gewicht der vom Hersteller zusätzlich zur Nutzlast zugelassenen Einrichtungen.

7.2.9 Das *Benutzungsfeld* ist der Bereich, in dem der Hubrettungssatz bewegt werden kann, ohne die Standsicherheit zu gefährden.

Die *Benutzungsgrenze* ist die jeweilige Grenze des Benutzungsfeldes.

Das *Freistandsfeld* ist der Bereich innerhalb des Benutzungsfeldes, in dem der Hubrettungssatz im Freistand mit der für dieses Feld zulässigen Nutzlast belastet und maschinell bewegt werden kann.

Die *Freistandsgrenze* ist die Grenze im Benutzungsfeld, bis zu der ein Hubrettungssatz im Freistand mit der für dieses Feld zulässigen Nutzlast belastet und maschinell bewegt werden kann.

7.2.10 Das *Auflagerfeld* ist der Bereich zwischen Freistands- und Benutzungsgrenze, in dem der Hubrettungsausleger nur noch bei aufgelegter Spitze oder mit aufgelegtem Korb belastet werden darf.

7.2.11 Die *Stützbreite* b ist der Abstand zwischen den Außenkanten zweier quer zum Fahrzeug gegenüberliegenden, abgelassenen Stützen auf waagerechter Standfläche in Betriebsstellung des Fahrzeuges.

7.2.12 Die Rüstzeit t_R in Sekunden ist die Zeit, die erforderlich ist, um mit der Fahrzeugbesatzung von der Fahrstellung aus die Rettungsstellung zu erreichen.

7.2.13 Die statische Prüfung ist eine Überprüfung der Standsicherheit von Hubrettungsfahrzeugen, deren Hubrettungssatz nicht bewegt werden darf, solange er belastet ist.

Die dynamische Prüfung ist eine Überprüfung der Standsicherheit von Hubrettungsfahrzeugen, deren Hubrettungssatz auch dann bewegt werden darf, wenn er belastet ist.

7.2.14 Die statische Überlastprüfung ist die Prüfung des Hubrettungssatzes auf bleibende Verformung und somit keine Standsicherheitsprüfung.

7.2.15 a) DL: Drehleiter ohne Korb
b) DLK: Drehleiter mit Korb
c) GM: Gelenkmast
d) TM: Teleskopmast

7.2.16 Für Hubrettungsfahrzeuge sind 90 kg für jede Person, fest eingebaute Zusatzeinrichtungen, Reaktionskräfte und die Prüflasten anzusetzen.

7.2.17 Bei der praktischen Standsicherheitsprüfung wird an der jeweiligen Freistandsgrenze und an der Benutzungsgrenze die Standsicherheit der Hubrettungsfahrzeuge statisch mit einer Prüflast nachgewiesen.

7.2.18 Die Stabilität des Hubrettungssatzes wird durch eine statische Überlastprüfung nachgewiesen. Der Hubrettungssatz wird bei Nennrettungshöhe und größtmöglicher Ausladung entgegen der Fahrtrichtung mit einer Prüflast zehn Minuten lang beaufschlagt.

7.2.19 Eine Getriebesperre wird eingebaut, damit Fahrgetriebe und Antrieb des Hubrettungssatzes sich gegenseitig sperren (keine Fahrmöglichkeit bei ausgefahrenem Hubrettungssatz).

7.2.20 Die Abstützungen der Hubrettungsfahrzeuge müssen nachfolgende Anforderungen erfüllen:
- den schädlichen Einfluss der Bereifung unwirksam machen,
- die Belastung auf die Standfläche übertragen,
- Vertiefungen bis 50 Millimeter ausgleichen,
- Erhöhungen bis 150 Millimeter ausgleichen,
- unbeabsichtigtes Bewegen verhindern,
- eine elektrisch leitfähige Verbindung zwischen Hubrettungssatz und Standfläche herstellen,
- einen rot-weißen Warnanstrich haben, wenn sie über das Fahrzeug hinausragen.

7.2.21 Einrichtungen für den Betrieb des Hubrettungssatzes:
- Die Inbetriebnahme des in Fahrstellung abgelegten Hubrettungssatzes muss solange verhindert werden, bis die Federabstelleinrichtung und die Abstützung wirksam sind.
- Bei nicht in Fahrstellung abgelegtem Hubrettungssatz dürfen die ausgefahrenen Stützen der Abstützung nicht eingelassen werden können.
- Die Federabstelleinrichtung oder Federwegblockierung zum Ausschalten des Federweges der Hinterachse muss vor der Abstützung oder gleichzeitig mit ihr wirksam werden.
- Eine Geländeausgleichseinrichtung muss für wenigstens eine Ebene einen Ausgleich bis zu sieben Grad für den Korbboden beziehungsweise Sprossenebene zur Geländeneigung ermöglichen.
- Für Bewegungen müssen zwei voneinander unabhängige Einrichtungen vorhanden sein, die den Hubrettungssatz auch bei ausgeschaltetem Antrieb sicher in jeder Stellung halten.
- Es müssen selbsttätige und möglichst ruckfreie Endbegrenzungen für alle Bewegungen, ausgenommen der Drehbewegung des Hubrettungssatzes vorgesehen sein.
- Selbsttätige Einrichtungen zur Abstellung der Bewegungen bei Erreichen der Freistandsgrenze müssen vorhanden sein.

7.2.22 Bei Ausfall des maschinellen Antriebes des Hubrettungssatzes muss mit einer entsprechenden Einrichtung der Ausleger mit belastetem Korb sicher in die Fahrstellung zurückgeführt werden können.
Bei Ausfall einer Sicherheitseinrichtung darf maschineller Notbetrieb nur bei gleichzeitigem Ertönen eines akustischen Signals möglich sein. Es muss ein entsprechendes Hinweisschild angebracht sein.

7.2.23 Der Hauptsteuerstand muss gegenüber dem Korbsteuerstand vorrangig geschaltet sein.

7.2.24 Steuerstände müssen so angeordnet und gestaltet sein, dass die Bedienperson:
- die Steuerorgane behinderungsfrei betätigen kann,

- nicht durch die Bewegungen des Hubrettungssatzes gefährdet wird,
- nicht der Absturzgefahr ausgesetzt ist.

7.2.25 Die Bedienungseinrichtungen an den Steuerständen müssen so gestaltet sein, dass alle Bewegungen nach dem Loslassen des Totmannschalters zum Stillstand kommen und nach dem Stillsetzen der Kraftquelle oder der Bewegungen des Hubrettungssatzes alle Bewegungen jeweils nur von der Nullstellung aus gefahren werden können.

7.2.26 Gewichte und Abmessungen einer Drehleiter:

a) maximal zulässige Gesamtmasse:	14 000 kg einschließlich Korb,
b) maximale Fahrzeuglänge:	10,00 Meter,
c) maximale Fahrzeugbreite:	2,5 Meter,
d) maximale Fahrzeughöhe:	3,3 Meter.

7.2.27 Drehleitern mit maschinellem Antrieb:
- DL 23-12/DLK 23-12,
- DL 18-12/DLK 18-12,
- DL 12-9/DLK 12-9,

7.2.28 Bei der DLK 18-12 handelt es sich um eine Drehleiter mit Korb, bei der DL 18-12 handelt es sich um eine Drehleiter ohne Korb.

7.2.29 An Drehleitern werden nachfolgende Anforderungen gestellt:
- Betriebsart nur Straßenbetrieb,
- keine Gefährdung bei eingeschaltetem Notbetrieb,
- Totmannschalter als Fußschalter,
- Vorrangschaltung des Hauptsteuerstandes vor dem Korbsteuerstand,
- Leitersatz aus Metall,
- Leitersprossen mit Rutsch- und Kälteschutz,
- Anzeige für Sprossenüberdeckung,
- Aufstiegsleiter am Leiterfuß.

7.2.30 Die Brückenbelastbarkeit einer Drehleiter in aufgelegtem Zustand beträgt bis zur Freistandsgrenze 720 kg oder acht Mann. Diese müssen gleichmäßig auf dem Leiterpark verteilt sein.

7.2.31 Nachfolgende Anforderungen sind an Rettungskörbe zu stellen:
- trittsicherer, rutschhemmender und weitgehend geschlossener Boden,
- nutzbare Korbbodenfläche 0,2 m^2 je Person,
- allseitige Umwehrung durch Geländer, h = 1,10 m,
- die Umwehrung muss fest sein, Ketten und Seile sind unzulässig,
- bewegliche Teile müssen gegen Umklappen, Herunterfallen und Ausheben gesichert sein.

7.2.32 Auf dem Typenschild eines Rettungskorbes findet man nachfolgende Angaben:
- Typ des Korbes,
- Hersteller und Lieferer,
- Baujahr,
- Fabriknummer,

– Tragfähigkeit in kg,
– höchstzulässige Seitenkraft von Hand,
– Typ und Fabriknummer des Hubrettungssatz.

7.2.33 Nachfolgende Zusatzeinrichtungen sind an Rettungskörben für zwei Personen zulässig:
– Flutlichtstrahler,
– Strahlrohr oder Wenderohr,
– Lagerung für Krankentrage.

7.3 Feuerwehrpumpen

7.3.1 Feuerwehrpumpen sind für die besonderen Einsatzaufgaben der Feuerwehr gestaltete, maschinell angetriebene Strömungsmaschinen, die zur Förderung von Flüssigkeiten dienen.

7.3.2 Feuerwehrpumpen können unterteilt werden in:
– Pumpen zur Förderung von Wasser,
– Pumpen zur Förderung sonstiger Flüssigkeiten.

7.3.3 Feuerwehrpumpen zur Förderung von Wasser sind:
– Feuerlöschkreiselpumpen,
– Lenz-Kreiselpumpen,
– Tauchpumpen.

7.3.4 Pumpen zur Förderung sonstiger Flüssigkeiten sind:
– Umfüllpumpen für Mineralöle,
– Umfüllpumpen für Säuren,
– Umfüllpumpen für Laugen.

7.3.5 Unter *geodätischer Saughöhe* wird der Höhenunterschied zwischen der Pumpenmitte (bei Kreiselpumpen entspricht dies der Mitte des Eintritts des ersten Laufrades) und dem saugseitigen Wasserspiegel verstanden. Die Angabe des Höhenunterschiedes erfolgt in Metern.
Bei der *geodätischen Nennsaughöhe* handelt es sich um den für die Nennförderleistung festgelegten Höhenunterschied in Metern zwischen der Pumpenmitte und dem saugseitigen Wasserspiegel.

7.3.6 Als Schließdruck wird der bei Höchstdrehzahl und geodätischer Nennsaughöhe im Ausgangsquerschnitt vorhandene Druck bezeichnet, wenn der Förderstrom gleich Null ist.

7.3.7 Unter dem Begriff Förderdruck ist die Druckdifferenz zwischen dem Druck im Ausgangsquerschnitt und dem Druck im Eingangsquerschnitt zu verstehen.

7.3.8 Als Nennförderdruck bezeichnet man den bei Nennförderleistung festgelegten Förderdruck.

Unter dem Begriff Nennförderstrom wird der festgelegte Volumenstrom der Nennförderleistung unter Einhaltung der geodätischen Nennsaughöhe verstanden.

7.3.9 Die Nennförderleistung ist die unter festgelegten Bedingungen (Nenndrehzahl, Nennförderstrom, Nennförderdruck, geodätische Saughöhe) erhaltene Förderleistung.
Als Nenndrehzahl bezeichnet man die Drehzahl der Laufradwelle in min^{-1} unter Einbehaltung von Nennförderstrom, Nennförderdruck und der geodätischen Nennsaughöhe.

7.3.10 Die Entlüftungszeit ist die Zeit, die vergeht, um eine Pumpe inklusive ihrer Saugleitung zu entlüften und die Flüssigkeit bis zum Austrittsquerschnitt zu fördern. Die Zeitangabe erfolgt in Sekunden.

7.3.11 Zu den allgemeinen Anforderungen, die an Feuerlöschkreiselpumpen gestellt werden, gehören unter anderem:
- leichte Zugänglichkeit und Austauschbarkeit der Verschleißteile,
- übersichtliche und gut zugängliche Einrichtungen zur Bedienung der Pumpe,
- Einhaltung der zulässigen Höchsttemperatur bei Dauerbetrieb des Getriebes,
- Wartungsfreundlichkeit sowie einfaches und vollständiges Entleeren der Pumpe,
- die dauerhafte Anbringung eines Pfeils zur Markierung des Pumpendrehsinnes.

7.3.12 Die Garantiepunkte spielen bei den Abnahmeversuchen und den Nachprüfungen der Feuerwehrpumpen eine wichtige Rolle. Allgemein versteht man unter einem Garantiepunkt die Gewährleistung von vertraglich vereinbarten physikalischen Größen und Eigenschaften der Pumpe.

7.3.13 Folgende Bezeichnung sollte eine Feuerlöschkreiselpumpe nach EN 1028–1 mit einem Nennförderdruck von 10 bar, einem Nennförderstrom von 2 000 l/min, einem Grenzdruck von 17 bar, einem dynamischen Prüfdruck von 22,5 bar und einem Schließdruck von 10 bis 17 bar besitzen: Feuerlöschkreiselpumpe EN 1028-1-FPN-2000.

7.3.14 Die EN 1028-1 kennt folgende Feuerlöschkreiselpumpen:
FPN 6-500
FPN 10-750
FPN 10-1000
FPN 10-1500
FPN 10-2000
FPN 10-3000
FPN 10-4000
FPN 10-6000
FPN 15-1000

FPN 15-2000
FPN 15-3000
FPH 40-250

7.3.15 Die Leistung einer Feuerlöschpumpe ist abhängig von:
- der Konstruktion: Größe und Form des Laufrades, Größe und Form des Leitrades,
- der Drehzahl der Pumpenwelle: einstufige Pumpen erfordern höhere Drehzahlen, mehrstufige Pumpen erfordern geringere Drehzahlen.

7.3.16 Leiträder sind fest mit dem Gehäuse der Feuerlöschkreiselpumpe verbundene Leiteinrichtungen. Der Schaufelkranz kann hierbei eine axiale, halbaxiale, radiale oder zwiebelartige Form besitzen. Aufgabe des Leitrades ist es, die aus dem Laufrad austretende Drallströmung in eine möglichst drallfreie Strömung umzuwandeln.

7.3.17 Laufräder werden unterschieden in:
- Radialräder,
- Halbaxialräder,
- Axialräder,
- Peripheralräder.

7.3.18 Entlüftungseinrichtungen für Feuerlöschkreiselpumpen sind:
- Handkolbenpumpen,
- Flüssigkeitsringpumpen,
- Auspuffgasstrahler,
- Trockenringpumpen,
- Doppelkolben-Entlüftungspumpen/Trocken-Kolben-Entlüftungspumpen.

7.3.19 Unter Kavitation – manchmal auch als Hohlraumbildung in einer Flüssigkeit oder Hohlsog bezeichnet – versteht man das schlagartige Entstehen und Vergehen von Dampfblasen in einer Flüssigkeitsströmung. Durch Verringern des statischen Druckes wird der Dampfdruck der Flüssigkeit erreicht. Dies führt zu einer Dampfblasenbildung auch ohne äußere Wärmeeinwirkung.
Ursache für das Absinken des statischen Druckes sind in der Regel zu große Förderströme bei großen Saughöhen und ein freier Auslauf am Druckausgang der Pumpe.
Steigt der statische Druck – in Strömungsrichtung gesehen – nun wieder über den Dampfdruck an, so zerfallen die gebildeten Dampfblasen schlagartig. Die hierdurch auftretenden hohen Temperatur- und Druckschwankungen können innerhalb der Pumpe zu einer Materialzerstörung beziehungsweise Materialabtragung führen.

7.3.20 Den Leistungsangaben für Feuerlöschkreiselpumpen wird ein Luftdruck von 1 013 mbar und eine Wassertemperatur von 4 °C zugrunde gelegt.

7.3.21 Druckangaben in Bezug auf Feuerlöschkreiselpumpen:
p_e: Druck im Eintrittsquerschnitt, Eingangsdruck unmittelbar vor der Festkupplung am Saugeingang

p_a: Druck am Austrittsquerschnitt, Ausgangsdruck unmittelbar hinter der Festkupplung am Druckausgang

p_0: Schließdruck, Druck bei geschlossenen Druckausgängen und bei Höchstdrehzahl.

7.3.22 Förderströme für Feuerlöschkreiselpumpen werden üblicherweise in der Maßeinheit *l/min* angegeben.

7.3.23 Die Förderleistung ist die von der Pumpe auf den Förderstrom übertragene nutzbare Leistung in kW.

7.3.24 Die Förderleistung einer Feuerlöschkreiselpumpe kann überschlägig wie folgt berechnet werden:

$P_Q = Q \times p/600$

In diese Formel ist P_Q (Förderleistung) in kW, Q (Förderstrom) in l/min und p (Druck) in bar einzusetzen.

7.3.25 Der Pumpendrehsinn ist die Drehrichtung der Laufradwelle vom Antrieb aus gesehen.
Rechtslaufend: im Uhrzeigersinn,
linkslaufend: dem Uhrzeigersinn entgegengerichteter Drehsinn.

8 Feuerwehr-Dienstvorschriften

8.1 Folgende Dienstvorschriften wurden bis zum heutigen Tag eingeführt und haben für die Feuerwehren Bedeutung:

- FwDV 1/1 Grundtätigkeiten Löscheinsatz und Rettung
- FwDV 1/2 Grundtätigkeiten Technische Hilfeleistung und Rettung
- FwDV 2 Ausbildung der Freiwilligen Feuerwehren
- FwDV 3 Einheiten im Löscheinsatz
- FwDV 7 Atemschutz
- FwDV 8 Tauchen
- FwDV 10 Die tragbaren Leitern
- FwDV 13/1 Die Gruppe im technischen Hilfeleistungseinsatz
- FwDV 100 Führung und Leitung im Einsatz, Führungssystem
- FwDV 500 Einheiten im ABC-Einsatz
- PDV/DV 810.3 Sprechfunkdienst

8.2 Mit der bundesweiten Einführung der Feuerwehr-Dienstvorschriften soll eine einheitliche Ausbildung der Feuerwehren in allen Bundesländern garantiert und eine länderübergreifende Zusammenarbeit erleichtert werden.

8.3 Die Feuerwehr-Dienstvorschriften werden per Erlass durch den jeweiligen Innenminister (Innensenator für die Stadtstaaten) eingeführt.

8.4 Bei der Aufstellung der Fahrzeuge ist darauf zu achten, dass die Fahrzeuge einsatzfähig und außerhalb des Gefahrenbereiches stehen. Außerdem hat die Aufstellung so zu erfolgen, dass weder der Zugang zur Einsatzstelle blockiert noch die Durchführung des Einsatzes behindert werden. Auch soll das nachträgliche An- und Abrücken von Drehleitern und Rettungsfahrzeugen möglich sein.

8.5 Unter Retten versteht man das Abwenden einer Lebensgefahr von Menschen oder Tieren durch:

- lebensrettende Sofortmaßnahmen, die sich auf Erhaltung beziehungsweise Wiederherstellung von Atmung, Kreislauf und Herztätigkeit richten und/oder
- Befreien aus einer lebens- oder gesundheitsgefährdenden Zwangslage.

8.6 Die Feuerwehr-Dienstvorschrift 3 unterscheidet zwischen dem Einsatz mit und dem Einsatz ohne Bereitstellung.

8.7 Ein Einsatz mit Bereitstellung wird dann durchgeführt, wenn der Einheitsführer nach dem Eintreffen an der Einsatzstelle die Lage zunächst nur soweit feststellen kann, dass er zwar die Stelle zur Wasserentnahme und die Lage des Verteilers, aber noch nicht den Einsatzauftrag, die Einsatzmittel, das Einsatzziel oder den Einsatzweg bestimmen kann.

8.8 Der Einheitsführer führt seine taktische Einheit und ist bei dieser Tätigkeit an keinen bestimmten Platz gebunden. Er trägt die Verantwortung für die Sicherheit der Mannschaft und bestimmt die Fahrzeugaufstellung und ggf. den Standort der Tragkraftspritze.

8.9 Bei einem Einsatz mit Bereitstellung sind im Befehl die Wasserentnahmestelle und die Lage des Verteilers anzusprechen. Der Befehl endet mit den Worten: „Zum Einsatz fertig."

8.10 Außer der Wasserentnahmestelle und der Lage des Verteilers, muss der Befehl die anzusprechende Einheit, ihren Auftrag, die vorzunehmenden Mittel, das Ziel und den vorzugehenden Weg enthalten.

8.11 Nimmt eine Einsatzkraft eine besondere Gefahr wahr (z. B. Einsturz- oder Explosionsgefahr) und ist ein unverzügliches In-Sicherheit-Bringen notwendig, so hat sie das Kommando: „Gefahr – Alle sofort zurück!" zu geben. Jede Einsatzkraft gibt dieses Kommando weiter; alle gehen zurück und sammeln sich am Feuerwehrfahrzeug. Der Einheitsführer überprüft die Vollzähligkeit der Mannschaft, trifft weitere Maßnahmen und gibt Lagemeldungen.

8.12 Der Zugtrupp setzt sich aus Führungsassistent, Melder und Fahrer zusammen.

8.13 Der Führungsassistent führt Aufträge auf Befehl des Zugführers aus und ist Vertreter des Zugführers.

8.14 Die FwDV 8 regelt das Tauchen von Feuerwehrtauchern mit autonomen und schlauchversorgten Leichttauchgeräten bei öffentlichen Notständen und besonderen Notlagen nach den Landesbrandschutzgesetzen.

8.15 Die Feuerwehrtaucher müssen die Tauchertauglichkeit besitzen und die Ausbildung zum Feuerwehrtaucher erfolgreich abgeschlossen haben. Die Tauchertauglichkeit wird durch eine arbeitsmedizinische Vorsorgeuntersuchung (G 31 „Überdruck") durch einen ermächtigten Arzt festgestellt, sie ist jeweils vor Ablauf von 12 Monaten zu wiederholen. Weiterhin muss der Taucher das 18. Lebensjahr vollendet, die Truppmannausbildung Teil 1 (Grundausbildung) abgeschlossen und das „Deutsche Rettungsschwimmabzeichen in Silber" erworben haben. Ferner muss der Feuerwehrtaucher zum Zeitpunkt der Übung oder des Einsatzes gesund sein.

8.16 Gründe für eine vorzeitige Nachuntersuchung gemäß G 31 sind zum Beispiel:
- Taucherunfälle oder -zwischenfälle, bei denen gesundheitliche Störungen aufgetreten sind,
- Dekompressionserkrankungen,
- Vermutungen, dass der Taucher den Anforderungen für das Tauchen nicht mehr genügt (dies gilt insbesondere nach schwerer Erkrankung oder wenn

der Taucher selbst annimmt, den Anforderungen nicht mehr gewachsen zu sein).

8.17 Signalleinen dienen der Sicherung des Tauchers und stellen eine Verbindung zwischen dem Signalmann und dem Taucher zur Signalgebung dar. Telefonleinen sind dagegen Signalleinen, in die Telefonkabel zugentlastet eingeflochten sind.

8.18 Zur Mindestausrüstung gehören:
- Leichttauchgerät mit Vollmaske als Atemanschluss, oder schlauchversorgtes Leichttauchgerät,
- Taucheranzug (Nass-, Trockentauchanzug),
- Rettungsgerät sofern nicht Bestandteil des Leichttauchgerätes,
- Gewichtssystem mit Schnellabwurfmöglichkeit,
- Tauchermesser oder vergleichbares Werkzeug,
- schnittfeste Füßlinge,
- Signalleine.

8.19 Der Tauchereinsatzführer berät den Einsatzleiter und ist ihm für die Durchführung des Tauchereinsatzes im Einzelnen verantwortlich.

8.20 Bei Wintertaucheinsätzen ist die Gefahr der Gerätevereisung an der Luft zu beachten.

8.21

Leiter	Leiterlänge	Rettungshöhe
a) Klappleiter	3,00 m	2,10 m
b) vierteilige Steckleiter	8,40 m	7,20 m
c) dreiteilige Schiebleiter	14,00 m	12,00 m
d) Hakenleiter	4,40 m	(theoretisch unbegrenzt)

8.22 Die Steckleiter wird entweder von zwei Trupps oder von einem Trupp und dem Melder vorgenommen.

8.23 Die tragbaren Leitern können entweder im Passgang oder im Kreuzgang bestiegen werden.

8.24 Der Anstellwinkel sollte 65° bis 75° betragen.

8.25 Klapp- und Hakenleiter dürfen nur mit einer Person belastet werden. Außerdem darf die Hakenleiter nicht als Anstellleiter verwendet werden.

8.26 Ein Strahlrohr darf über eine tragbare Leiter nur dann eingesetzt werden, wenn die Leiter am Leiterkopf befestigt ist und der Strahlrohrführer sich mit dem Sicherheitsgurt sichert. Weiterhin darf das Strahlrohr nur bis zu einem Winkel von 15° zu den Seiten hin eingesetzt werden.

8.27 Schadhafte Leitern sind sofort der Benutzung zu entziehen.

8.28

Spannung	Mindestabstand
bis 1 kV	1 m
über 1 kV bis 110 kV	3 m
über 110 kV bis 220 kV	4 m
über 220 kV bis 380 kV	5 m

9 Führungslehre

9.1 Grundsätze

9.1.1 Unter Führung wird die Einflussnahme auf die Entscheidung und das Verhalten anderer Menschen verstanden. Ziel der Führung ist es, durch steuerndes und richtungsweisendes Einwirken eigene und generelle Zielsetzungen zu verwirklichen.

9.1.2 Eine Führerpersönlichkeit wird bestimmt durch:
- das Können und Wissen,
- die Dienstgewalt,
- die persönliche Autorität,
- das Prestige.

9.1.3 Unter einem Befehl versteht man eine Anweisung zu einem bestimmten Verhalten. Einen Befehl erteilt ein Vorgesetzter einem Untergebenen schriftlich, mündlich oder in anderer Form, allgemein oder für den Einzelfall und mit dem Anspruch auf Gehorsam.

9.1.4 Die FwDV 100 unterscheidet zwischen einem Einzelbefehl, dem Gesamtbefehl, dem Vorbefehl und dem Kommando.

9.1.5 Entsprechend der FwDV 100 ist der *Einzelbefehl* nur an einzelne Führungskräfte gerichtet.

Im Gegensatz hierzu gilt der *Gesamtbefehl* für mehrere Empfänger in gleicher Weise und wird zeitgleich an alle abgesetzt. Mit ihm soll den unterstellten Führungskräften eine gemeinsame Handlungsgrundlage gegeben werden.

Durch einen *Vorbefehl* sollen nachgeordnete Führer in die Lage versetzt werden, notwendige Vorbereitungen zu treffen. Häufig werden Vorbefehle bei Kfz-Marschvorhaben herausgegeben.

Beim *Kommando* handelt es sich um einen Befehl in Kurzform. Durch ihn wird ein bestimmtes, eingeübtes Handeln ausgelöst.

9.1.6 Ein Befehl darf dann nicht befolgt werden, wenn er:
- einen Verstoß gegen die Sicherheit und den Bestand der BRD oder eines Bundeslandes darstellt,
- Rechtsgüter, die durch das Grundgesetz nicht eingeschränkt sind, verletzt,
- allgemeine Regeln des Völkerrechts (Art. 25 GG) verletzt,
- den Tatbestand einer Straftat erfüllt.

9.1.7 Ein Befehl muss nicht befolgt werden, wenn er:
- die nicht eingeschränkten Grundrechte des Untergebenen verletzt,
- unzumutbar ist.

9.1.8 Die Durchsetzung eines Befehls kann erreicht werden durch:
- die Anwesenheit des Vorgesetzten,
- Beauftragung anderer Personen mit der Durchführung der Kontrolle und Überwachung,
- Anforderung von Meldungen über die Befehlsausführung,
- Warnungen und Belehrungen,
- Androhungen von Anzeigen,
- vorläufige Festnahme gemäß Strafprozessordnung,
- Verhinderung von Zuwiderhandlungen durch Anwendung unmittelbarer Gewalt.

9.1.9 Die Befugnisse zum Befehlen erhält der Befehlende durch:
- seine Dienststellung,
- besondere Anordnung,
- eigene Erklärung.

9.1.10 Der Gehorsam baut sich auf das Vertrauen in
- die Rechtmäßigkeit,
- die besondere Anordnung und
- die Zweckmäßigkeit

der dienstlichen Anordnung auf.

9.1.11 Bei den Führungsstilen wird zwischen dem *autoritären Führungsstil*, dem *kooperativen Führungsstil* (häufig auch als demokratischer Führungsstil bezeichnet) und dem *Laissez-faire-Führungsstil* unterschieden.

9.1.12 Der autoritäre Führungsstil erwartet eine kritiklose Ausführung der Anordnung und lässt keinen Einspruch gelten. Beim kooperativen Führungsstil werden Vorschläge und Anregungen an die Mitarbeiter gegeben, welche ihnen helfen sollen die Anordnungen zu verstehen. Die Mitarbeiter werden vor der Entscheidungsfindung gehört.

9.1.13 Laissez-faire bedeutet übersetzt so viel wie: »Lasst sie machen«. Beim Laissez-faire-Führungsstil erhalten die Mitarbeiter nur unsystematische Informationen. Die Ausführung und die Entscheidung bleibt ihnen überlassen. Aus diesem Grund bezeichnen viele Menschen den Laissez-faire-Stil nicht als echten Führungsstil.

9.1.14 Die Wahl des Führungsstils wird im Wesentlichen durch die Situation, die Führungsebene und die Persönlichkeit des Führers bestimmt.

9.1.15 Bei der Feuerwehr werden sowohl der autoritäre wie auch der kooperative Führungsstil angewendet. Die Wahl ist von der jeweiligen Situation abhängig.

9.1.16

Vorteile des autoritären Führungsstils	Nachteile des autoritären Führungsstils
· gute Übersicht und Kontrolle · keine langen Diskussionen · Mitarbeiter wissen was sie zu tun haben · bessere Disziplin · feste Regeln geben Sicherheit	· keine Entwicklung einer eigenen freien Meinung · Trotzreaktionen · geringe oder keine Eigeninitiative · Förderung des Zusammenhalts innerhalb der Einheit · Hierarchie wird gefördert · Gruppenzwang · Unterdrückung von Kritikfähigkeit · Talente werden nicht erkannt und folglich nicht gefördert · Unterdrückung des Gruppeninteresses

9.1.17

Vorteile des kooperativen Führungsstils	Nachteile des kooperativen Führungsstils
· Förderung der Eigenständigkeit der Mitarbeiter · Mitarbeiter werden motiviert · Stärken der Zusammengehörigkeit · Verbote werden häufig eingesehen · Möglichkeit zur Eingliederung von Außenseitern · vielfältige Ideenvorschläge	· lange Diskussionen möglich · keine »optimalen« Lösungen · zeitaufwändig für den Führer

9.1.18

Vorteile des Laissez-faire-Führungsstils	Nachteile des Laissez-faire-Führungsstils
· große Entscheidungsfreiheit für die Mitarbeiter · Entlastung des Führers · große Freiheiten vorhanden	· »Führer« wird oft nicht mehr ernst genommen · unzufriedene Minderheiten · keiner trägt Verantwortung · kein Wir-Gefühl · kein Gruppenzusammenhalt · Bildung von Außenseitern wird begünstigt · Aufspaltung der Gruppe

9.1.19 Der Vorgesetzte festigt seine Autorität durch das eigene Beispiel in Haltung und Pflichterfüllung. Hierzu gehören auch Überzeugungskraft und Initiative, fachliches Können und ein menschliches Verhältnis zu seinen Untergebenen.

9.1.20 Befehle und Anweisungen sollten so gegeben werden, dass die Dienstaufsicht wo immer möglich als Erfolgskontrolle ausgeübt wird.

9.2 Einsatztaktik

9.2.1 Unter Taktik versteht man die Kunst der Anordnung und Aufstellung. Bezogen auf den Feuerwehreinsatz bedeutet dies
- die richtigen Kräfte,
- am richtigen Ort,
- zur richtigen Zeit,

um das im Einsatzauftrag befohlene Ziel zu erreichen.

9.2.2 Die Einsatztaktik sollte folgende Grundregeln berücksichtigen:
- Menschenrettung und Schutz von Menschen haben Vorrang vor jeder anderen Tätigkeit,
- Durchführung der Menschenrettung auf zwei voneinander unabhängigen Wegen,
- Mittel und Maßnahmen müssen den Verhältnissen angemessen sein,
- ständiges Anpassen an sich verändernde Situationen,
- Bildung von Schwerpunkten,
- keine Zersplitterung von Einheiten,
- abgewogene Eigeninitiative der Unterführer,
- Bildung von Reserven,
- Verwendung von eindeutigen Begriffen.

9.2.3 Zur Sicherheit des Einsatzpersonals ist darauf zu achten,

- dass die Sicherheits- und Unfallverhütungsvorschriften eingehalten werden (ein Abweichen hiervon darf nur in einem begründeten Einzelfall bei einer Menschenrettung erfolgen),
- dass auch bei einer Menschenrettung die Risiken für die eingesetzten Kräfte kalkulierbar bleiben,
- dass ein unkontrollierter Aufenthalt im Gefahrenbereich nicht geduldet werden darf,
- dass die Schutzausrüstung der Einsatzkräfte den Risiken entspricht,
- dass Rückzugswege gesichert sind.

9.2.4 Unter Strategie ist im Allgemeinen die Kunst der Kriegsführung zu verstehen. Bezogen auf den Bereich des Brand- und Katastrophenschutzes versteht man darunter den Entwurf und die Durchführung eines Gesamtplanes zur Sicherstellung ausreichender und geeigneter Maßnahmen für die übertragenen Aufgaben.

9.2.5 Bei der Auftragstaktik ist der Entscheidungsfreiraum des Unterführers sehr groß und die gestellte Aufgabe ist selbstständig zu lösen.

Bei der Befehlstaktik wird der Entscheidungsfreiraum des Unterführers durch genaue Angaben über die Vorgehensweise und die Art der Befehlsausführung stark eingeschränkt.

9.2.6 Der Zug kann entweder als selbstständige Einheit zur umfassenden, eigenverantwortlichen Schadenbekämpfung oder auch gemeinsam mit anderen taktischen Einheiten unter Leitung eines übergeordneten Einsatz- oder Einsatzabschnittsleiters eingesetzt werden.

9.2.7 Der Befehl sollte mindestens die Einheit und den Auftrag enthalten.

9.2.8 Die Befehlselemente „Mittel", „Ziel" und „Weg" sollen nur dann vom Zugführer verwendet werden, wenn sie zur Klarheit beitragen.

9.2.9 Der Befehl des Zugführers kann um folgende Befehlselemente ergänzt werden:

- **Lage** (Schadenereignis/Gefahrenlage, Möglichkeiten zur Schaden- und Gefahrenabwehr; Zuteilung, Unterstellung, Abgabe von Einsatzkräften)
- **Durchführung** (Eigene Absicht, Aufträge an die einzelnen Einheiten, Zusammenarbeit mit anderen Kräften und Koordinierung, Bereitstellung von Sicherheitstrupps für andere Einheiten, Einsatzabschnittsgrenzen, Zeitangaben, Schutzmaßnahmen)
- **Versorgung** (Verpflegung, Atemschutzgeräte, Betriebsstoffe, Materialerhaltung, medizinische Versorgung)
- **Führung und Kommunikationswesen** (Kommunikationsverbindungen und Meldewesen, Meldeköpfe, Befehlsstellen, Standort der oder des Führenden bzw. der Befehlsstelle, Erreichbarkeit.

9.2.10 Der Zugführer sollte die Informationen insbesondere dann geben, wenn die nachgeordneten Einheitsführer keinen umfassenden Lageüberblick haben oder erst später an die Einsatzstelle kommen.

9.2.11 Die Mannschaftsstärke sollte in der Regel 22 Personen umfassen.

9.2.12 Diese Einheiten werden als Verbände bezeichnet.

9.2.13

Taktische Einheit	Stärke	Gruppengleichwert
Trupp	1/2/3	1/3
Staffel	1/5/6	2/3
Gruppe	1/8/9	1
Zug	1/3/18/22	2
Erweiterter Zug	1/4/20/25	2⅓
Verband	> 25	ab 2⅔

9.3 Führung im Einsatz

9.3.1 Gemäß der FwDV 100 besteht das Führungssystem aus der Führungsorganisation, dem Führungsvorgang und den Führungsmitteln.

9.3.2 Bei der Wahrnehmung von Führungsaufgaben ist darauf zu achten, dass
- die Aufgaben, Befugnisse und Mittel aufeinander abgestimmt sind,
- die Aufgabenbereiche überschaubar und voneinander abgegrenzt sind,
- die Unterstellungsverhältnisse und das Weisungsrecht eindeutig festgelegt sind,
- die Zusammenarbeit mit anderen, nicht unterstellten Kräften und Stellen gewährleistet ist,
- alle Maßnahmen zur Wahrnehmung der Fürsorge und zur Erhaltung der Leistungsfähigkeit bezüglich der Einsatzkräfte beachtet werden.

9.3.3 Unter der Führungsorganisation versteht man die Festlegung der Aufgabenbereiche der Führungskräfte. Durch die Führungsorganisation wird auch die Art und Anzahl der Führungsebenen festgelegt.

9.3.4 Entsprechend der FwDV 100 besteht die Einsatzleitung aus einer/einem Einsatzleiterin/Einsatzleiter. Zur Unterstützung bedient sie/er sich einer rückwärtigen Führungseinrichtung (Leitstelle, Einsatzzentrale). Zur weiteren Unterstützung können ihr/ihm Führungsassistentinnen/Führungsassistenten und sonstiges Führungshilfspersonal zur Seite stehen.

9.3.5 Es ist möglich, dass der/dem Einsatzleiterin/Einsatzleiter per Gesetz folgende Befugnisse übertragen wurden:
- das Betreten und Räumen von Grundstücken, baulicher Anlagen und Schiffen (dies gilt auch für die Anordnung zum Betreten dieser Bereiche),
- das Heranziehen von Personen und Hilfsmitteln zur Hilfeleistung,

- die Durchführung von Absperrmaßnahmen,
- das Festhalten eigengefährdeter Personen,
- das zeitbefristete Stilllegen von Produktionsanlagen.

9.3.6 Eine Führungseinheit sollte mindestens aus
- einer/einem Führungsassistentin/Führungsassistenten,
- einer/einem Melderin/Melder und
- einer/einem Fahrerin/Fahrer

bestehen.

9.3.7 Bei den Führungseinheiten wird zwischen dem Führungstrupp, der Führungsstaffel, der Führungsgruppe und dem Führungsstab unterschieden.

9.3.8 Eine Einsatzleitung kann über folgende Sachgebiete verfügen:
- Sachgebiet 1 (S 1) zuständig für Personal/Innerer Dienst,
- Sachgebiet 2 (S 2) zuständig für die Lage,
- Sachgebiet 3 (S 3) zuständig für den Einsatz,
- Sachgebiet 4 (S 4) zuständig für die Versorgung,
- Sachgebiet 5 (S 5) zuständig für Presse- und Medienarbeit,
- Sachgebiet 6 (S 6) zuständig für das Informations- und Kommunikationswesen.

9.3.9 Zu den Aufgaben des S 1 gehört das Bereitstellen der Einsatzkräfte und das Führen des inneren Stabsdienstes. Zu den Einzelaufgaben zählen das
- Alarmieren der Einsatzkräfte,
- Heranziehen von Hilfskräften,
- Alarmieren und die Anforderung anderer Behörden, Ämter und Organisationen,
- Anfordern von fach-, orts- und betriebskundigen Personen,
- Bereitstellen von Reservekräften,
- Einrichten von Lotsenstellen für ortsfremde Kräfte,
- Einrichten von Bereitstellungsräumen,
- Führen von Kräfteübersichten,
- Festlegen und Sicherstellung des Geschäftsablaufs,
- Einrichten und Sichern der Führungsräume,
- Bereitstellen der Ausstattung für die Stabsarbeit.

9.3.10 Zu den wesentlichen Aufgaben des S 2 gehören:
- die Lagefeststellung,
- die Lagedarstellung,
- die Verteilung von Informationen nach innen und außen,
- das Führen der Einsatzdokumentation.

9.3.11 Zu den Aufgabenbereichen des S 3 gehören zum Beispiel:
- das Beurteilen der Lage,
- die Entschlussfassung über die Einsatzdurchführung,
- die Anordnung von Absperrmaßnahmen,
- das Durchführen von Lagebesprechungen,
- das Erteilen von Befehlen,
- die Mithilfe bei der Sicherung geborgener Sachwerte.

9.3.12 Zu den Aufgaben des S 4 gehören zum Beispiel:
- die Anforderung weiterer Einsatzmittel,
- das Heranziehen von Hilfsmitteln,
- das Bereitstellen von Verbrauchsgütern und Einsatzmitteln,
- das Bereitstellen von Verpflegung,
- das Sicherstellen der Materialerhaltung für das Gerät (Wartung),
- das Festlegen der Versorgungsstruktur und -organisation,
- das Bereitstellen von Rettungsmitteln zur Eigensicherung der Einsatzkräfte,
- das Bereitstellen und das Einrichten von Unterkünften für die Einsatzkräfte.

9.3.13 Das S 5 ist zuständig für das Sachgebiet Presse- und Medienarbeit. Zu den wesentlichen Tätigkeiten gehören:
- die Presse- und Medieninformation,
- die Presse- und Medienbetreuung,
- die Presse- und Medienkoordination,
- die Presse- und Medieneinbindung in die Schadenbekämpfung.

9.3.14 Zu den Aufgaben des S 6 gehören zum Beispiel:
- das Feststellen des Ist-Zustands der Führungsorganisation,
- das Feststellen des Ist-Zustands der Fernmeldeorganisation,
- die Aufteilung der zugewiesenen Funkkanäle,
- das Anfordern von Sonderkanälen,
- das Erarbeiten eines Konzeptes für die Kommunikation inklusive einer Fernmeldeskizze.

9.3.15 Der Stab kann zum Beispiel Unterstützung von Vertretern folgender Behörden und Einrichtungen erhalten:
- Ordnungsamt,
- Abwasseramt,
- Bundeswehr,
- Bundespolizei,
- Polizei,
- Energieversorgungsunternehmen,
- Gewerbeaufsicht (in NRW Staatliche Ämter für Umweltschutz bzw. Arbeitsschutz),
- Sozialamt,
- Straßenbaulastträger.

9.3.16 Die FwDV 100 unterscheidet zwischen der ortsfesten und der beweglichen Befehlsstelle.

9.3.17 Unter einer Führungsebene fasst man alle Führungskräfte mit vergleichbarem Zuständigkeits- und Verantwortungsbereich sowie gleichem Unterstellungsverhältnis zusammen. Führungsebenen sind ein spezifisches Merkmal der Führungsorganisation.

9.3.18 Die FwDV 100 versteht unter dem Führungsvorgang einen zielgerichteten, immer wiederkehrenden und in sich geschlossenen Denk- und Handlungsablauf. Hierbei werden Entscheidungen vorbereitet und umgesetzt.

9.3.19 Der Führungsvorgang untergliedert sich in die Lagefeststellung (Erkundung/ Kontrolle), die Planung (Beurteilung/Entschluss) und die Befehlsgebung.

9.3.20 Bei der Erkundung kommt es in erster Linie auf das Sammeln und Aufbereiten von Informationen über Art und Umfang der Gefahrenlage beziehungsweise des Schadenereignisses, sowie über Dringlichkeit und Möglichkeit einer Abwehr und Beseitigung der vorhandenen Gefahren und Schäden an.

9.3.21 Bei der Beurteilung der Lage sind folgende Fragen zu klären:
- Welche Gefahren sind für Menschen, Tiere, Umwelt, Sachwerte erkannt?
- Welche Gefahr muss zuerst und an welcher Stelle bekämpft werden?
- Welche Möglichkeiten bestehen für die Gefahrenabwehr?
- Vor welchen Gefahren müssen sich die Einsatzkräfte hierbei schützen?
- Welche Vor- und Nachteile haben die verschiedenen Möglichkeiten?
- Welche Möglichkeit ist die beste?

9.3.22 Die Beurteilung dient zur Abwägung, wie der Auftrag zur Gefahrenabwehr oder Beseitigung des Schadens mit den zur Verfügung stehenden Kräften und Mitteln unter den Einflüssen von Ort, Zeit und Wetter am besten durchgeführt werden kann.

9.3.23 Ein Befehl muss immer die Einheitsbezeichnung und den Auftrag enthalten.

9.3.24 Die Kontrolle dient der Überwachung der Ausführung des Befehls und der Lage. Die erhaltenen Ergebnisse sind in die fortlaufende Einsatzplanung aufzunehmen. Bei der Kontrolle wird überprüft ob die ergriffenen Maßnahmen die erhoffte Wirkung zeigen und wie es um die Sicherheit der eingesetzten Kräfte bestellt ist.

9.3.25 Führungsmittel helfen den Führungskräften bei ihrer Führungsarbeit.

9.3.26 Bei den Führungsmitteln unterscheidet man zwischen:
- Mitteln zur Informationsgewinnung,
- Mitteln zur Informationsverarbeitung und
- Mitteln zur Informationsübertragung.

9.3.27 Mittel zur Informationsgewinnung sind zum Beispiel:
- Einrichtungen zur Notrufannahme,
- vorhandene Alarmpläne,
- Einsatzpläne,
- Feuerwehrpläne,
- Karten,
- Nachschlagewerke,
- EDV-unterstützte Informationssysteme.

9.3.28 Verbindungsorgane dienen dem Informationsaustausch zwischen den einzelnen Führungsebenen oder anderen Stellen. Sie sollen zu einer Entlastung der Fernmeldemittel beitragen. Zu den Verbindungsorganen gehören:
- Verbindungspersonen,
- Melder,
- Kuriere.

9.4 Kfz-Marsch geschlossener Verbände

9.4.1 Unter dem Begriff Kfz-Marsch versteht man die geschlossene Fahrt mit Einsatzfahrzeugen. Hierbei werden einheitliche Geschwindigkeiten gefahren und gleiche Fahrzeugabstände eingehalten.

9.4.2 Zu den wesentlichen Merkmalen eines geschlossenen Verbandes gehören:
- die gemeinsame Fahrt von mindestens drei Fahrzeugen,
- eine einheitliche Führung,
- eine geschlossene Bewegung mit einheitlichen Abständen (und dadurch bedingter einheitlicher Geschwindigkeit),
- eine Kennzeichnung jedes Fahrzeuges.

9.4.3 Durch das Fahren im geschlossenen Verband soll sichergestellt werden, dass die Einsatzkräfte ihr Ziel vollständig, rechtzeitig und in einem einsatzfähigen Zustand erreichen.

9.4.4 Zweckmäßigerweise sollte eine Kolonne aus nicht mehr als 30 Fahrzeugen bestehen.

9.4.5 Eine Aufteilung des marschierenden Verbandes ist dann sinnvoll, wenn die Marschstrecke über verkehrsreiche Straßen und durch Ortschaften mit Ampelanlagen führt.

9.4.6 Der Führer eines geschlossenen Verbandes hat für das Einhalten der geltenden Vorschriften und der Marschdisziplin zu sorgen.

9.4.7 Der Marschführer fährt im Spitzenfahrzeug des Verbandes. Er trägt die Verantwortung für die Einhaltung des Marschweges.

9.4.8 Das schwerste Fahrzeug des geschlossenen Verbandes sollte als Schlussfahrzeug eingesetzt werden.

9.4.9 Die Wahl der Marschgeschwindigkeit richtet sich nach dem langsamsten Fahrzeug. Auch dieses Fahrzeug sollte noch eine Aufholreserve von 10 km/h besitzen. Des weiteren ist die Marschgeschwindigkeit von der Art der befahrenen Straße abhängig (Autobahn, Landstraße etc.)

9.4.10 Als Richtwerte für die Marschgeschwindigkeit gelten folgende Werte:
- auf Autobahnen: bis zu 60 km/h,
- auf sonstigen Straßen: 40 bis 50 km/h.

9.4.11 Als Richtwerte für die Fahrzeugabstände gelten:
- innerhalb geschlossener Ortschaften: 25 m,
- bei gefahrenen Geschwindigkeiten bis zu 50 km/h: 50 m,
- bei gefahrenen Geschwindigkeiten über 50 km/h: 100 m,
- auf Autobahnen: 100 m.

9.4.12 Bei der Erkundung der Marschstrecke sollten folgende Punkte berücksichtigt werden:

- Befahrbarkeit der Straßen mit den Fahrzeugen,
- Steigung/Gefälle,
- Ausweichmöglichkeiten und Ausweichrouten,
- Plätze für technische Halte und Raste,
- eventuelle scharfe Kurven, Serpentinen,
- Belastbarkeit von Brücken,
- Engstellen,
- Durchfahrten.

9.4.13 Ein Marschbefehl sollte folgende Angaben enthalten:
- Lage,
- Auftrag, eigene Absicht,
- Marschziel (Auslaufpunkt),
- Marschweg,
- Marschfolge (Fahrfolge der Einheiten),
- Abmarschzeit,
- Abmarschort,
- Marschgeschwindigkeit,
- Aufholgeschwindigkeit,
- Fahrzeugabstand,
- Halte und Rasten,
- Versorgung,
- Verbindungen (z. B. Funkkanäle),
- Führer des geschlossenen Verbandes,
- Marschführer,
- Schließender,
- Verantwortlicher für die Verkehrsregelung.

9.4.14 Beim Befahren von längeren Steigungen sollte der Marschführer im Spitzenfahrzeug vor und hinter der Steigung jeweils etwa einen Kilometer weit mit um 10 km/h erhöhter Geschwindigkeit fahren. Nur so ist ein zügiges Befahren der Steigung möglich und ein Rückstau kann verhindert werden.

9.4.15 Der Fahrer sollte an den rechten Fahrbahnrand fahren und sein Fahrzeug mit einer gelben Flagge kennzeichnen.

9.4.16 Die beabsichtigten Marschvorhaben sind bei dem Straßenverkehrsamt zu beantragen, in dessen Zuständigkeit der Marsch beginnt.

10 Gefahren der Einsatzstelle

10.1 Allgemeine Gefahren

10.1.1 Durch das allgemeine Gefahrenschema werden folgende Gefahren beschrieben:
- Atemgifte,
- Angstreaktion/Panik,
- Ausbreitung des Schadenereignisses,
- Atomare Gefahren,
- Chemische Stoffe,
- Erkrankung/Verletzung,
- Explosion,
- Elektrizität,
- Einsturz.

10.1.2 Nein, das allgemeine Gefahrenschema umfasst nur die am häufigsten auftretenden Gefahren. So werden zum Beispiel die Gefahren im Verkehrsbereich oder bei Einsätzen in, an oder auf Gewässern nicht erfasst.

10.1.3 Gefahren im Verkehrsbereich können sich beispielsweise durch den weiterhin fließenden Verkehr, durch Fahrzeugbewegungen von Einsatzfahrzeugen (durchziehen von RTW oder NAW) oder durch das Abrollen ungesicherter Fahrzeuge ergeben.

10.1.4 Feuerwehrangehörige, die im Bereich von Verkehrswegen eingesetzt werden, müssen ausreichende Warnkleidung tragen.

10.1.5 Eine Absicherung der Einsatzstelle kann durch folgende Mittel erfolgen:
- Warndreiecke,
- Warnblinkleuchten,
- Handscheinwerfer,
- Verkehrsleitkegel,
- Verkehrswarngerät,
- Warnflaggen,
- Starklichtfackeln,
- Einschalten der Rundumkennleuchte und der Warnblinkanlage des Fahrzeuges.

10.1.6 Die Absicherung auf einer Bundesautobahn sollte in einem Abstand von 800 Metern entgegen der Fahrtrichtung erfolgen.

10.1.7 Auf Bundes- und Landstraßen ist die Absicherung der Fahrbahn in einem Abstand von etwa 200 Metern vor der Einsatzstelle durchzuführen.

10.1.8 Innerhalb geschlossener Ortschaften sollte die Absicherung der Einsatzstelle in einem Abstand von etwa 60 Metern erfolgen. Sind im Bereich der Unfallstelle höhere Geschwindigkeiten als 50 km/h erlaubt, so hat die Absicherung in größeren Abständen zu erfolgen. Liegt die Unfallstelle in einer Kurve, so muss die Absicherung in genügendem Abstand vor Einfahrt in die Kurve durchgeführt werden.

10.1.9 Beim Rückwärtsfahren ist ein Posten aufzustellen, der das Fahrzeug sichert und einweist.

10.1.10 Der Einsatz auf dem Gelände der Deutschen Bahn AG ist deshalb so gefährlich, weil die Züge mit hohen Geschwindigkeiten fahren und die Anhaltewege sehr lang sind. Außerdem ist für Nichtbedienstete nicht erkennbar, wann und wo mit Zugverkehr zu rechnen ist.

10.1.11 Bei Einsätzen auf dem Gelände der Deutschen Bahn AG ist zu veranlassen dass:
- das Verkehrsunternehmen (z. B. Notfallmanager der Deutschen Bahn AG) verständigt wird,
- der Schienenverkehr nach Möglichkeit eingestellt wird,
- Vorgehensweisen nach Möglichkeit mit dem Betriebspersonal der Deutschen Bahn AG abgesprochen werden,
- Schienenfahrzeuge gegen Wegrollen gesichert werden,
- Sicherungsmaßnahmen gegen elektrische Gefahren getroffen werden.

10.1.12 Unfälle können an Einsatzstellen weitestgehend ausgeschlossen werden, indem die Einsätze nach den Regeln der UVV Feuerwehren sowie den Regeln einschlägiger Unfallverhütungsvorschriften durchgeführt werden.

10.1.13 Zu den umwelt- beziehungsweise witterungsbedingten Gefahren gehören zum Beispiel Rutschgefahren (Glatteis, Schneeglätte oder die Freisetzung glättebildender Stoffe) oder Sichtbehinderungen durch Dunkelheit, Rauch oder freiwerdende Dämpfe bzw. Nebel.

10.2 Ausbreitung des Schadenereignisses

10.2.1 Unter der Ausbreitung des Schadenereignisses kann man sowohl die Ausbreitung des Brandes, die Ausbreitung von Atemgiften oder Rauch, die Ausbreitung von Schadstoffen oder die Ausbreitung von kontaminiertem Löschwasser verstehen.

10.2.2 Folgende bauliche Mängel können zu einer Brandausbreitung beitragen:
- Öffnungen in Brandwänden,
- Einbau leicht entflammbarer Baustoffe,
- falsch eingebaute Feuerschutzabschlüsse,
- Kabelschotts, die nach Nachinstallation nicht wieder verschlossen werden,
- nicht fachgerecht abgehangene Decken.

10.2.3 Folgende betriebliche Mängel können zu einer Brandausbreitung beitragen:
- widerrechtlich aufgestellte Feuerschutzabschlüsse (unterkeilt),
- Anhäufung leicht brennbarer Materialien in Betrieben,
- nicht bestimmungsgemäße Lagerung brennbarer Flüssigkeiten.

10.2.4 Feuerbrücken sind brennbare Stoffe, die eine Brandübertragung von einer baulichen Anlage zur anderen ermöglichen (z. B. landwirtschaftliche Geräte oder Lagergut zwischen einer Stallung und dem Wohngebäude eines Bauernhofes).

10.2.5 Während es sich beim Flugfeuer um große, brennbare Teile handelt, die an der Brandstelle durch die Thermik oder den Wind aufgewirbelt und fortgetragen werden, handelt es sich beim Funkenflug um den Flug von kleinen, glühenden Teilchen (Partikelfunken), die eine geringe Zündenergie besitzen und schon bald erlöschen.

10.2.6 Eine Wärmeübertragung ist durch Wärmeleitung, Wärmemitführung, Wärmestrahlung oder Kombinationen dieser Arten möglich.

10.2.7 Bei einem Wärmestau wird einem Körper mehr Wärme zugeführt als abfließen kann. Zu einem Wärmestau kann es zum Beispiel bei einem Kellerbrand kommen, wenn der abziehende Brandrauch und damit auch die Wärme über den Treppenraum bis unter die Dachhaut strömt und sich hier stauen kann.

10.2.8 Durch folgende löschtechnische Fehler kann es zu einer Ausbreitung des Brandes kommen:
- Überlaufen, Überkochen von Behältern,
- Fettexplosion,
- Staubexplosion.

10.2.9 In folgenden Betrieben kann mit einer Staubexplosion gerechnet werden:
- Holz verarbeitende Betriebe,
- Anlagen zur Kohlegewinnung,
- Nahrungsmittelindustrie (Mühlen),
- Textilindustrie.

10.2.10 Vorgehende Einsatzkräfte sollten nur Sprühstrahl verwenden und dafür Sorge tragen, dass Durchzug vermieden wird, damit keine Stäube aufwirbeln.

10.2.11 Sollte kontaminiertes Löschwasser anfallen, so ist dafür zu sorgen, dass es nicht in Oberflächengewässer oder die Kanalisation einfließen kann. Je nach

Möglichkeit ist dieses Löschwasser aufzufangen und nach dem Einsatz der Entsorgung zuzuführen.

10.2.12 Auf der dem Wind zugewandten Seite ist die Wärmestrahlung größer, da sich hier keine Partikel befinden, die die Wärmestrahlung absorbieren können.

10.3 Atomare Gefahren

10.3.1 Radioaktive Stoffe werden in Bereichen der Industrie, Medizin, kerntechnischer Anlagen oder zu Forschungszwecken eingesetzt.

10.3.2 Bei der radioaktiven Strahlung unterscheidet man zwischen der:
- Alpha-Strahlung,
- Beta-Strahlung,
- Gamma-Strahlung.

10.3.3 Alpha-Strahlung: Die Reichweite liegt im Zentimeter-Bereich.
Beta-Strahlung: Die Reichweite liegt im Meter-Bereich.
Gamma-Strahlung: Die Reichweite liegt im Kilometer-Bereich.

10.3.4 Bereits dünne Materialien, wie zum Beispiel Papier oder Bekleidung, sind in der Lage Alpha-Strahlung zurückzuhalten. Während Beta-Strahlung bereits mit einer vier Millimeter dicken Aluminiumplatte abgeschirmt werden kann, sind zur Abschirmung von Gamma-Strahlung Bleiplatten oder Betonwände erforderlich. Eine vollständige Abschirmung der Gamma-Strahlung lässt sich jedoch auch mit diesen Materialien nicht erreichen.

10.3.5 Durch die Bestrahlung des menschlichen Körpers mit ionisierender Strahlung werden chemische Reaktionen ausgelöst, die zu einer Zellschädigung führen können. Als mögliche Auswirkung dieser Zellschädigung lassen sich folgende Punkte aufführen:
- akute Strahlenkrankheit (Übelkeit, Erbrechen, Haarausfall, Todesfolge),
- Strahlenspätschäden (Krebs, Leukämie),
- genetische Schäden (Erbschäden).

10.3.6 Das Ausmaß der Strahlenschädigung hängt in erster Linie von der Höhe der aufgenommenen Dosis ab. Diese hängt wiederum von der Stärke der Bestrahlung (Dosisleistung) und der Einwirkzeit ab.
Dosis = Dosisleistung × Einwirkzeit

10.3.7 Entsprechend der FwDV 500 wird zwischen drei Gefahrengruppen unterschieden.

Gefahrengruppe IA:
- Bereiche mit offenen oder umschlossenen radioaktiven Stoffen, deren Gesamtaktivität das 10^4-fache der Freigrenze nach StrlSchV nicht übersteigt;

- Bereiche mit umschlossenen radioaktiven Stoffen, deren Gesamtaktivität das 10^7-fache der Freigrenze nicht übersteigt, sofern ihre zulässige thermische und mechanische Beanspruchbarkeit den Anforderungen der Temperaturklasse 6 und der Schlagklasse 6 nach DIN 25 426 Teil 1 genügt;
- Bereiche mit radioaktiven Stoffen in für diese zugelassenen Typ B- oder Typ C-Behältern, deren Gesamtaktivität das 10^7-fache nicht übersteigt.

Gefahrengruppe IIA:
Bereiche mit radioaktiven Stoffen, deren Gesamtaktivität größer als das 10^4-fache und nicht größer als das 10^7-fache der Freigrenze ist, so weit sie nicht der Gefahrengruppe IA zugeordnet werden können.

Gefahrengruppe IIIA:
- Bereiche mit radioaktiven Stoffen, deren Gesamtaktivität das 10^7-fache der Freigrenze übersteigt, so weit sie nicht der Gefahrengruppe IA oder IIA gemäß den Sonderregelungen zugeordnet werden können;
- Bereiche, in denen der Umgang, die Aufbewahrung und Verarbeitung von Kernbrennstoffen nach §§ 6 und 9 Atomgesetz (AtG) sowie für die Genehmigung von Anlagen nach § 7 AtG vorliegt;
- Bereiche, deren Eigenart im Einsatzfall die Anwesenheit einer fachkundigen Person erforderlich macht.

10.3.8 Im Bereich der *Gefahrengruppe IA* können die Einsatzkräfte der Feuerwehr ohne Sonderschutzausrüstung tätig werden. Zur Vermeidung von Inkorporation kann jedoch Atemschutz getragen werden.

Für Einsätze innerhalb von Bereichen der *Gefahrengruppe IIA* ist von Seite der FwDV 500 für den Ersteinsatz mindestens der Körperschutz Form 1 (Kontaminationsschutzhaube) vorgesehen. Besser wäre das Tragen des Körperschutzes Form 2 (Kontaminationsschutzanzug).

In Bereichen der *Gefahrengruppe IIIA* sind Körperschutz der Form 2 oder 3 (Kontaminations- oder Chemikalienschutzanzug) zu tragen.

Liegen leichtflüchtige Radionuklide vor, bei denen eine Inkorporation über die Haut möglich ist, muss grundsätzlich Körperschutz Form 3 getragen werden.

10.3.9 Bei Transportunfällen mit radioaktivem Material ist mindestens wie bei Einsätzen in Bereichen der Gefahrengruppe IIA vorzugehen.

10.3.10 Die Kennzeichnung der Versandstücke nach der ADR erfolgt mit Hilfe von Gefahrzetteln. Entsprechend der Gefahreigenschaften der radioaktiven Stoffe wird zwischen drei verschiedenen Kategorien (Kategorie I-weiß sowie Kategorie II und III-gelb) unterschieden.

10.3.11 An Einsatzstellen mit radioaktiven Stoffen besteht für die Einsatzkräfte eine Gefährdung durch:
- äußere Bestrahlung,
- Kontamination,
- Inkorporation.

10.3.12 Kommt es zur Ablagerung von radioaktiven Partikeln auf einer Oberfläche (auch der menschlichen Haut), so wird von einer Kontamination gesprochen.

10.3.13 Unter einer Inkorporation wird die Aufnahme von radioaktiven Stoffen in den menschlichen Körper verstanden.

10.3.14 Eine Inkorporation kann über die Atemwege (Anwesenheit von radioaktiven Schwebstoffen, Dämpfen, Gasen in der Atemluft), durch Verschlucken oder über die Haut (Hautresorption, offene Wunden) erfolgen.

10.3.15 Eine Inkorporation lässt sich vermeiden durch:
- das Tragen von umluftunabhängigem Atemschutz,
- Ess-, Trink- und Rauchverbot am Einsatzort,
- das Bedecken der Haut und offener Wunden mit Kontaminationsschutz und Wundbedeckung.

10.3.16 Durch folgende Maßnahmen lässt sich eine Begrenzung der Strahlendosis erreichen:
- größtmöglicher Abstand zur Strahlenquelle,
- Ausnutzung jeder vorhandenen Abschirmung,
- Begrenzung der Aufenthaltsdauer.

10.3.17 Ja, allerdings sind bei einem solchen Einsatz eine Reihe von Einsatzgrundsätzen zu beachten. Hierzu gehören u. a.:
- das Tragen von umluftunabhängigem Atemschutz,
- Alarmierung von Spezialeinheiten mit Sonderausrüstung und sachkundigen Führungskräften der Feuerwehr,
- Verständigung des staatlichen Umweltamtes,
- Hinzuziehung des Strahlenschutzbeauftragten (bei Einsätzen in einem Unternehmen),
- Einhalten von Sicherheitsabständen,
- Begrenzung der Einsatzzeit,
- Sammeln der vorgegangenen Trupps nach dem Einsatz an einem Ort (Dekon-Platz),
- Nachweis der Kontamination an den eingesetzten Einsatzkräften durch die Spezialeinheit. Bis zur Erbringung dieses Nachweises muss der umluftunabhängige Atemschutz gewährleistet sein.

10.4 Atemgifte

10.4.1 Atemgifte sind feste, flüssige oder gasförmige Stoffe in der Umluft, die über die Atemwege und/oder die Haut in den menschlichen Körper gelangen können und dort schädigend wirken. Auch Stoffe mit sauerstoffverdrängender Wirkung werden zu den Atemgiften gezählt.

10.4.2 Bei folgenden Einsätzen ist mit dem Vorhandensein von Atemgiften zu rechnen:
- bei Bränden (Brandrauch),
- bei Gefahrstoffunfällen,
- bei ausströmenden Gasen,
- bei einer Vielzahl von Zersetzungsreaktionen.

10.4.3 Entsprechend ihrer physiologischen Wirkung werden die Atemgifte in folgende Gruppen unterteilt:
- Atemgifte mit erstickender Wirkung (Atemgifte der Gruppe 1),
- Atemgifte mit Reiz- und Ätzwirkung (Atemgifte der Gruppe 2),
- Atemgifte mit Wirkung auf Blut, Nerven und/oder Zellen (Atemgifte der Gruppe 3).

10.4.4 Die Atemgifte der Gruppe 1 sind selbst ungiftig, sie wirken jedoch deshalb schädigend, weil sie den Sauerstoff der Luft verdrängen.

10.4.5 Die Atemgifte der Gruppe 2 sind alle wasserlöslich, einige sind schwer andere leicht wasserlöslich.

10.4.6 Methan ist Hauptbestandteil des Erdgases. Außer bei Gasausströmungen (Leckagen) ist mit dem Vorhandensein von Methan in Kläranlagen, Jauchegruben, Futtersilos oder in Kanalsystemen zu rechnen.

10.4.7 Neben Methan gehören zum Beispiel noch Stickstoff, Wasserstoff, Ethan und die Edelgase zu dieser Gruppe.

10.4.8 Mit dem Vorhandensein von Chlor muss in folgenden Bereichen gerechnet werden:
- in Wasseraufbereitungsanlagen (Schwimmbäder),
- in Wäschereien,
- in der Zellstoff- und Papierindustrie.

10.4.9 Bei den nitrosen Gasen handelt es sich um Stickoxide, welche zum Beispiel bei der Reaktion von Salpetersäure und organischen Stoffen oder Metallen entstehen können.

10.4.10 Ammoniakgas.

10.4.11 Zu den Atemgiften mit Reiz- und Ätzwirkung gehören ebenso die Dämpfe von Säuren (z. B. Salzsäuredämpfe), Phosgen, Schwefeldioxid, wie die Stäube von Ätznatron (Natriumhydroxid), Ätzkali (Kaliumhydroxid) und Ätzkalk (Calciumhydroxid).

10.4.12 *Kohlenstoffmonoxid* ist ein Produkt der unvollständigen Verbrennung. Es ist leichter als Luft und brennbar. Kohlenstoffmonoxid ist ein Atemgift der Gruppe 3.

Kohlenstoffdioxid ist ein Produkt der vollständigen Verbrennung. Es ist schwerer als Luft, nicht brennbar und wird sogar als Löschmittel eingesetzt da es den Sauerstoff verdrängt. Auch Kohlenstoffdioxid ist ein Atemgift der Gruppe 3.

10.4.13 Stadtgas ist ein Gemisch aus Wasserstoff und Kohlenstoffmonoxid. Es wurde früher beim so genannten Kaltblasen in den Kokereien hergestellt indem man über glühenden Koks Wasserdampf leitete.

10.4.14 Ob ein Atemgift leichter oder schwerer ist als Luft lässt sich mit Hilfe der Atomgewichte ermitteln. Durch Addition der Atomgewichte wird das Molekulargewicht des Atemgiftes ermittelt, anschließend wird dieses mit der Luftzahl (29) verglichen. Ist das Molekulargewicht größer als 29, so ist der Stoff schwerer als Luft; ist es kleiner als 29, so ist der Stoff leichter als Luft.

10.4.15 Ein Atemgift wird nach seinen Eigenschaften:
- leichter/schwerer als Luft,
- giftig/ungiftig,
- brennbar/nicht brennbar beurteilt.

10.4.16 Zu den Atemgiften der Gruppe 3 gehören zum Beispiel Aceton, Ether, Blausäure, Propan, Butan, Kohlenstoffmonoxid, Kohlenstoffdioxid, Quecksilberdämpfe oder Metallrauche.

10.4.17 Blausäure kann bei der Zersetzung von Polyurethanschäumen oder Acrylnitrilen entstehen.

10.5 Angstreaktion

10.5.1 Angst ist das natürliche Verhalten auf eine unnatürliche Situation.

10.5.2 Durch Angstreaktionen kann es zu unüberlegten Kurzschlusshandlungen kommen. Hierdurch kann die Person sich selber oder andere gefährden.

10.5.3 Mögliche Angstreaktionen sind zum Beispiel:
- Erstarren oder Regungslosigkeit,
- Verkriechen oder Verstecken,
- Überaktivität, verbunden mit planlosem Handeln,
- psychische Ausfallreaktionen (Schreien, Weinen, Lachen),
- zielloses Flüchten.

10.5.4 Solche Personen benötigen eine intensive Betreuung.

10.5.5 Ja, gerade Nutztiere, die in Ställen gehalten werden, neigen dazu, nach ihrer Rettung wieder in den Gefahrenbereich zurückzulaufen. Der Stall vermittelt ihnen das Gefühl der Sicherheit.

10.5.6 Bei Mensch oder Tier können durch heftigen Schrecken oder Angst extreme Furchtzustände ausgelöst werden, die sie zu widersinnigen Verhaltensweisen bewegen. Nicht selten besteht dieses Verhalten in einer extremen Rücksichtslosigkeit oder einer sinnlosen Selbstaufopferung. Von Panik kann das Einzelwesen oder auch die Masse ergriffen werden.

10.6 Chemische Stoffe

10.6.1 Der Begriff chemische Stoffe stellt einen Sammelbegriff für eine Vielzahl fester, flüssiger oder gasförmiger Stoffe dar, die über die unterschiedlichsten gefährlichen Eigenschaften verfügen können.

10.6.2 Nach dem Chemikaliengesetz können chemische Stoffe über explosionsgefährliche, brandfördernde, hochentzündliche, leicht entzündliche, entzündliche, sehr giftige, giftige, gesundheitsschädliche, ätzende, reizende, sensibilisierende, krebserzeugende, fortpflanzungsgefährdende, erbgutverändernde oder umweltgefährliche Eigenschaften verfügen.

10.6.3 Ein Stoff wird dann als ätzend bezeichnet, wenn er bei Berührung mit lebendem Gewebe in der Lage ist, dieses zu zerstören.

10.6.4 Ein Stoff wird dann als reizend bezeichnet, wenn er bei kurzzeitigem, länger andauerndem oder wiederholtem Kontakt mit der Haut oder der Schleimhaut eine Entzündung hervorrufen kann.

10.6.5 Giftige Stoffe können durch Einatmen, über die Haut oder durch Verschlucken in den menschlichen Körper gelangen.

10.6.6 Entsprechend der Eigenschaft der umweltgefährdenden Chemikalie können Pflanzen, Boden, Grundwasser oder Gewässer langfristig geschädigt werden.

10.6.7 Als stickstoffhaltige Dünger werden solche Dünger bezeichnet, die das Element Stickstoff im Molekül enthalten. Meist tragen diese Dünger Bezeichnungen wie *...stickstoff, Salpeter..., Nitro..., Ammonium...* oder *...ammoniak.* Es ist aber auch möglich, dass sie nur die Kurzbezeichnung *N* aufweisen.

Wird Stickstoffdünger über 130 °C erwärmt, so kommt es zu einer Zersetzung des Produktes. Als Zersetzungsprodukte entstehen hierbei u. a. nitrose Gase und Ammoniakgas. Beide Gase sind Atemgifte mit einer Reiz- und Ätzwirkung.

10.6.8 Mineralölprodukte stellen wassergefährdende Substanzen dar. Das heißt, dass durch ihr unkontrolliertes Austreten große Mengen an Grund- und Trinkwasser gefährdet werden können. Außerdem kann von ihnen eine Brand- beziehungsweise Explosionsgefahr ausgehen.

10.6.9 Der Einsatz von Säuren und Laugen findet zum Beispiel im Bereich von galvanischen Betrieben, der glasverarbeitenden Industrie, der Papierindustrie aber auch in vielen anderen Wirtschaftsbereichen statt. Viele dieser Stoffe können in geringen Mengen in normalen Haushalten angetroffen werden.

10.6.10 Unter einer Neutralisation versteht man die Reaktion zwischen einer Säure und einer Lauge mit dem Ziel, den pH-Wert 7 zu erreichen.

10.6.11 Anhand des pH-Wertes kann man feststellen, ob ein Stoff sauer oder basisch reagiert. Der pH-Wert von Säuren ist kleiner als 7, der von Basen größer als 7. Je größer der pH-Wert einer Lauge beziehungsweise je kleiner der pH-Wert einer Säure, desto gefährlicher ist der Stoff. Neutrale Stoffe besitzen einen pH-Wert von 7 (z. B. reines Wasser).

10.6.12 Indikatorpapiere sind Teststreifen, welche mit einer Indikatorlösung getränkt sind. Mit ihrer Hilfe ist die ungefähre Bestimmung des pH-Wertes möglich. Einfache Indikatorpapiere (Lackmuspapier) erlauben nur die Aussage ob eine Säure oder Lauge vorliegt.

10.6.13 Polychlorierte Biphenyle sind aromatische organische Substanzen mit einem unterschiedlichen Chlorierungsgrad. Sie sind flüssig. Eingesetzt werden sie im Bereich der Elektrotechnik. Häufig werden diese Flüssigkeiten auch als Askarele bezeichnet.

10.6.14 Durch die thermische Zersetzung der polychlorierten Biphenyle kann es zur Bildung von Dibenzodioxinen und Dibenzofuranen kommen.

10.6.15 In Abhängigkeit von der Höhe des Kontaminationsgrades kommt eventuell nur eine Verbrennung bei 1000 °C in Frage. Dies ist zurzeit nur in ganz wenigen Verbrennungsanlagen möglich.

10.6.16 Personen mit Verdacht auf Kontamination oder Inkorporation von Dioxinen sind direkt einer ärztlichen Behandlung zuzuführen.

10.7 Explosionen

10.7.1 Werden Flüssigkeiten oder Gase durch Schlauch- oder Röhrensysteme gepumpt, so kann es durch die auftretende Reibung zu einer elektrischen Aufladung der transportierten Medien und der Leitungssysteme kommen. Da die elektrischen Ladungen entgegengesetzt sind, besteht bei der Produktabgabe die Gefahr eines Ladungsausgleiches in Form eines Funkenübersprungs. Hierdurch können dann vorhandene Dampf- oder Gas-Luft-Gemische gezündet werden. Vermeiden lässt sich eine elektrostatische Aufladung durch die Verwendung von elektrisch leitfähigem Material und der Erdung der verwendeten Geräte (Pumpen, Behälter, Schläuche).

10.7.2 Entsprechend ihrer möglichen Oberflächentemperatur werden explosionsgeschützte Elektrogeräte in Temperaturklassen eingeteilt. Hierbei gibt die Temperaturklasse die höchstzulässige Oberflächentemperatur des elektrischen Betriebsmittels wieder.

10.7.3 Explosionsgeschützte elektrische Betriebsmittel dürfen nur in solchen Räumen oder Bereichen eingesetzt werden, in denen die Zündtemperatur der vorhandenen brennbaren Stoffe über der höchstzulässigen Oberflächentemperatur des elektrischen Gerätes liegt.

10.7.4 Die Einteilung erfolgt in zwei Gruppen. Gruppe I umfasst die elektrischen Betriebsmittel, die für den Einsatz im schlagwettergefährdeten Grubenbau bestimmt sind. Die Gruppe II umfasst die elektrischen Betriebsmittel für alle anderen explosionsgefährdeten Bereiche.

10.7.5 Unter einer Implosion versteht man das Zerreißen von Gefäßen welche unter Unterdruck stehen (z. B. Bildschirmröhre eines Fernsehers).

10.7.6 Explosimeter dienen dem Nachweis des Vorhandenseins von brennbaren Dämpfen oder Gasen in der Umluft.

10.7.7 Gefährdete Einsatzkräfte sind gegen die Zündgefahr durch Vornahme beziehungsweise Einsatz von Löschgeräten und Löschmitteln zu schützen. Eingesetzte Werkzeuge sollten aus nichtfunkenreißendem Material gefertigt sein. Elektrische Betriebsmittel müssen ex-geschützt sein. Handys und Funkmeldeempfänger sind vor dem Einsatz abzulegen.

10.7.8 Die Gase können unter hohem Druck verdichtet, unter Druck verflüssigt oder unter Druck gelöst in Stahlflaschen transportiert werden.

10.7.9

Unter Druck verdichtete Gase	Unter Druck verflüssigte Gase	Unter Druck gelöste Gase
Stickstoff Sauerstoff Wasserstoff Pressluft Methan Helium	Chlor Phosgen Blausäure Ammoniak Chlorwasserstoff	Acetylen

10.7.10 Nach dem Gesetz von Boyle-Mariotte verhalten sich Druck und Volumen eines Gases umgekehrt proportional zueinander. Der von Boyle-Mariotte erkannte Zusammenhang zwischen Druck und Volumen eines Gases bei konstanter Temperatur dient u. a. zur Berechnung der verfügbaren Luftmenge in den Atemschutzgeräten.

10.7.11 Das Gesetz von Gay-Lussac besagt, dass Volumen und Temperatur bei konstantem Druck proportional sind. So bewirkt zum Beispiel die Erwärmung eines Gases um 1 K eine Volumenvergrößerung um das 1/273-fache des Raumes, den das Gas bei 273 K eingenommen hat.

10.7.12 Durch das Gesetz von Amontons wird der Zusammenhang zwischen Druck und Temperatur eines Gases bei konstantem Volumen beschrieben. So erhöht sich der Druck bei einer Erwärmung um 1 K um 1/273 des Druckes bei 273 K.

10.7.13 Eine Zersetzung des Acetylens kann zum Beispiel durch Flammenrückschlag, Wärmeeinstrahlung oder durch starke Erschütterung (Umstürzen der Druckgasflasche) eingeleitet werden. Durch die auftretende Zersetzung besteht die Gefahr eines Druckgefäßzerknalls.

10.7.14 Die Spraydosen können aufreißen und als scharfkantige Geschosse umherfliegen und somit die Einsatzkräfte gefährden. Oftmals enthalten sie auch brennbare Gase oder Flüssigkeiten, die sich beim Zerknall unter Umständen explosionsartig entzünden.

10.7.15 Da Flüssigkeiten inkompressibel sind, muss es in dem Behälter zu einem Druckanstieg kommen. Hierbei führt eine Erwärmung der Flüssigkeit um 1 K zu einem Druckanstieg von 10 bis 15 bar. Als Folge der Erwärmung kann es dann zum Aufreißen des Gefäßes kommen.

10.7.16 Unter einem Flash-over (Flash-over werden häufig auch als Rauchdurchzündungen bezeichnet) versteht man den plötzlichen Übergang von einem begrenzten Brandherd zu einem Vollbrand.

10.7.17 Anzeichen für einen Flash-over sind zum Beispiel:
- extremer Temperaturanstieg im Brandraum,
- heißer, dichter und dunkler Brandrauch,
- an der Grenze zwischen Rauch- und Luftschicht kommt es wenige Sekunden vor dem Flash-over zur Bildung von Flammenzungen.

10.7.18 Unter einem Backdraft wird die Explosion von Schwel- und Pyrolysegasen nach plötzlicher Luftzufuhr verstanden.

10.7.19 Anzeichen für einen Backdraft können sein:
- späte Branderkennung und somit spätes Eintreffen der Einsatzkräfte der Feuerwehr,
- geschlossener Brandraum mit warmer oder heißer Tür beziehungsweise rußbeschlagene Fensterscheiben,
- Luftzug in Richtung des Brandraumes nach Freilegung einer Öffnung.

10.8 Elektrizität

10.8.1 Das Ohm'sche Gesetz lautet:
Stromstärke = Spannung : Widerstand

10.8.2 Ab etwa 50 mA können Unfälle an elektrischen Anlagen für Menschen tödlich enden.

10.8.3 Ein elektrischer Schlag von 230 V kann zum Herzstillstand, zu Herzkammerflimmern oder auch zum Tode führen.

10.8.4 Bei einer Spannung von 1 000 Volt und mehr (Wechselstrom) spricht man von einer Hochspannungsanlage. Bei Gleichstromanlagen liegt die Grenze zwischen Nieder- und Hochspannungsanlage bei 1 500 Volt.

10.8.5 Berühren Hochspannungsleitungen den Boden (z. B. durch Reißen), so kommt es zur Ausbildung eines Spannungstrichters. Entsprechend der Bodenbeschaffenheit und der Erdfeuchtigkeit entsteht ein Spannungsfeld, welches sich trichterförmig in den Boden fortsetzt.

10.8.6 Bei gut leitenden Böden (z. B. nasser Lehm) ist der Spannungstrichter klein, bei schlecht leitenden Böden (z. B. trockener Sand) ist der Spannungstrichter groß.

10.8.7 Einem Spannungstrichter sollte man sich möglichst nur mit kleinen Schritten nähern (Schrittspannung). Sofern ein Abschalten möglich ist, ist diese Maßnahme immer als Erstes einzuleiten.

10.8.8 Bei einer gerissenen Hochspannungsleitung ist eine Annäherung nur in Notfällen bis auf 20 m zulässig (Menschenrettung).

10.8.9 Folgende Mindestabstände sind gemäß der Leitlinie DIN VDE 0132/11.89 einzuhalten:
- bei 380 kV: mindestens 5 m Sicherheitsabstand,
- bei 220 kV: mindestens 4 m Sicherheitsabstand,
- bei 110 kV: mindestens 3 m Sicherheitsabstand,
- bei 1 kV: mindestens 1 m Sicherheitsabstand.

10.8.10 Folgende Mindestabstände sind mit CM-Strahlrohren bis 12 mm Mundstücksweite einzuhalten:
- in Niederspannungsanlagen mit Sprühstrahl mindestens 1 m, mit Vollstrahl mindestens 5 m,
- in Hochspannungsanlagen mit Sprühstrahl mindestens 5 m, mit Vollstrahl mindestens 10 m.

Ist die Spannung vollkommen unbekannt, so sind die Werte für Hochspannungsanlagen als Richtwerte anzunehmen.

10.8.11 Es ist ein Sicherheitsabstand von mindestens drei Metern einzuhalten.

10.8.12 In spannungsführenden Anlagen sind folgende Sicherheitsregeln zu beachten:
- Freischalten,
- gegen Wiedereinschalten sichern,
- Spannungsfreiheit feststellen,
- Erden und Kurzschließen,
- benachbarte, unter Spannung stehende Teile abdecken oder absperren.

10.9 Einsturz

10.9.1 Bei den nachfolgenden Bauteilen aus Mauerwerk rechne ich im Brandfall insbesondere mit Einsturzgefahren:
- bei frei stehenden Giebelwänden nach einem Dachstuhlbrand,
- bei frei stehenden Schornsteinen nach einem Dachstuhlbrand,
- bei frei stehenden Wänden und Pfeilern (unbelastet).

10.9.2 Biegezug-, Schub- und Scherspannungen können vom Mauerwerk schlecht, Druckspannungen gut übertragen werden.

10.9.3 Ich rechne mit dem unmittelbar bevorstehenden Einsturz der Holzkonstruktion.

10.9.4 Bei Dachstuhlbränden können Einstürze dadurch verhindert werden, dass die tragende Konstruktion wie zum Beispiel Pfetten und Knotenpunkte (Punkte, in denen die Hauptlasten aufgenommen und umgeleitet werden) gekühlt werden.

10.9.5 Baukonstruktionen aus dem Baustoff Stahl können schlagartig einstürzen, wenn Schrauben, Nieten und Schweißnähte abscheren.

10.9.6 Bei Gebäudeeinstürzen oder Teileinstürzen habe ich als Einsatzleiter folgende Maßnahmen zu veranlassen:
- Einsatzstelle weiträumig absperren,
- zusätzliche Belastungen vermeiden (Einsatzkräfte, Gerät),
- erkunden, ob Personen vermisst werden oder verschüttet sind,
- Notarzt verständigen,
- Gas, Wasser, Strom absperren,
- Hohlräume absuchen,
- Notaussteifungen anbringen.

10.9.7 Einsturzursachen von Hochbauten sind beispielsweise:
- Unterspülen von Fundamenten,
- Tragfähigkeitsverlust durch Brandeinwirkung,
- Überlastung durch Bau- und Brandschutt,
- unzureichende Absicherung bei Bauarbeiten,
- bauliche Mängel,
- Aufprall von Fahrzeugen,
- Explosionen,
- Naturereignisse (z. B. Hochwasser und Sturm).

10.9.8 Einsturzursachen von Tiefbaustellen sind zum Beispiel:
- falsche Beurteilung der Bodenverhältnisse,
- Witterungseinflüsse (starke Regenfälle, aufgetaute Böden),
- Anschneiden aufgefüllter Böden,
- ungenügende Abböschung,
- unsachgemäßer Verbau,
- Überlastung der Grabenwände,

– Erschütterungen.

10.9.9 Bei abzufangenden Bauteilen kann überschlägig mit den nachfolgenden Gewichten gerechnet werden:
- Beton: etwa 2,5 t/m^3,
- Mauerwerk: etwa 2,0 t/m^3,
- Holz: etwa 1,0 t/m^3.

10.9.10 Eine geschosshohe Rundholzstütze (Durchmesser 10 cm) aus Nadelholz der Güteklasse II besitzt eine Tragfähigkeit von etwa 2,0 t.

10.9.11 Zur Absicherung von Gebäuden stehen Holzstützen, Stahlrohrstützen und Stützenkonstruktionen zur Verfügung.

10.10 Erkrankung/Verletzung

10.10.1 Unter einer Erkrankung/Verletzung versteht man Gesundheitsbeeinträchtigungen der unterschiedlichsten Art von Personen.

10.10.2 Im Einsatzgeschehen sind besonders die Hände, Handgelenke, Füße, Augen oder Atemwege gefährdet.

10.10.3 Verletzungen kann man vorbeugen, indem stets die erforderliche Schutzausrüstung getragen wird und man die Grundsätze der Unfallverhütung beachtet.

10.10.4 Die häufigsten Verletzungen sind mechanische Verletzungen (z. B. durch Schlag, Stoß oder Quetschung), thermische Verletzungen (z. B. Verbrennungen oder Verbrühungen) und Verätzungen und Vergiftungen (z. B. Rauchgasvergiftung).

11 Gefährliche Stoffe und Güter

11.1 Chemische Grundlagen

11.1.1

a)	fest	→	flüssig:	Schmelzen
b)	flüssig	→	gasförmig:	Verdampfen
c)	fest	→	gasförmig:	Sublimieren
d)	gasförmig	→	fest:	Resublimieren
e)	gasförmig	→	flüssig:	Kondensieren
f)	flüssig	→	fest:	Erstarren

11.1.2 Reine Stoffe sind nur aus einer Sorte »kleinster Teilchen« (Atome, Moleküle) aufgebaut. Sie lassen sich durch physikalische Methoden nicht mehr in weitere Stoffe zerlegen.
Stoffgemenge bestehen dagegen immer aus mindestens zwei unterschiedlichen »kleinsten Teilchen«. Sie lassen sich durch physikalische Methoden in die einzelnen Bestandteile des Stoffgemenges auftrennen.

11.1.3 Elemente sind Grundstoffe, die durch chemische Methoden nicht weiter zerlegbar sind. Entsprechend der Lehre vom Aufbau der Atome bestehen die Elemente aus Atomen mit gleicher Protonenzahl. Auf der Erde gibt es 92 natürlich vorkommende Elemente.

11.1.4 Die Elemente sind nach steigender Protonenzahl angeordnet.

11.1.5 Entsprechend dem Atommodell von Bohr bestehen die Atome aus einem positiv geladenen Kern und einer negativ geladenen Hülle. Diese negativ geladene Hülle wird von Elektronen gebildet, die den Atomkern auf stationären Kreisbahnen umkreisen.

11.1.6 Im Atomkern befinden sich die positiven Protonen und die elektrisch neutralen Neutronen.

11.1.7 Durch die Anzahl der Protonen wird die Ordnungszahl (Kernladungszahl) bestimmt und dadurch der Platz des jeweiligen Elementes im Periodensystem der Elemente festgelegt. Die Summe von Protonen und Neutronen bildet in etwa die Atommasse des Elementes.

11.1.8 Die Neutronen sind für den Zusammenhalt des Atomkerns verantwortlich, da sie die Abstoßungskräfte, die zwischen den Protonen bestehen, aufheben.

11.1.9 Die Elektronen befinden sich in der Atomhülle und besitzen eine negative Elementarladung. In einem Atom befinden sich stets die gleiche Anzahl von Elektronen in der Hülle, wie sich Protonen im Kern befinden.

11.1.10 Als Valenzelektronen (Außenelektronen) werden die Elektronen der äußeren Elektronenschale bezeichnet.

11.1.11 Die Unterteilung im periodischen System erfolgt in Gruppen (vertikal) und in Perioden (horizontal).

11.1.12 Alle Elemente einer Gruppe verfügen über die gleiche Anzahl an Valenzelektronen.

11.1.13 Die Elemente einer Periode verfügen über die gleiche Anzahl von Elektronenschalen.

11.1.14 Die Bezeichnung lautet wie folgt:

1. Hauptgruppe	Alkalimetalle,
2. Hauptgruppe	Erdalkalimetalle,
3. Hauptgruppe	Bor-Gruppe,
4. Hauptgruppe	Kohlenstoff-Gruppe,
5. Hauptgruppe	Stickstoff-Gruppe,
6. Hauptgruppe	Chalkogene,
7. Hauptgruppe	Halogene,
8. Hauptgruppe	Edelgase.

11.1.15 Isotope sind Atome eines Elementes mit gleicher Protonenzahl, aber einer unterschiedlichen Anzahl von Neutronen.

11.1.16 Die absolute Atommasse gibt das tatsächliche Gewicht eines Atoms wieder. Die absoluten Atommassen liegen zwischen 10^{-27} und 10^{-26} kg.
Die relative Atommasse gibt an, wievielmal ein Atom des betreffenden Elementes schwerer ist als ein Zwölftel des Kohlenstoffisotops ${}^{12}_{6}C$.

11.1.17 Die atomare Masseneinheit ist definitionsgemäß $\frac{1}{12}$ der Masse des Kohlenstoffisotops ${}^{12}_{6}C$.

11.1.18 Als Molekülmasse einer chemischen Verbindung wird die Summe der Atommassen im Molekül bezeichnet. Somit gibt die Molekülmasse an, wievielmal schwerer ein Molekül ist als $\frac{1}{12}$ des Kohlenstoffisotops ${}^{12}_{6}C$.

11.1.19 Bei einer chemischen Reaktion wird die Gesamtmasse aller beteiligten Stoffe nicht verändert.
Masse der Ausgangsstoffe = Masse der Endprodukte.

11.1.20 Entsprechend dem Gesetz der konstanten Proportionen enthalten die chemischen Verbindungen die Elemente stets in einem bestimmten Massenverhältnis (Atomzahlenverhältnis), z. B.:

Wasser	H_2O	H:O	= 2 : 1
Kohlenstoffdioxid	CO_2	C:O	= 1 : 2
Schwefelsäure	H_2SO_4	H:S:O	= 2 : 1 : 4

11.1.21 Bilden Elemente verschiedene Verbindungen miteinander, so verhalten sich ihre Massenverhältnisse zueinander wie kleine ganze Zahlen. Zum Beispiel

		C	O
Kohlenstoffmonoxid	CO	1	1
		..	..
Kohlenstoffdioxid	CO_2	1	2

11.1.22 Eine chemische Gleichung stellt eine Beschreibung der chemischen Reaktionen in *qualitativer* (Art der beteiligten Stoffe) und *quantitativer* (Masse der beteiligten Stoffe) Hinsicht dar.

11.1.23 Unter einem Mol versteht man die Stoffmenge, die aus ebensoviel Teilchen besteht, wie Atome in 12 g des Kohlenstoffisotops C-12 enthalten sind. Ein Mol entspricht $6{,}023 \cdot 10^{23}$ Teilchen (Atome, Moleküle, Ionen).

11.1.24 Ionen sind positiv oder negativ geladene Atome.

11.1.25 Als Kationen werden die positiv geladenen Ionen bezeichnet.

11.1.26 Als Anionen bezeichnet man die negativ geladenen Ionen.

11.1.27 Bei den chemischen Bindungen wird zwischen der Ionenbindung, der Atombindung, der Metallbindung und der Komplexbindung unterschieden.

11.1.28 Durch Abgabe beziehungsweise Aufnahme von Elektronen erlangen die Atome zweier Elemente bei der Ionenbindung Edelgaskonfiguration und liegen somit in Form von Ionen vor. Ionenbindungen sind nur möglich zwischen einem elektropositiven und einem elektronegativen Element.

11.1.29 Die Atombindung beruht auf der Bildung eines oder mehrerer gemeinsamer Elektronenpaare. Sie tritt nur zwischen Elementen mit einem mehr oder weniger ausgeprägten elektronegativen Charakter auf.

11.1.30 Bei den Metallbindungen sind die Außenelektronen nur sehr schwach gebunden. Deshalb können diese sehr leicht abgegeben werden. Feste Metalle bestehen aus positiv geladenen Metallionen, die ein Metallgitter aufbauen. Die abgegebenen Außenelektronen bewegen sich weitgehend frei zwischen diesen Metallionen (man spricht auch von einem Elektronengas) und verhindern die Abstoßung der positiven Ionen.

11.1.31 Stoffe mit Ionenbindung weisen meist folgende Eigenschaften auf:
- hoher Schmelz- und Siedepunkt,
- meist große Härte,
- teilweise wasserlöslich,
- Lösungen und Schmelzen leiten den elektrischen Strom.

11.1.32 Stoffe mit Atombindung weisen meist folgende Eigenschaften auf:
- niedriger Schmelz- und Siedepunkt,
- geringe Härte,
- teilweise löslich in organischen Lösemitteln,
- Lösungen und Schmelzen leiten den elektrischen Strom nicht.

11.1.33 Stoffe mit Metallbindung verfügen über folgende Eigenschaften:
- hohe Leitfähigkeit,
- Lichtundurchlässigkeit,
- Metallglanz.

11.2 Rechtliche Grundlagen

11.2.1 Die Aufgabe des Chemikaliengesetzes besteht darin, den Menschen und seine Umwelt vor schädlichen Einwirkungen gefährlicher Stoffe und Zubereitungen zu schützen.

11.2.2 Nach § 3a des Chemikaliengesetzes sind gefährliche Stoffe oder gefährliche Zubereitungen solche Stoffe oder Zubereitungen, die:
1. explosionsgefährlich,
2. brandfördernd,
3. hochentzündlich,
4. leichtentzündlich,
5. entzündlich,
6. sehr giftig,
7. giftig,
8. gesundheitsschädlich,
9. ätzend,
10. reizend,
11. sensibilisierend,
12. krebserzeugend,
13. fortpflanzungsgefährdend,
14. erbgutverändernd oder
15. umweltgefährlich sind;

ausgenommen sind gefährliche Eigenschaften ionisierender Strahlen.

11.2.3 BetrSichV steht als Abkürzung für die »Verordnung über Sicherheit und Gesundheitsschutz bei der Bereitstellung von Arbeitsmitteln und deren Benutzung bei der Arbeit, über Sicherheit beim Betrieb überwachungsbedürftiger Anlagen und über die Organisation des betrieblichen Arbeitsschutzes« (Betriebssicherheitsverordnung – BetrSichV).

11.2.4 Nach den Brandschutzbestimmungen (ZDv 34/240) der Bundeswehr sind Munition beziehungsweise Munitionslager zu kennzeichnen. Zur Unterscheidung der Gefahr, welche von der Munition ausgehen kann, erfolgt eine Einteilung in vier Gruppen, den so genannten Munitionsbrandklassen.

11.2.5

Munitionsbrandklasse	Hauptgefahr
1	Massenexplosion, Splitter und andere Wurfstücke
2	Explosionen, Splitter und andere Wurfstücke
3	Massenfeuer, teilweise Explosionen, starke Rauch- und Nebelbildung, starke Hitze
4	Feuer und Hitze (normaler Brand)

11.2.6 a) WP: weißer Phosphor (Brand- und Nebelstoff),
b) NP: Napalm (Brandstoff),
c) CN: Chloracetophenon (Reizstoff),
d) HC: Hexachlorethan (Nebelstoff),
e) TH: Thermit oder Thermat (Brandstoff).

11.2.7 Bei den Sicherheitskennzeichnungen unterscheiden wir zwischen
- *Verbotszeichen:* Sie untersagen ein Verhalten durch das eine Gefahr entstehen könnte.
- *Gebotszeichen:* Sie fordern zu einem bestimmten Verhalten auf.
- *Warnzeichen:* Sie warnen vor einer bestimmten Gefahr.
- *Rettungszeichen:* Sie weisen den Weg zu einer Stelle für Hilfeleistungen oder kennzeichnen eine Rettungseinrichtung.

11.2.8 Die Farben haben folgende Bedeutung:
a) grün: Wasser,
b) orange: Säuren,
c) violett: Laugen.

11.2.9 Der Gefahrguttransport auf der Straße unterliegt den Bestimmungen der ADR.

11.2.10 Die Klasseneinteilung der ADR sieht wie folgt aus:
Klasse 1: Explosive Stoffe und Gegenstände mit Explosivstoff
Klasse 2: Gase
Klasse 3: Entzündbare flüssige Stoffe
Klasse 4.1: Entzündbare feste Stoffe, selbstzersetzliche Stoffe und desensibilisierte explosive feste Stoffe
Klasse 4.2: Selbstentzündliche Stoffe
Klasse 4.3: Stoffe, die in Berührung mit Wasser entzündbare Gase entwickeln
Klasse 5.1: Entzündend (oxidierend) wirkende Stoffe
Klasse 5.2: Organische Peroxide
Klasse 6.1: Giftige Stoffe

Klasse 6.2: Ansteckungsgefährliche Stoffe
Klasse 7: Radioaktive Stoffe
Klasse 8: Ätzende Stoffe
Klasse 9: Verschiedene gefährliche Stoffe und Gegenstände

11.2.11 Die Ziffern in der oberen Hälfte werden als Nummer zur Kennzeichnung der Gefahr, die Ziffern in der unteren Hälfte als Nummer zur Kennzeichnung des Stoffes (nach ADR als UN-Nummer) bezeichnet.

11.2.12 Die Zahlen der Gefahrnummer weisen auf folgende Eigenschaften beziehungsweise Gefahren hin:

2: Entweichen von Gasen durch Druck oder durch chemische Reaktion
3: Entzündbarkeit flüssiger Stoffe (Dämpfe) und Gasen oder selbsterhitzungsfähiger flüssiger Stoff
4: Entzündbarkeit von festen Stoffen oder selbsterhitzungsfähiger Stoff
5: Oxydierende (brandfördernde) Wirkung
6: Giftigkeit oder Ansteckungsgefahr
7: Radioaktivität
8: Ätzwirkung
9: Gefahr einer spontanen heftigen Reaktion.

Wird der Nummer zur Kennzeichnung der Gefahr der Buchstabe »X« vorangestellt, so reagiert der Stoff in gefährlicher Weise mit Wasser.

11.2.13 Die Verdopplung einer Ziffer weist auf die Zunahme der entsprechenden Gefahr hin. So steht zum Beispiel die Zahl 66 für einen sehr giftigen Stoff; 88 für einen stark ätzenden Stoff.

11.2.14 Die Gefahrnummer 22 bedeutet, dass es sich um ein tiefgekühlt verflüssigtes Gas mit erstickenden Eigenschaften handelt.

11.2.15 Die Gefahrnummer 333 steht für einen pyrophoren flüssigen Stoff.

11.2.16 Die Gefahrnummer 99 besagt, dass es sich um verschiedene gefährliche Stoffe im erwärmten Zustand handeln kann.

11.2.17 Bei den Gefahrzetteln handelt es sich um auf die Spitze gestellte Quadrate mit einer Seitenlänge von 10 × 10 cm (Versandstücke) beziehungsweise 25 × 25 cm (Mindestgröße) bei Tankfahrzeugen. Sie geben die Gefahreigenschaften der zu transportierenden Güter durch Symbole oder durch ihre unterschiedliche farbliche Unterlegung wieder.

11.2.18 Die Eisenbahnkesselwagen müssen mit orangefarbenen Warntafeln, Gefahrzetteln und mit einem 30 Zentimeter breiten, orangefarbenen Farbstreifen, der in Höhe der Behälterachse allseitig um den Behälter herumläuft gekennzeichnet sein.

11.2.19 Das Schiff befördert bestimmte feuergefährliche Stoffe.

11.2.20 Das Schiff ist bei Tag mit drei blauen Kegeln, bei Nacht mit drei blauen Leuchten zu kennzeichnen.

11.2.21 TUIS steht als Abkürzung für das »Transport-Unfall-Informations- und Hilfeleistungs-System« der chemischen Industrie.

11.2.22 TUIS bietet folgende drei Stufen der Hilfe an:
Hilfeleistungsstufe 1 – Fachberatung durch Telefon
Hilfeleistungsstufe 2 – Beratung am Unfallort
Hilfeleistungsstufe 3 – Beratung und aktive Hilfe mit Firmenausrüstung am Unfallort.

11.3 Messgeräte und Schutzkleidung

11.3.1 Kurzzeitröhrchen sind Prüfröhrchen, welche die Ermittlung von Momentankonzentrationen ermöglichen, wobei die Dauer der Messung einige Sekunden bis wenige Minuten betragen kann.

11.3.2 Bei den Skalenröhrchen dient in der Regel die gesamte Füllschicht als Anzeigeschicht. Weiterhin ermöglichen sie ein direktes Ablesen der Konzentration in ppm oder Vol.-%.
Farbabgleichröhrchen bestehen aus einer Anzeigeschicht und einer Farbvergleichsschicht. Bei dieser Art von Prüfröhrchen muss die Pumpe solange betrieben werden, bis die Farbe der Anzeigeschicht mit der Vergleichsschicht übereinstimmt. Aus der Anzahl der Hübe lässt sich dann die Konzentration des Schadstoffes ermitteln.

11.3.3 Aus Gründen der Haltbarkeit können nicht immer alle Reagenzien in den Füllschichten zusammengebracht werden. Dies macht eine separate Aufbewahrung einer oder mehrerer der Reagenzien in Reagenzampullen erforderlich. Die Reagenzien können hierbei in den Ampullen im dampfförmigen, flüssigen oder festen Aggregatzustand vorliegen.

11.3.4 Viele der Prüfröhrchen reagieren nicht nur mit dem Stoff für den sie ausgelegt sind, auch andere Stoffe können den gleichen Farbumschlag bewirken. Dieses Verhalten wird als Querempfindlichkeit bezeichnet.

11.3.5 Die Pumpen besitzen, je nach Hersteller, ein unterschiedliches Expansionsvermögen. Hieraus können sich, trotz gleicher angesaugter Volumina, unterschiedliche Messwerte ergeben.

11.3.6 Bei einer Simultanmessung wird die zu untersuchende Luft gleichzeitig durch verschiedene Prüfröhrchen gesaugt. Dies ermöglicht den gleichzeitigen Nachweis verschiedener Substanzen.

11.3.7 Bei der Lagerung von Prüfröhrchen ist darauf zu achten, dass die Prüfröhrchen vor Licht geschützt werden und die Temperatur im Lagerraum 25 °C nicht übersteigt.

11.3.8 Verwendete Prüfröhrchen sind nicht achtlos wegzuwerfen (sie könnten in die Hände von Kindern gelangen) sondern, entsprechend den Angaben des Herstellers oder nach Vorgaben des Abfallbeseitigungsgesetzes, zu entsorgen.

11.3.9 Explosimeter dienen dem Nachweis brennbarer Gase oder Dämpfe in der Atmosphäre.

11.3.10 Nein, eine genaue Konzentrationsbestimmung ist nicht möglich, da die Messzellen der Geräte für die verschiedenen brennbaren Gase und Dämpfe unterschiedliche Empfindlichkeiten besitzen.

11.3.11 Das Nachkalibrieren ist deshalb erforderlich, da sich innerhalb der Messkammern auf den Katalysatorperlen Ablagerungen bilden können (so genannte Katalysatorgifte), welche die Anzeige verfälschen.

11.3.12 Bei den Sauerstoffmessgeräten befinden sich innerhalb der Messzelle zwei miteinander verbundene Elektroden. Beide Elektroden befinden sich in einer basischen Elektrolytlösung. Während die Anode aus Blei gefertigt ist, besteht die Kathode aus Gold. Tritt nun Sauerstoff in die Zelle, so erzeugt dieser einen geringen elektrischen Strom, welcher zur Sauerstoffkonzentration proportional ist. Dieses Messsignal wird verstärkt und zur Anzeige gebracht.

11.3.13 Die Chemikalienschutzkleidung soll ihren Träger vor dem direkten Hautkontakt mit den gefährlichen Gütern schützen, da dies bei den Einsatzkräften zu
- Verätzungen,
- Reizungen,
- Aufnahme in den Körper durch die intakte Haut führen könnte.

11.3.14 Die Schutzwirkung der Chemikalienschutzanzüge wird durch
- die Konstruktion,
- das Material,
- das korrekte An- und Ablegen der Kleidung,
- die Einsatztaktik,
- die Reinigung, Wartung und Instandsetzung beeinflusst.

11.3.15 Am häufigsten wird ein Chemikalienschutzanzug mit einer Sichtscheibe oder einer Sichtfolie, bei dem das Atemschutzgerät unter dem Anzug zu tragen ist, verwendet.

11.3.16 Chemikalienschutzanzüge sind meist aus drei Schichten, der Außenbeschichtung, dem Trägergewebe und der Innenbeschichtung aufgebaut. Die Außenbeschichtung soll dem Anzug die entsprechende Chemikalienresistenz geben. Das Trägergewebe ist verantwortlich für die mechanische Stabilität des Anzuges (z. B. Reißfestigkeit). Die Innenbeschichtung garantiert im Verbund mit den anderen Teilen die Gasdichtheit.

11.3.17 Wahrscheinlich wird Viton, ein Mischpolimerisat aus Vinylidenfluorid und Hexafluorpropylen, am häufigsten zur Außenbeschichtung verwendet.

11.4 Gefahrguteinsätze

11.4.1 Beim Gaspendelverfahren werden der zu entleerende und der zu befüllende Tank mittels zweier Leitungen verbunden. Eine Leitung, die Fülleitung, dient dem Umfüllen des Gefahrgutes. Die zweite Leitung, die Gaspendelleitung, verbindet die beiden Gasphasen der Tanks miteinander. Die Aufgabe der Gaspendelleitung besteht darin, ein Umfüllen der Tanks zu ermöglichen, ohne dass es zu einem Entweichen von Schadstoffen in die Atmosphäre kommt.

11.4.2 Nein, bei der Zugabe von Torf zur Salpetersäure kann es zur Bildung von nitrosen Gasen kommen.

11.4.3 Nicht selbstansaugende Gefahrgut-Umfüllpumpen müssen vor der Inbetriebnahme mit Flüssigkeit gefüllt werden. Dies kann sich jedoch als problematisch erweisen wenn der Stoff sehr gefährlich ist und ein Anschütten der Pumpe mit dem Gefahrgut zu riskant wäre. Scheidet Wasser, weil es mit dem Stoff gefährlich reagiert, zum Anschütten ebenfalls aus, so lässt sich zum Beispiel durch Einsatz einer Handmembranpumpe und eines Dreiwegehahns ein wesentlich gefahrloseres Befüllen der Gefahrgut-Umfüllpumpe erreichen.

11.4.4 Unter Phlegmatisieren ist das Herabsetzen der Gefahreigenschaften eines Produktes durch Zugabe eines zweiten Stoffes zu verstehen. So werden zum Beispiel einige organische Peroxide mit Wasser vermischt, um ihre Gefahreigenschaften zu reduzieren.

11.4.5 Die Betriebssicherheitsverordnung gilt für die Bereitstellung von Arbeitsmitteln durch Arbeitgeber sowie die Benutzung von Arbeitsmitteln durch Beschäftigte bei der Arbeit.

11.4.6 Explosionsgefährdeter Bereich im Sinne der Betriebssicherheitsverordnung ist ein Bereich, in dem eine gefährliche explosionsfähige Atmosphäre auftreten kann. Ein Bereich, in dem explosionsfähige Atmosphäre nicht in einer solchen Menge zu erwarten ist, dass besondere Schutzmaßnahmen erforderlich werden, gilt nicht als explosionsgefährdeter Bereich.

11.4.7 Explosionsfähige Atmosphäre im Sinne der Betriebssicherheitsverordnung ist ein Gemisch aus Luft und brennbaren Gasen, Dämpfen, Nebeln oder Stäuben unter atmosphärischen Bedingungen, in dem sich der Verbrennungsvorgang nach erfolgter Entzündung auf das gesamte unverbrannte Gemisch überträgt.

11.4.8 Entsprechend der Häufigkeit und Dauer des Auftretens von gefährlicher explosionsfähiger Atmosphäre werden explosionsgefährdete Bereiche in folgende Zonen unterteilt:

- *Zone 0* ist ein Bereich, in dem eine gefährliche explosionsfähige Atmosphäre als Gemisch aus Luft und brennbaren Gasen, Dämpfen oder Nebeln ständig, über lange Zeiträume oder häufig vorhanden ist.
- *Zone 1* ist ein Bereich, in dem sich bei Normalbetrieb gelegentlich eine gefährliche explosionsfähige Atmosphäre als Gemisch aus Luft und brennbaren Gasen, Dämpfen oder Nebeln bilden kann.
- *Zone 2* ist ein Bereich, in dem bei Normalbetrieb eine gefährlich explosionsfähige Atmosphäre als Gemisch aus Luft und brennbaren Gasen, Dämpfen oder Nebeln normalerweise nicht oder aber nur kurzzeitig auftritt.
- *Zone 20* ist ein Bereich, in dem gefährliche explosionsfähige Atmosphäre in Form einer Wolke aus in der Luft enthaltenem brennbarem Staub ständig, über lange Zeiträume oder häufig vorhanden ist.
- *Zone 21* ist ein Bereich, in dem sich bei Normalbetrieb gelegentlich eine gefährliche explosionsfähige Atmosphäre in Form einer Wolke aus in der Luft enthaltenem brennbarem Staub bilden kann.
- *Zone 22* ist ein Bereich, in dem bei Normalbetrieb eine gefährliche explosionsfähige Atmosphäre in Form einer Wolke aus in der Luft enthaltenem brennbarem Staub normalerweise nicht oder aber nur kurzzeitig auftritt.

11.4.9 In Abhängigkeit von der Säure (auch Temperatur und Konzentration spielen hierbei eine Rolle) und dem Metall kann es zur Bildung von Wasserstoff, Schwefelwasserstoff, Schwefeldioxid oder nitrosen Gasen kommen.

11.4.10 Die Identifizierung des Stoffes bei Gefahrgutunfällen ist deshalb so wichtig, weil gezielte Abwehrmaßnahmen nur unter genauer Kenntnis der Eigenart des Stoffes möglich sind. Erst nach der Stofferkundung können zum Beispiel geeignete Auffangmittel, Chemikalienschutzanzüge usw. bestimmt werden.

11.4.11 Bei Stückguttransporten kann es zum Vermischen der unterschiedlichsten Stoffe kommen. Folgereaktionen sind möglich. Nicht immer lassen sich diese neuen Produkte schnell und sicher bestimmen.

11.4.12

Verkehrsträger	Identifizierungsmöglichkeiten
Straßenfahrzeuge	Gefahrzettel, orangefarbene Warntafeln mit und ohne Kennzeichnungsnummer, Beförderungspapiere, Unfallmerkblätter, sonstige Begleitpapiere
Schienenfahrzeuge	Gefahrzettel, orangefarbene Warntafel mit Kennzeichnungsnummer, orangefarbener Farbstreifen, Aufkleber mit drei roten Dreiecken mit schwarzem Ausrufezeichen, Unfallmerkblattsammlung und Beförderungspapiere auf der Lok
Wasserfahrzeuge	Kegel, Lichter, Schallzeichen (Bleib-weg-Signal), Unfallmerkblätter, Beförderungspapiere, Stauplan

11.4.13 Bei Einsätzen in Gebäuden oder stationären Anlagen können folgende Identifizierungsmöglichkeiten für gefährliche Stoffe vorhanden sein:
- Feuerwehrpläne für bauliche Anlagen nach DIN 14 095,
- Gefahrensymbole sowie Gefahrenhinweise und Sicherheitsratschläge für Gefahrstoffe,
- Gefahrklassen-Beschriftung bei brennbaren Flüssigkeiten,
- Farbkennzeichnung bei Druckbehältern und Rohrleitungen,
- Gefahrklassen-Beschriftung bei Spreng- und Explosivstoffen.

11.4.14 Die Aufstellung der Fahrzeuge sollte außerhalb des Gefahrenbereiches und nie in Mulden erfolgen. Zündgefahren durch eigene Fahrzeuge und Aggregate sind zu berücksichtigen.

11.4.15 Es sind zunächst mindestens 50 Meter Sicherheitsabstand einzuhalten.

11.4.16 Einzuleitende Maßnahmen:
- Einsatzstelle weiträumig sichern und absperren,
- Menschen und Tiere aus dem Gefahrenbereich retten, Verletzte ärztlicher Versorgung zuführen,
- Verhaltensanweisungen an gefährdete Personen geben,
- Einsatzkräfte schützen,
- Löschangriff vorbereiten,
- Informationen über Stoff einholen,
- Sachkundige Personen hinzuziehen, zuständige Behörden benachrichtigen.

11.4.17 Zu den abschließenden Maßnahmen gehören:
- Aufräumungs- und Reinigungsarbeiten im Rahmen der Sofortmaßnahmen,
- Übergabe der Einsatzstelle/Information an die zuständige Stelle (Übergang der Verantwortung),

- Behandlung kontaminierter Ausrüstung,
- Ablegen der Schutzausrüstung.

11.4.18 Die Personen müssen unverzüglich einer ärztlichen Versorgung zugeführt werden.

11.5 Einsätze in Gegenwart von biologischen Arbeitsstoffen

11.5.1 Die vfdb-Richtlinie 10/02.

11.5.2 Die vfdb-Richtlinie 10/02 gilt für Feuerwehreinsätze in Bereichen, in denen mit biologischen Arbeitsstoffen umgegangen wird. Darüber hinaus gilt sie auch für alle Einsätze mit infektiösem Material.

11.5.3 Entsprechend der vfdb-Richtlinie 10/02 zählen Mikroorganismen, einschließlich gentechnisch veränderter Mikroorganismen, Zellkulturen und humanpathogene Endoparasiten, die beim Menschen Infektionen, sensibilisierende oder toxische Wirkungen hervorrufen können, zu den biologischen Arbeitsstoffen. Weiterhin zählen auch Viren, Prionen und pathogene Parasiten zu den biologischen Arbeitsstoffen.

11.5.4 Für die Einsatzkräfte können sich folgende Gefahren ergeben:
- Kontamination (Verunreinigung der Körperoberfläche durch biologische Arbeitsstoffe),
- Inkorporation (Aufnahme der biologischen Arbeitsstoffe in den Körper).

11.5.5 Eine Inkorporation kann über
- die Atemwege,
- den Magen-Darm-Trakt,
- die Schleimhäute,
- Wunden oder Bisse,
- kleinste Hautverletzungen sowie die aufgeweichte Haut erfolgen.

Darüber hinaus können Parasiten auch über die intakte Haut in den Körper eindringen.

11.5.6 Für die Feuerwehr werden diese Bereiche in die Gefahrengruppe I B, II B und III B eingeteilt.

11.5.7 In Bereichen der Gefahrengruppe I B ist eine Tätigkeit ohne Sonderausrüstung möglich. Es sind jedoch die allgemeinen Verhaltensregeln für den Einsatz in Laboratorien und allgemeine Hygieneregeln zu beachten.

11.5.8 In den Bereichen der Gefahrengruppe II B dürfen die Einsatzkräfte nur mit Sonderausrüstung unter Einhaltung der Schutz- und Hygienemaßnahmen tätig werden. Abweichungen hiervon sind in bio- bzw. gentechnischen Anlagen nur in Absprache mit dem Labor-/Betriebsleiter, dem Projektleiter oder deren Vertretern möglich. Dies sollte jedoch nur in Ausnahmefällen geschehen.

11.5.9 In Bereichen der Gefahrengruppe III B dürfen Einsatzkräfte nur mit Sonderausrüstung und unter Einhaltung der Schutz- und Hygienemaßnahmen nach Rücksprache mit einer fachkundigen Person tätig werden. Handelt es sich um Anlagen der Sicherheitsstufe 4, so ist die Anwesenheit einer fachkundigen Person zwingend erforderlich.

11.5.10 Es ist wie bei Einsätzen der Gefahrengruppe II B vorzugehen.

11.5.11 Fachkundige Personen für biologische Arbeitsstoffe können sein:
- Betriebsleiter/Laborleiter oder deren Stellvertreter,
- Projektleiter oder Vertreter,
- Beauftragte für Biologische Sicherheit.

Darüber hinaus können folgende Personen zu den allgemeinen biologischen Risiken Auskunft geben:
- der Erlaubnisinhaber nach Infektionsschutzgesetz,
- die zuständige Fachkraft für Arbeitssicherheit,
- vorhandene Betriebsärzte,
- speziell ermächtigte Ärzte zur arbeitsmedizinischen Vorsorge,
- Vertreter der Gesundheitsbehörden,
- Hygieniker oder Desinfektoren.

11.5.12 Entsprechend der vfdb-Richtlinie 10/02 sind alle Objekte ab der Sicherheits-/Schutzstufe 2, bei denen der Umgang mit biologischen Arbeitsstoffen anzeige-, melde- oder genehmigungspflichtig ist und die den Feuerwehren von den zuständigen Behörden gemeldet werden, zu erfassen.

11.5.13 Feuerwehrpläne nach DIN 14095 sind für alle Objekte ab der Feuerwehr-Gefahrengruppe II B zu erstellen.

11.5.14 In den Feuerwehrplänen für biologische Anlagen sollten Angaben enthalten sein über:
- Verantwortliche und fachkundige Personen,
- Bereichsgrenzen der Gefahrengruppe sowie für die Feuerwehr relevante sicherheitstechnische Einrichtungen,
- Art der biologischen Arbeitsstoffe,
- weitere Gefahrenquellen (radioaktive Stoffe, Chemikalien usw.),
- besondere Verhaltensregeln und Schutzmaßnahmen,
- Hinweise auf sicherheitstechnische Einrichtungen, Brandmeldeanlage, Löschmittel, Löschwasserrückhalteanlage, betriebseigene Kläranlage usw.

11.5.15 Zur Mindestausrüstung für Einsätze in Bereichen der Gefahrengruppe II B gehören:
- ein mindestens geeignetes zugelassenes Filtergerät, z. B. Vollmaske und Atemfilter der Schutzstufe P3 oder ABEK2-P3 (Feuerwehrfilter),
- Feuerwehrschutzkleidung (DIN EN 469 bzw. HuPF Teil 1 und 4) und Kontaminationsschutzhaube oder ein geeigneter Folien-/Einweganzug,
- Gummihandschuhe, Gummistiefel.

11.5.16 Zur Mindestausrüstung für Einsätze in Bereichen der Gefahrengruppe III B gehören:

- ein mindestens geeignetes zugelassenes Filtergerät, z. B. Vollmaske und Atemfilter der Schutzstufe P3 oder ABEK2-P3 (Feuerwehrfilter) oder umluftunabhängiger Atemschutz,
- ein wasserabweisender, flüssigkeits- und aerosoldichter Kontaminationsschutzanzug oder ein flüssigkeitsdichter Folien-/Einwegschutzanzug,
- Gummihandschuhe, Gummistiefel,
- Klebeband zum Abdichten der Verbindungsbereiche,
- oder Chemikalienschutzanzug (prEN 943) bei erhöhter mechanischer Belastung.

11.5.17 Bei der Festlegung des Absperrbereiches gelten grundsätzlich die Vorgaben für Einsätze mit gefährlichen Stoffen und Gütern. Dies bedeutet, dass im Freien zunächst ein Abstand von 50 m einzuhalten ist, der nach Erkundung entsprechend anzupassen ist.
Innerhalb von Objekten dienen die gekennzeichneten Bereiche, in denen mit biologischen Arbeitsstoffen umgegangen wird, zunächst als Absperrbereiche für die Feuerwehr. Sollte aus diesen Bereichen Wasser austreten (Löschwasser, Wasserschaden), so ist der Absperrbereich entsprechend zu vergrößern. Flächen, welche durch Emission kontaminiert sind, sind ebenfalls abzusperren.

11.5.18 Ein Öffnen von Türen und Fenstern ist nur dann zulässig, wenn dies unbedingt erforderlich ist. Sie sind möglichst rasch wieder zu schließen.

11.5.19 Sind Einsatzstellen über Schleusen zugänglich, so dürfen diese nur über die Schleuse betreten und wieder verlassen werden. Bei Ausfall der Schleuse ist an der Absperrgrenze ein Sammelplatz mit Dusch- und Umkleidemöglichkeit einzurichten.

11.5.20 Zur Zeit ist eine messtechnische Überprüfung auf Kontamination oder Inkorporation an der Einsatzstelle nicht möglich.

11.5.21 Entsprechend der Entscheidung des Einsatzleiters können zur Rettung von Menschenleben erste Maßnahmen auch in Bereichen der Gefahrengruppe III B durchgeführt werden. Die Schutzausrüstung muss hierbei mindestens der Schutzausrüstung für die Gefahrengruppe II B entsprechen. Für Bereiche der Risikogruppe/Sicherheitsstufe 4 ist dazu die Zustimmung der fachkundigen Person erforderlich.

Ohne Anwesenheit einer fachkundigen Person dürfen genehmigte Bereiche der Risikogruppe/Sicherheitsstufe 4 auf keinen Fall betreten werden, es sei denn, dass eine anderweitige Handlungsvereinbarung zwischen dem Betreiber und der Feuerwehr vorliegt.

11.5.22 Eine Rettung von Tieren ist nur nach Rücksprache mit einer fachkundigen Person des Betreibers oder der zuständigen Behörde durchzuführen (ggf. im Einsatzplan vermerken). Dabei ist zu beachten, dass ein Entweichen der Tiere verhindert wird und die Einsatzkräfte ausreichend gegen Verletzungen (Bisse, Stiche) geschützt sind.

11.5.23 Der Einsatz von Löschwasser sollte nur äußerst sparsam erfolgen. Gerade in Bereichen der Gefahrengruppe III B kann es schnell zu einer Kontaminationsverschleppung durch abfließendes Löschwasser kommen.

11.5.24 Für den Einsatzablauf können folgende Informationen von Bedeutung sein:
- Art, Menge und Eigenschaften der biologischen Arbeitsstoffe,
- Anzahl und Gefährdung möglicherweise kontaminierter Personen oder Tiere,
- Material und Eigenschaften der Behälter, in denen biologische Arbeitsstoffe aufbewahrt werden,
- Aktuelle Ortsbestimmung/Lagerort der biologischen Arbeitsstoffe,
- Standorte von z. B. Fermentern, Zentrifugen, Autosklaven, Kühl- und Brutschränken, Sicherheitswerkbänken,
- andere Gefahrenquellen.

11.5.25 Die Versorgung und der Transport von kontaminationsverdächtigen Verletzten hat nach den geltenden Rechtsvorschriften (Infektionsschutzgesetz und Unfallverhütungsvorschriften des Rettungsdienstes) zu erfolgen.

11.5.26 Prinzipiell sind alle Verletzungen von Einsatzkräften dem Einsatzleiter unverzüglich zu melden.

11.5.27 Personen, welche aus einem Einsatzbereich der Gefahrengruppe II B oder III B gerettet wurden, gelten zunächst als kontaminationsverdächtig.

Liegt ein Verdacht auf Kontamination vor, so ist abhängig von der Lage zu entscheiden, ob die Kleidung sowie andere mitgeführte Gegenstände an der Absperrgrenze abzulegen oder auch Hände, Gesicht, Haare und alle offen liegenden Körperstellen zu desinfizieren sind. Außerdem kann es erforderlich werden, dass Personen, welche sich innerhalb der Absperrgrenze aufgehalten haben, auf Weisung der zuständigen Behörde abzusondern sind (unter Quarantäne gestellt werden).

Anfallende kontaminierte Kleidung, Ausstattung sowie sonstige Gegenstände, die aus dem Absperrbereich entfernt werden müssen, sind zu sammeln, in Foliensäcken dicht zu verpacken und zu kennzeichnen. Eine Desinfektion bzw. Entsorgung ist später von fachkundigem Personal durchzuführen.

11.5.28 Grundsätzlich sollten nach jedem Einsatz der Feuerwehr die allgemeinen Hygienemaßnahmen nach vfdb-Richtlinie 10/04 beachtet werden. Darüber hinaus sind folgende Hygienemaßnahmen zu beachten:
- Nach dem Einsprühen der Schutzkleidung mit einer geeigneten Desinfektionslösung und deren ausreichender Einwirkzeit, haben die Einsatzkräfte ab der Gefahrengruppe II B Schutzkleidung und Gerät abzulegen.
- Sollen Einsatzkräfte die Einsatzstelle einer Gefahrengruppe III B verlassen, so kann eine vollständige Bekleidungsabgabe notwendig werden. Eine Kontaminationsverschleppung gilt es hierbei zu verhindern.
- Hände, Gesicht, Haare und alle unbedeckten Körperpartien sind grundsätzlich zu desinfizieren und zu reinigen.

- Ab der Gefahrengruppe II B wird eine gründliche Körperreinigung (Duschen) mit desinfizierender Seife empfohlen. Ab der Gefahrengruppe III B hat die Körperreinigung (Duschen) noch an der Einsatzstelle zu erfolgen.
- Die Hinweise der fachkundigen Personen sind zu beachten; in Zweifelsfällen sind weitere Einrichtungen wie Fachärzte, Gesundheitsbehörden usw. hinzuzuziehen.
- Die Aufnahme von Nahrungsmittel (Essen, Trinken) sowie das Rauchen haben an der Einsatzstelle im Gefahrenbereich auf jeden Fall zu unterbleiben.

11.5.29 Von allen Personen, die an Einsätzen in Bereichen der Gefahrengruppe II B und III B teilgenommen haben, ist eine namentliche Erfassung durchzuführen.

Personen, welche an Einsätzen in Bereichen der Gefahrengruppe III B teilgenommen haben, bzw. Personen, bei denen in Bereichen der Gefahrengruppe II B besondere Vorkommnisse zu verzeichnen waren, sind – soweit möglich – mit Angaben zu den biologischen Arbeitsstoffen unverzüglich zur Beratung einem ermächtigten Arzt vorzustellen.

Weiterhin sind besondere Ereignisse, wie z. B. die Beschädigung der Schutzkleidung, eine undichte Atemschutzmaske oder eine Verletzung festzuhalten.

11.5.30 Die Listen sind mit dem Einsatzbericht zu dokumentieren. Für sie besteht eine 30-jährige Aufbewahrungspflicht. Für bestimmte biologische Agenzien wie z. B. mit TSE assoziierte Agenzien oder Hepatitis C- oder D-Virus besteht nach BioStoffV eine mindestens 40-jährige Dokumentationspflicht.

11.5.31 Bei Erkrankungen in der Folgezeit sollte die Dienststelle immer informiert werden, allen beteiligten Personen sollte eine arbeitsmedizinische Vorsorgeuntersuchung angeboten werden. Unterlagen, welche über den Einsatz vorhanden bzw. erstellt worden sind, sind dem untersuchenden Arzt zur Verfügung zu stellen.

12 Gerätekunde

12.1 Rettungsgeräte

12.1.1 Zu den Rettungsgeräten nach DIN 14800, Gruppe 4 gehören:
- tragbare Leitern,
- Sprungretter,
- Wasserrettungsgeräte,
- Tierrettungsgeräte,
- sonstige Rettungsgeräte.

12.1.2 Bei der Feuerwehr kommen folgende tragbare Leitern zum Einsatz:
- Schiebleitern aus Holz oder Metall,
- Steckleitern aus Holz oder Metall,
- Klappleitern,
- Hakenleitern,
- Strickleitern und Steckstrickleitern (nicht genormt).

12.1.3 Tragbare Leitern sind so zu lagern und zu transportieren, dass dabei Verletzungen vermieden werden. Sie sind so aufzustellen und zu belasten, dass ihre Standsicherheit nicht beeinträchtigt und ihre Tragfähigkeit nicht überschritten wird.

12.1.4 Nachfolgende Sicherheitsabstände sind einzuhalten, wenn tragbare Leitern in der Nähe von spannungsführenden Anlagen eingesetzt werden:
- 30 kV: mindestens 2 m,
- 110 kV: mindestens 3 m,
- 220 kV: mindestens 4 m,
- 380 kV: mindestens 5 m.

12.1.5

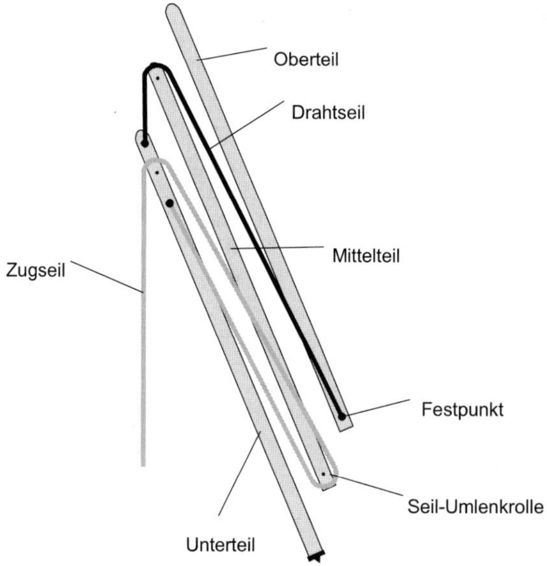

12.1.6 Die Schiebleiter wird vollständig ausgeschoben und anschließend waagerecht auf drei Böcke gelegt, hierbei zeigt die Steigseite nach oben. Die Abstände zwischen Boden und Holmen werden an der nicht unterstützten Überlappung gemessen. Im Anschluss hieran wird diese Stelle mit 30 kg belastet. Das verbleibende Leiterteil wird mit 80 kg belastet. Der Abstand zwischen Boden und Holm ist erneut zu messen. Anschließend wird die andere Überlappungsstelle in gleicher Art und Weise geprüft. Hierbei dürfen bestimmte Werte für die Durchbiegung nicht überschritten werden.

12.1.7 Bis zum zweiten Obergeschoss kann der zweite Rettungsweg über die vierteilige Steckleiter sichergestellt werden.

12.1.8 Zwei Leiterteile werden zusammengesteckt und waagerecht auf zwei Böcke gelegt. Dann wird der Abstand zwischen Boden und Holmen gemessen. Anschließend werden die Leiterteile mittig mit 80 kg belastet und der Abstand zum Boden wird erneut gemessen. Nun wird die Leiter in umgekehrter Reihenfolge zusammengesteckt und die Prüfungen werden wiederholt.

12.1.9 Sprungtücher sind bis zu einer Höhe von etwa acht Metern einsetzbar.

12.1.10 Folgende Mängel dürfen bei der Sichtprüfung von Sprungtüchern nicht auftreten:
- keine mürben Stellen oder Stockflecken,
- die Nähte der Aufsprungflächen und der Untergurte dürfen nicht beschädigt sein,

– die Halteseile dürfen keine zerrissenen Fäden oder mürbe Stellen aufweisen.

12.1.11 Die Rüstzeit für Sprungpolster darf maximal 30 Sekunden betragen. Die Zeit zur Wiederherstellung der Einsatzbereitschaft zwischen zwei Sprüngen darf bei Sprungpolstern maximal 20 Sekunden betragen.

12.1.12 Sprungretter werden zur Menschenrettung aus großen Fallhöhen eingesetzt. Sie werden von sechs Mann in Stellung gebracht, die Rüstzeit beträgt etwa vier bis sechs Minuten. Die Aufstellfläche muss mindestens 9,0 m × 7,5 m betragen. Zwei Ventilatoren mit einem Luftausstoß von 20 000 m^3/h füllen den Sprungretter innerhalb von 50 Sekunden.

Sprungpolster werden innerhalb von 30 Sekunden in Stellung gebracht. Sie werden bis zu einer Sprunghöhe von etwa 16 Metern eingesetzt und von nur zwei Personen bedient.

12.1.13 Zu den Sanitäts- und Wiederbelebungsgeräten nach DIN 14800 gehören:
- Tragen,
- Sanitätsgerät,
- Wiederbelebungsgerät.

12.1.14 Die Schaufeltrage kann scherenförmig aufgeklappt und unter den Patienten geschoben werden. So ist ein schonender Transport möglich, ohne den Patienten aufzuheben.

12.1.15 Rettungsgeräte, die nach den Grundsätzen für die Prüfung der Ausrüstung und Geräte der Feuerwehr zu überprüfen sind:
- Feuerwehr-Sicherheitsgurt,
- Fangleine,
- Sprungrettungsgeräte,
- Luftheber,
- Hakenleiter,
- Steckleiter,
- Klappleiter,
- dreiteilige Schiebleiter,
- Hubrettungsfahrzeuge,
- Spreizer,
- Schneidgerät,
- Seile,
- Hebebänder,
- Lüftungsgeräte,
- Beleuchtungsgerät,
- Flutlichtstrahler.

12.1.16 Hebebänder aus synthetischen Fasern sind einmal jährlich durch einen Sachkundigen zu prüfen. Die Überprüfung findet in Form einer Sichtprüfung statt. Hierbei ist besonders auf die Unversehrtheit der äußeren Hülle zu achten.

12.1.17 Hebebänder sollen in schwach beheizten, trockenen Räumen vor Sonneneinstrahlung und gegen mechanische Beschädigung geschützt gelagert werden. Kontakte mit Säuren und Laugen sind zu vermeiden. Hebebänder sind vor der Lagerung mit Wasser zu waschen oder auf andere Art zu reinigen.

12.1.18 Hebebänder aus synthetischen Fasern sind auszumustern bei:
- Garnbrüchen, Garnschnitten von mehr als 10 % des Querschnitts des Hebebandes,
- Beschädigung der Nähte,
- Verformung durch aggressive Stoffe, sofern diese nicht reparierbar sind.

12.1.19 LF 10/6 und LF 16/12 können bei Gewichts- und Raumreserve mit nachfolgenden Rettungsgeräten zusätzlich beladen werden:
- Luftheber LH 30 S,
- Rettungszylinder,
- Kombigerät Spreizer/Schneidgerät,
- Spreizer SP 30 oder SP 45,
- Schneidgerät S 90,
- Motorkettensäge,
- Trennschleifer.

12.1.20 Die Rettungsgeräte der Feuerwehr sind nach den nachfolgenden Vorschriften zu warten und zu überprüfen:
- Unfallverhütungsvorschriften,
- GUV 67.13, Grundsätze für die Prüfungen der Ausrüstung und Geräte der Feuerwehr,
- DIN Normen,
- technische Richtlinien und Regeln,
- Herstellerangaben.

12.1.21 Wartungen und Prüfungen dürfen nur von einem Fach- oder Sachkundigen durchgeführt werden. Als fach- oder sachkundig gelten Personen, die besonders für die jeweilige Prüfung als Gerätewart ausgebildet sind.

12.2 Elektrische Betriebsmittel

12.2.1 Nachfolgende Beleuchtungsgeräte finden bei Feuerwehreinsätzen Verwendung:
- Handscheinwerfer,
- Kopfscheinwerfer,
- Arbeitsstellen-Scheinwerfer,
- Flutlichtstrahler,
- Kabelleuchten.

12.2.2 Blendung beeinträchtigt die Arbeitsleistung und erhöht die Unfallgefahr.

12.2.3 Die Schattenbildung bei der Ausleuchtung von Einsatzstellen ist abhängig von der Art, Anzahl und Stärke der Beleuchtungsgeräte.

12.2.4 Die Bezeichnung IP 23 bedeutet, dass es sich hier um ein elektrisches Betriebsmittel handelt, dass einen Schutz vor mittelgroßen Fremdkörpern und gegen Sprühwasser besitzt.

12.2.5 Die höchstzulässige Oberflächentemperatur beträgt bei:
- T 1: 450 °C,
- T 2: 300 °C,
- T 3: 200 °C,
- T 4: 135 °C,
- T 5: 100 °C,
- T 6: 85 °C.

12.2.6 Die maximal zulässige Länge der Kabelleitung beträgt 100 Meter.

12.2.7 Bei der Feuerwehr finden tragbare Stromerzeuger mit 5 kVA und 8 kVA Leistung Verwendung.

12.2.8 Tragbare und fest eingebaute Stromerzeuger eignen sich zum netzunabhängigen Betrieb elektrischer Geräte mit Nennspannungen von U_N = 220 V (Einphasen-Wechselstrom) oder U_N = 380 V (Dreiphasen-Wechselstrom).

12.2.9 Als Schutzmaßnahme gegen das Auftreten von gefährlichen Berührungsspannungen wird das Prinzip »Schutztrennung mit Potenzialausgleich« angewandt.

12.2.10 Für den Antriebsmotor tragbarer Stromerzeuger sind nachfolgende Prüfungen durchzuführen:
- allgemeine Sichtprüfung,
- prüfen von Kraftstofffilter, Luftfilter und Kühlgebläse auf Verschmutzung und Funktion,
- Kontrolle der Zündanlage,
- Prüfung der Startwilligkeit und Drehzahlregelung.

12.2.11 Für den Generator tragbarer Stromerzeuger sind nachfolgende Prüfungen durchzuführen:
- allgemeine Sichtprüfung,
- prüfen der elektrischen Leitungen und Leitungsverbindungen,
- Funktionskontrolle der Schutzleiterprüfeinrichtung,
- prüfen des Potentialausgleichsleitungssystems auf Unterbrechungen mittels Schutzleiterprüfeinrichtung,
- Isolationsmessung zwischen aktiven Leitern und dem Potentialausgleichssystem,
- Kontrolle der Nennspannungen mit und ohne Generatorbelastung.

12.2.12 Lüftungsgeräte der Feuerwehr dienen in aller Regel zum Be- und Entlüften von Räumen, insbesondere von Kellerräumen und anderen Räumen unter Erdgleiche.

12.2.13 Lüftungsgeräte sind wie folgt instand zu halten und zu prüfen:
- allgemeine Sichtprüfung auf äußerliche Mängel der Leitungen, Steckvorrichtungen, Schalter und Gehäuse sowie Saug- und Drucklutten,
- Lüfterrad und Motor auf Korrosion und Verschmutzung prüfen,
- Leichtigkeit und Spiel der drehenden Teile prüfen,
- Kontrolle der explosionsgeschützten Schalt- und Steckvorrichtungen,
- Funktionsprüfung des Potentialausgleichsleiters mittels Generatorprüfeinrichtung,
- Isolationsmessung der elektrisch aktiven Teile,
- Funktionsprüfung des Gerätes.

12.2.14 Elektrische Tauchpumpen dienen zur Förderung von Schmutzwasser mit Feststoffanteilen bis zu einer zulässigen Größe. Sie dürfen nicht in explosionsgefährdeten Bereichen oder zum Umfüllen brennbarer Flüssigkeiten verwendet werden.

12.2.15 Elektrische Tauchpumpen sind wie folgt instand zu halten und zu prüfen:
- allgemeine Sichtprüfung auf äußerliche Mängel am Gehäuse, an Verschraubungen, an Kabeln und Steckverbindungen,
- Kontrolle des Schutzsiebes, des Leitapparates und des Laufrades sowie der Befestigungsorgane auf Verschmutzung,
- Leichtigkeit und Spiel der drehenden Teile prüfen,
- Funktionsprüfung des Potentialausgleichsleiters,
- Isolationsmessung des Gerätes.

12.2.16 Zoneneinteilung für explosionsgefährdete Bereiche:

Zone 0: Bereich, in dem eine gefährliche, explosionsfähige Atmosphäre ständig oder langzeitig vorhanden ist.

Zone 1: Bereich, in dem damit zu rechnen ist, dass eine gefährliche, explosionsfähige Atmosphäre gelegentlich auftritt.

Zone 2: Bereich, in dem damit zu rechnen ist, dass eine gefährliche, explosionsfähige Atmosphäre nur selten und dann auch nur kurzzeitig auftritt.

12.2.17 Kennzeichnung in Bezug auf die Zündschutzarten:
- Ölkapselung: Kennzeichen *o*,
- Überdruckkapselung: Kennzeichen *p*,
- Sandkapselung: Kennzeichen *q*,
- Druckfeste Kapselung: Kennzeichen *d*,
- erhöhte Sicherheit: Kennzeichen *e*,
- Eigensicherheit: Kennzeichen *ia* beziehungsweise *ib*.

12.2.18 Messgeräte können mit elektrochemischen Sensoren, katalytischen Sensoren und Infrarot-Sensoren ausgerüstet sein.

12.2.19 Unter kalibrieren versteht man die Feststellung des Zusammenhanges zwischen der Anzeige eines Messgerätes und dem tatsächlichen Wert der Messgröße.

12.3 Arbeitsgeräte

12.3.1 Zur technischen Hilfeleistung stehen nachfolgende Arbeitsgeräte zur Verfügung:
- Hebezeuge, Seile, Leinen, Anschlagmittel,
- Pumpen,
- Stromerzeuger,
- motorbetriebene Arbeitsgeräte,
- Zubehör.

12.3.2 Technische Geräte zum Bewegen von Lasten sind beispielsweise:
- Hebebaum,
- Stahlwinden,
- hydraulische Winden,
- Greifzüge und Mehrzweckzüge,
- hydraulische Hebesätze.

12.3.3 Die Bezeichnungen geben die Mindestspreizkraft an den Spreizerspitzen in kN an (30 bzw. 45 kN).

12.3.4 Die Ziffern geben die Maulweite des Schneidgerätes an (90 bzw. 150 Millimeter).

12.3.5 Die maximale Zugkraft eines Rettungszylinders beträgt etwa 23 kN, die maximale Druckkraft beträgt etwa 65 kN.

12.3.6 Luftheber dienen zur Befreiung eingeklemmter Personen, zum Anheben von Lasten und zum Abdichten von Tankbehältern.

12.3.7 Man unterscheidet Luftheber mit einem Überdruck von 0,5 bar bis 1,0 bar, so genannte Niederdruckkissen, und Luftheber mit einem Überdruck von mehr als 1 bar, so genannte Hochdruckkissen.

12.3.8 Drahtseile sind nach jedem Einsatz einer Sichtprüfung zu unterziehen, mindestens jedoch einmal jährlich.

12.3.9 Drahtseile sind auszumustern wenn:
- eine Litze gebrochen ist,
- Aufdoldungen oder Quetschungen erkennbar sind,
- Knicke festgestellt werden.

12.3.10 Bei der Bezeichnung TP 4/1 handelt es sich um eine Tauchpumpe, die zur Förderung von Schmutz- und Schlammwasser geeignet ist. Sie fördert 400 l/min bei 1 bar Förderdruck.

12.3.11 Für die Aneignung von Fachkenntnissen ist nachfolgende Ausbildung vorgeschrieben:
- ausführliche Einweisung und Beachtung der Betriebsanleitung,
- entsprechende praktische Übungen unter Anleitung Fachkundiger,
- jährliche Belehrung.

12.3.12 Folgende persönliche Schutzausrüstung ist beim Umgang mit Motorkettensägen zu tragen:
- Feuerwehrhelm,
- Gesichtsschutz,
- Gehörschutz,
- Feuerwehrschutzanzug,
- Schnittschutzkleidung,
- Schutzhandschuhe,
- Sicherheitsschuhwerk.

12.3.13 Zum sicheren Betrieb von Motorkettensägen tragen folgende Bauteile bei:
- Handschutz mit Kettenbremse,
- Gashebelsperre,
- Handschutz am Haltegriff,
- Kettenfangbolzen,
- Kettenschutz für den Transport.

12.3.14 Der Fallbereich eines Baumes beträgt das zweifache der Baumlänge und das dreifache der Kronenbreite.

12.3.15 Auf dem Dekontaminationsfahrzeug befinden sich unter anderem nachfolgende Arbeitsgeräte:
- Aufenthalts- und Duschzelte,
- Duschwannen,
- Wasserdurchlauferhitzer und Wasserheizgeräte,
- Elektrokreiselpumpen,
- Stromerzeuger 8 kVA, tragbar,
- Steckdosen, Elektroverteiler, Elektroanschlusskabel,
- Formbeständige Schläuche,
- Reinigungsgeräte und Wannen,
- Übergangsstücke und Absperrhähne.

12.3.16 Strahlenschutzmessgeräte sind Dosisleistungsmessgeräte, Dosismessgeräte und Kombinationsnachweisgeräte.

12.3.17 Mit einem Dosisleistungswarngerät sind Alpha- und Beta-Strahlung nicht messbar. Es kann nur Gamma-Strahlung registriert werden.

13 Kampfmittel

13.1 Konventionelle Kampfmittel

13.1.1 Konventionelle Kampfmittel werden in Explosivwaffen und in brandstiftende Kampfmittel unterteilt.

13.1.2 Explosivstoffe sind physikalische Gemenge oder chemische Verbindungen, die durch Schlag, Reibung, Hitze oder Initialzündung veranlasst, abbrennen und dabei große Gasmengen freisetzen.

13.1.3 Die Unterteilung der Explosivstoffe erfolgt in Schießstoffe und Sprengstoffe.

13.1.4 Schießstoffe liefern die Kraft (Impuls), die das Projektil für das Zurücklegen des Weges zwischen Waffe und Ziel benötigt.

13.1.5 Die Abbrandgeschwindigkeiten der Schießstoffe können zwischen etwa 3 bis 500 m/s liegen.

13.1.6 Die Abbrandgeschwindigkeiten der Sprengstoffe liegen zwischen 2 000 bis 9 000 m/s.

13.1.7 Vertreter der Gruppe der Sprengstoffe sind zum Beispiel:
- Trinitrotoluol (TNT),
- Nitropenta,
- Hexogen,
- Oktagen.

13.1.8 Zündstoffe sind eine Untergruppe der Sprengstoffe. Sie werden in den Zündern verwendet und übertragen die Detonation auf den eigentlichen Explosivstoff.

13.1.9 Zu den Zündstoffen gehören zum Beispiel:
- Bleiazid,
- Silberazid,
- Knallquecksilber,
- Tetracen.

13.1.10 Brandstiftende Kampfmittel sind zum Beispiel:
- Elektron-Thermit-Brandbomben,
- Flüssigkeitsbrandbomben,
- Phosphorbomben,
- Flammstrahlbomben.

13.1.11 Napalm sind gelierte (eingedickte) Mineralölprodukte. Als Gelierungsmittel dienen Salze von Fettsäuren, wie Naphtensäure und Palmitinsäure.

13.1.12 Außer durch Wärmefreisetzung wirkt Napalm auch durch Sauerstoffentzug und Bildung von Kohlenstoffmonoxid (CO) auf den Menschen.

13.2 ABC-Kampfmittel

13.2.1 Die energieliefernden Prozesse atomarer Kampfmittel beruhen entweder auf der Kernspaltung schwerer Atomkerne oder der Kernverschmelzung leichter Atomkerne.

13.2.2 Für den Bau der ersten Atombomben verwendete man Uran-235 (U-235) und Plutonium-239 (Pu-239).

13.2.3 Man vergleicht die Sprengkraft nuklearer Sprengkörper mit der Sprengkraft von TNT.

13.2.4 Bei der Wasserstoffbombe handelt es sich um einen Kernfusionssprengkörper.

13.2.5 Bei den Kernfusionssprengkörpern kommt es zur Verschmelzung leichter Atomkerne (meist Lithiumdeuterid) zu größeren Atomkernen.

13.2.6 Bei einer Neutronenbombe handelt es sich um einen Fusionssprengkörper mit einer geringen Sprengkraft. Die Verkleidung des Sprengkörpers besteht aus Beryllium. Durch Beschuss des Beryllium mit Alpha-Teilchen (entstehen bei der Kernfusion) kommt es zur Freisetzung von Neutronen.
Im Augenblick der Explosion entsteht daher eine sehr hohe Neutronenstrahlung, die alles organische Leben in einem weiten Umkreis schädigt oder tötet.

13.2.7 Ein Drei-Phasen-Sprengkörper ist ein Fusionssprengkörper mit einer Ummantelung aus U-238. Die bei der Kernreaktion entstehenden schnellen Neutronen spalten einen großen Anteil des U-238, wodurch eine erhebliche Steigerung der Sprengkraft des Sprengkörpers erreicht wird.

13.2.8 Die freigesetzte Energie kommt als Druck, thermische Strahlung und Kernstrahlung zur Wirkung.

13.2.9 Die Anfangsstrahlung besteht hauptsächlich aus Gamma- und Neutronenstrahlung.

13.2.10 Die Rückstandsstrahlung (Fall-out) setzt sich aus Alpha-, Beta- und Gamma-Komponenten zusammen. Zusätzlich zur äußeren Bestrahlung ist auch eine Gefahr durch Kontamination und Inkorporation gegeben.

13.2.11 Die Siebener Regel besagt, dass die Intensität der Rückstandsstrahlung der Spaltprodukte zehnmal schwächer geworden ist, wenn die Spaltprodukte siebenmal älter geworden sind. Als Zeitpunkt »Null« gilt der Zeitpunkt der Detonation.

13.2.12 Unter dem »NEMP« versteht man den bei nuklearen Sprengkörpern auftretenden nuklearen elektromagnetischen Impuls.

13.2.13 Biologische Kampfmittel sind lebende Organismen und Viren oder aus diesen gewonnene infektiöse Stoffe, die Krankheiten oder Tod bei Menschen, Tieren oder Pflanzen verursachen sollen und deren Wirkung auf ihrer Fähigkeit beruht, sich in den angegriffenen Spezies zu vermehren.

13.2.14 Typische Vertreter biologischer Kampfmittel sind:
- Protozoen,
- Pilze,
- Bakterien und Bazillen,
- Rickettsien,
- Viren,
- Parasiten, Schädlinge und Insekten.

13.2.15 Protozoen sind einzellige tierische Lebewesen, die u. a. Texasfieber, Küstenfieber oder Malaria übertragen können.

13.2.16 Pilze sind mikroskopisch kleine pflanzliche Lebewesen, die als Aerosole eingesetzt werden können.

13.2.17 Pilze können Erkrankungen der Atemwege und der Lunge hervorrufen, die nur schwer zu bekämpfen sind.

13.2.18 Bakterien sind einzellige pflanzliche Lebewesen. Bazillen sind eine Gruppe von Bakterien, die unter bestimmten Umweltbedingungen sehr stabile Sporen bilden.

13.2.19 Durch den Einsatz von Bakterien und Bazillen können Krankheiten wie Pest, Milzbrand oder Typhus übertragen werden.

13.2.20 Viren sind kleinste Krankheitserreger. Viren weisen nicht mehr alle Eigenschaften des Lebens auf und stehen somit zwischen belebter und unbelebter Natur. Sie sind keine eigenständigen Lebewesen, sondern nur Träger von Erbgut.

13.2.21 Viren können beim Menschen Krankheiten wie Grippe, Pocken oder Poliomylitis übertragen. Bei Tieren können Infektionskrankheiten wie Schweinepest, Tollwut oder Maul- und Klauenseuche auftreten.

13.2.22 Chemische Kampfmittel steht als Sammelbezeichnung für alle Stoffe und Systeme, die auf Grund einer chemischen Reaktion zur Schädigung oder

Beeinträchtigung des Gegners führen. Unterteilt werden sie entsprechend ihres Schädigungsmechanismus in Brand- und Nebel-, Treib- und Sprengstoffe (die Wirkungen beruhen hauptsächlich auf den physikalischen Begleiterscheinungen der chemischen Reaktion) sowie in Kampfstoffe (die Wirkung beruht auf dem Chemismus der Stoffe).

13.2.23 Chemische Kampfstoffe sind Verbindungen, die wegen ihrer toxischen Wirkung, militärisch eingesetzt, den Tod oder eine Schädigung an Menschen, Tieren und Nutzpflanzen hervorrufen sollen.

13.2.24 Entsprechend ihrer Wirkung und ihrem Aufnahmeweg können die chemischen Kampfstoffe in acht Gruppen eingeteilt werden. Dies sind:

- Reizstoffe,
- Psychokampfstoffe,
- Lungenkampfstoffe,
- Hautkampfstoffe,
- Nervenkampfstoffe,
- Blutkampfstoffe,
- Sabotagegifte,
- pflanzenschädigende Kampfstoffe.

13.2.25 Die chemischen Kampfstoffe können weiterhin nach

- physikalischen Daten,
- chemischen Daten,
- toxikologischen Daten,
- militärischen Gesichtspunkten und
- technischen Gesichtspunkten

eingeteilt werden.

13.2.26 Reizstoffe sind chemische Verbindungen, die bereits in geringen Konzentrationen zu Reizungen der Augenschleimhäute und der Schleimhäute führen können.

13.2.27 Entsprechend ihrer Hauptwirkung lassen sich die Reizstoffe in

- Augen- und Nasen-Rachenreizstoffe oder
- Reizstoffe mit kombinierter Wirkung

einteilen.

13.2.28 Psychokampfstoffe können bei Menschen und Tieren psychische Anomalien oder auch zentralnervöse Störungen hervorrufen.

13.2.29 Lungenkampfstoffe sind langsam wirkende Kampfstoffe, die bereits bei kurzer Einwirkungszeit tödlich wirken können (Lungenödem).

13.2.30 Vertreter der Lungenkampfstoffe sind zum Beispiel Chlor, Phosgen, Chlorpikrin oder Diphosgen.

13.2.31 Hautkampfstoffe sind mit wenigen Ausnahmen lang wirkende Kampfstoffe, die auf längere Zeit außer Gefecht setzend wirken oder auch zu tödlichen Verletzungen führen.

13.2.32 Nervenkampfstoffe gehören zu einer Verbindungsklasse, die als Pestizide und Insektizide große Bedeutung erlangt hat.

13.2.33 Nervenkampfstoffe sind phosphororganische Verbindungen, deren Toxizität nur noch von wenigen Vertretern der Toxinkampfstoffe übertroffen wird.

13.2.34 Blutkampfstoffe sind kurz- und meist schnellwirkende Kampfstoffe mit einer schädigenden Wirkung auf Blut und Zellen.

13.2.35 Sabotagegifte sind solche chemischen Verbindungen, die zwar hochtoxisch, aber gegenüber chemischen und physikalischen Einflüssen sehr empfindlich sind.

13.2.36 Pflanzenschädigende Kampfstoffe greifen in den Stoffwechsel der Pflanzen ein und führen zum Absterben der Pflanzen oder Pflanzenteile.

13.2.37 Agent orange.

14 Kartenkunde

14.1 Die kürzeste Verbindung vom Nord- zum Südpol wird als Längengrad oder Meridian bezeichnet.

14.2 Die Erdkugel wird in 360 Längengrade eingeteilt. Der Nullmeridian verläuft durch die Sternwarte von Greenwich. Die Zählung verläuft von Greenwich aus bis 180 Grad westlich und bis 180 Grad ostwärts.

14.3 Der Breitengrad 0 ist der Äquator. Von ihm aus verlaufen 90 Breitengrade parallel in die nördliche Richtung und 90 Breitengrade parallel in die südliche Richtung. Der Umfang der Breitengrade nimmt zu den Polen hin ab.

14.4 UTM-Gitter bedeutet Universales Transversales Mercator Gitter. Man findet diese Gitter auf topographischen Karten, die u. a. im Feuerwehrdienst verwendet werden.

14.5 UTM-Gitterkarten werden in Zonen und Bänder unterteilt. Jeweils sechs Längengrade werden zu einer Zone zusammengefasst. Die Bänder ergeben sich durch Zusammenfassung von jeweils acht Breitengraden. Die nähere Bestimmung eines Raumes erfolgt durch das Buchstabenpaar in einem 100-Kilometer-Quadrat.

14.6 Sämtliche Höhenangaben auf den in Deutschland gebräuchlichen Karten beziehen sich auf einen bestimmten Punkt, den Amsterdamer Pegel. Dieser wird auch als Normal Null (NN) bezeichnet.

14.7 Höhenlinien sind Linien auf Karten, die Orte gleicher Höhenlage über NN miteinander verbinden. Je steiler der Hang ist, umso dichter liegen die Höhenlinien nebeneinander.

14.8 Im Feuerwehrdienst wird mit Karten in den Maßstäben:
- 1 : 250 000
- 1 : 100 000
- 1 : 50 000
- 1 : 25 000

gearbeitet.

14.9 Auf der 1 : 50 000 Karte ist eine 1,0 km lange Naturstrecke 2 cm lang.

14.10 Die Koordinatenangabe ist auf 100 m genau.

14.11 Magnetisch Nord ist die Richtung, in welche die Nordspitze eines Kompasses weist. Gitter-Nord ist die Richtung, welche die von Norden nach Süden verlaufenden UTM-Gitterlinien vorgeben. Geographisch Nord ist die Richtung der auf der Karte dargestellten Meridiane, meist des linken und rechten Kartenrandes.

14.12 Da es sich um eine ungerade Anzahl von Ziffern handelt, muss ein Übertragungsfehler vorliegen.

14.13 Als Pläne bezeichnet man Karten bis zu einem Maßstab 1 : 5 000.

14.14 Bei einer TK 50 handelt es sich um eine topographische Übersichtskarte im Maßstab 1 : 50 000.

14.15 Eine DGK 5 ist eine Deutsche Grundkarte im Maßstab 1 : 5 000.

14.16 TÜK 200 ist eine topographische Übersichtskarte im Maßstab 1 : 200 000.

14.17 ÜK 500 ist eine Übersichtskarte im Maßstab 1 : 500 000.

14.18 Zur Bezeichnung einer TK 50 verwendet man den Buchstaben L (L = römische Zahl 50 als Symbol für den Maßstab 1 : 50 000). Zusätzlich wird die Kartenblattnummer des in seiner Südwestecke gelegenen Kartenblattes TK 25 angegeben. Ferner wird der Name des auf ihm dargestellten größten oder bedeutendsten Ortes angegeben (z. B. L 4112 Warendorf).

14.19 Zur Kennzeichnung wird der Buchstabe C (C = römische Zahl 100 als Symbol für den Maßstab 1 : 100 000) angegeben. Zusätzlich wird die Kartennummer des in seiner Südwestecke gelegenen Kartenblattes TK 25 verwendet. Ferner wird der Name des auf ihm dargestellten größten oder bedeutendsten Ortes angegeben (z. B. C 4310 Münster).

14.20 Die Bezeichnung erfolgt durch die Buchstaben CC (CC = römische Zahl 200 als Symbol für den Maßstab 1 : 200 000). Zusätzlich wird die Kartenblattnummer des in seiner Südwestecke gelegenen Kartenblattes TK 25 angegeben. Ferner wird der Name des auf ihm dargestellten größten oder bedeutendsten Ortes angegeben (z. B. CC 5502 Köln).

14.21 Die topographische Karte C 4310 umfasst die Kartenblätter L 4310, L 4110, L 4312 und L 4112.

14.22 Geländeschnitte dienen der Ermittlung von einsehbarem und nicht einsehbarem Gelände. Weiterhin sollen die Höhenunterschiede und Neigungsverhältnisse des Geländes entlang einer Schnittlinie dargestellt werden.
Bei den Feuerwehren kann ein Geländeschnitt zum Beispiel als Hilfsmittel bei der Wasserförderung über lange Wegstrecken eingesetzt werden. Mit seiner Hilfe lassen sich Höhenunterschiede und Geländeformationen besser erkennen.

14.23 Zur Erstellung eines Geländeschnittes wird zwischen zwei Punkten (z. B. Wasserentnahme – Wasserabgabe) eine Schnittlinie gezeichnet und ein

Millimeterpapier angelegt. Entlang der Schnittlinie werden nun alle Schnittpunkte der Schnittlinie mit den Höhenlinien in das Millimeterpapier übertragen und miteinander verbunden.
Zur besseren Darstellung ist es manchmal erforderlich die Geländeschnitte überhöht darzustellen (z. B. 1 : 5 oder 1 : 10), den Längenmaßstab jedoch gleich dem Kartenmaßstab zu lassen.

14.24 Als Hilfsmittel zur Entfernungsermittlung können Marschkompass oder ein Fernrohr mit Strichplatte verwendet werden.

14.25 Eine Richtung lässt sich entweder durch zwei Punkte oder durch eine Winkelangabe im Uhrzeigersinn von einer Bezugsrichtung aus genau bezeichnen.

14.26 Bei der Bezugsrichtung ist stets die Richtung von Geographisch-Nord, Magnetisch-Nord oder Gitter-Nord aus zu messen und anzugeben. Ebenso ist die Maßeinheit der Winkelmessung, zum Beispiel Strich oder Grad, anzugeben.

14.27 Der Richtungswinkel wird von Gitter-Nord aus gemessen, der magnetische Streichwinkel (bei Verwendung eines Marschkompasses ist dies die Kompasszahl) wird von Magnetisch-Nord aus gemessen, das Azimut wird von Geographisch-Nord aus gemessen.

14.28 Ein Geländeabschnitt ist zu bezeichnen als:

a) eben: bei 0 bis 5 m Höhenunterschied,
b) wellig: bei 5 bis 20 m Höhenunterschied,
c) hügelig: bei 20 bis 100 m Höhenunterschied,
d) bergig: bei 100 bis 1000 m Höhenunterschied,
e) alpin: bei mehr als 1000 m Höhenunterschied.

14.29 Die Bezeichnungen bedeuten

a) sanft: Steigung bis etwa 10 %,
b) steil: Steigung zwischen 10 und 30 %,
c) sehr steil: Steigung zwischen 30 und 60 %,
d) übersteil: Steigung zwischen 60 und 175 %,
e) schroff: Steigung über 175 %.

15 Löschlehre

15.1 Allgemeines

15.1.1 Löschmittel sind Stoffe, die geeignet sind, die Verbrennung auf Grund bestimmter Löschwirkungen zu unterbinden.

15.1.2 Bei den Löschwirkungen wird zwischen:
- dem Abkühlen,
- dem Ersticken und
- dem direkten Eingriff in den chemischen Verbrennungsablauf (Inhibition) unterschieden.

15.1.3 *Abkühlen:* Wasser, Schwerschaum, Mittelschaum
Ersticken: Schwerschaum, Mittelschaum, Leichtschaum, Kohlenstoffdioxid, ABC-Pulver in der Brandklasse A, D-Pulver
Inhibition: ABC- und BC-Pulver (in den Brandklassen B und C)

15.1.4 Unter Ersticken versteht man das Stören der mengenmäßigen Reaktionsbedingungen. Dies lässt sich durch folgende Verfahren erreichen:
- durch Verdünnen des Sauerstoffanteils in der Umgebungsatmosphäre,
- durch Abmagern des brennbaren Stoffes,
- durch Trennen der Reaktionspartner.

15.1.5 Bei festen Stoffen, welche unter Glutbildung verbrennen, erzielt man durch Abkühlen den besten Löscherfolg.

15.1.6 Der Begriff Inhibition leitet sich vom lateinischen Wort inhibere ab und bedeutet soviel wie hemmen oder anhalten. Bezogen auf die Löschmittel versteht man darunter einen direkten Eingriff in den chemischen Verbrennungsablauf. Je nach Art des verwendeten Löschmittels wird zwischen der homogenen und der heterogenen Inhibition unterschieden.

15.1.7 Besteht keine Möglichkeit zur Reduzierung des Gasstromes, so ist es besser die Gasfackel nicht zu löschen. Ein Löschen hätte das Austreten brennbarer Gase zur Folge, was in der Regel eine größere Gefahr (Gefahr der Bildung explosiver Gas-Luft-Gemische) als die brennende Gasfackel darstellt. Die zu treffenden Maßnahmen beschränken sich auf das Kühlen der Umgebung und somit der Verhinderung der Brandausbreitung bis ein Absperren der Gaszufuhr möglich ist.

15.1.8 Inerte Gase sind Gase, die sich nur unter erschwerten Bedingungen zu einer chemischen Reaktion bewegen lassen. Sie verhalten sich zu den meisten Stoffen neutral. Zu den inerten Gasen gehören Stickstoff und die Edelgase (Helium, Neon, Argon usw.).

15.1.9 Gasförmige Löschmittel können verdrängend auf die Umgebungsluft wirken. Hierbei können so hohe Konzentrationen des Löschmittels erreicht werden, dass sie für den Menschen schädigend oder sogar tödlich sind.

15.1.10 a) Holz ist ein Stoff der unter Glutbildung verbrennt. Um hier die Wärme zu entziehen, benötigt man ein Löschmittel mit guten abkühlenden Eigenschaften. Geeignet wären Wasser, Schwer- und Mittelschaum.

b) Zum Ablöschen von brennendem Diesel eignet sich Schwerschaum und, sofern Thermik und Wind nicht zu groß sind, auch Mittelschaum. Beide Löschmittel trennen den brennbaren Stoff vom Sauerstoff und kühlen gleichzeitig die Flüssigkeitsoberfläche, wodurch der Dampfaustritt abermals reduziert wird. ABC- und BC-Löschpulver sind ebenfalls zum Löschen des Brandes geeignet. Auf Grund einer fehlenden Kühlwirkung besteht jedoch die Gefahr einer Rückzündung.

c) Zum Löschen einer Erdgasfackel können verschiedene Löschmittel verwendet werden. Abhängig ist dies unter anderem vom Druck des ausströmenden Gases. Bei geringem Austrittsdruck ist ein Abschlagen der Flamme mit Wasser möglich. Bei höheren Drücken können mehrere, sich überschneidende Wasserstrahle zum gewünschten Erfolg führen. Bessere Löschmittel für Gasbrände als Wasser sind ABC- und BC-Löschpulver oder Kohlenstoffdioxid. Vor dem Ablöschen einer Gasfakkel ist jedoch stets zu prüfen, welche Gefahr größer ist: die Gefahr welche von der Gasfackel ausgeht oder die Gefahr des Austritts weiteren Gases nach dem Ablöschen (Explosionsgefahr).

d) Magnesium verbrennt mit sehr hohen Temperaturen. Bei diesen Temperaturen (2000 bis 3000 °C) gehen viele Löschmittel chemische Reaktionen mit dem brennenden Metall ein. Geeignet zur Brandbekämpfung ist hier nur das D-Löschpulver.

e) Wasser kann zur Brandbekämpfung nicht eingesetzt werden, da dies zu einer Fettexplosion führen würde. Zur Brandbekämpfung eignen sich ABC- und BC-Pulver sowie Schaum.

f) Da sich Methylalkohol in jedem Verhältnis mit Wasser mischt, kann Wasser als Löschmittel verwendet werden. Die Wasserzugabe führt zu einer Abnahme der Alkoholkonzentration und zu einem Anstieg des Flammpunktes. Der Einsatz von Schaum gestaltet sich insofern problematisch, da die meisten Schäume durch Alkohol zerstört werden. Aus diesem Grund müssen alkoholbeständige Schaummittel eingesetzt werden. Ebenfalls können ABC-, BC-Pulver oder Kohlenstoffdioxid bei Alkoholbränden als Löschmittel eingesetzt werden.

15.1.11 DIN VDE 0132 Brandbekämpfung im Bereich elektrischer Anlagen.

15.1.12 Schaum darf grundsätzlich nur in spannungsfreien Anlagen eingesetzt werden. Ausgenommen von dieser Beschränkung ist der Einsatz einiger typgeprüfter und für die Verwendung in elektrischen Anlagen zugelassener Schaumlöschgeräte (Schaumfeuerlöscher). Diese Ausnahme gilt jedoch nur für den Niederspannungsbereich. In Hochspannungsanlagen ist jeder Schaumeinsatz verboten solange die Anlage unter Strom steht.

15.1.13 Der Einsatz von Löschpulver in elektrischen Anlagen ist dann möglich, wenn das Einverständnis des Betreibers hierzu vorliegt.

15.1.14 Zum Ablöschen brennender Kleidung von Personen eignet sich Wasser oder der Einsatz von Löschdecken. Natürlich können auch andere Löschmittel (z. B. Kohlenstoffdioxid) eingesetzt werden, der Einsatz ist allerdings nicht immer ungefährlich (starkes Abkühlen der Haut durch den kalten Gasstrom). Sofern jedoch keine andere Alternative besteht, das heißt, entweder Verbrennen oder Rettung der Person, dürfen Überlegungen dieser Art die Rettungsmaßnahmen nicht beeinflussen.

Beim Einsatz chemischer Löschmittel sollten Arzt beziehungsweise Rettungssanitäter über die Art des Löschmittels informiert werden.

15.2 Das Löschmittel Wasser

15.2.1 Wasser besitzt folgende physikalische Eigenschaften:

Gefrierpunkt:	0 °C bei 1013 hPa
Siedepunkt:	100 °C bei 1013 hPa
Dichte:	1 g/cm^3 bei + 4 °C
spez. Wärmekapazität:	4,187 kJ/kgK
Verdampfungswärme:	2257 kJ/kg

15.2.2 Wasser besitzt mit 4,187 kJ/kgK eine hohe spezifische Wärmekapazität. Dies bedeutet, dass für die Erwärmung von Wasser große Wärmemengen erforderlich sind, die dem brennbaren Stoff entzogen werden. Noch größere Wärmemengen werden beim Verdampfen des Wassers gebunden, dadurch wird seine kühlende Wirkung noch größer.

15.2.3 a) Bei Kontakt mit Calciumcarbid reagiert Wasser unter Bildung von Acetylengas. Es besteht die Gefahr einer Explosion.

$$CaC_2 + 2\,H_2O \rightarrow Ca(OH)_2 + C_2H_2$$

Aus diesem Grund ist bei Bränden in Lagern mit Calciumcarbid kein Wasser einzusetzen.

b) Gebrannter Kalk reagiert mit Wasser stark exotherm, wobei Temperaturen bis zu 400 °C erreicht werden. Beim Hineinspritzen von Wasser in gebrannten Kalk kommt es zu einem schlagartigen Verdampfen, wodurch die erhitzte Masse umherspritzen kann. Für die Einsatzkräfte bestehen somit Gefahren durch Verätzungen und Verbrühungen. Des weiteren können leicht entzündliche Stoffe durch das heiße Kalk-Wasser-Gemisch gezündet werden.

c) Leichtmetalle verbrennen mit sehr hohen Temperaturen bis zu 3000 °C. Gelangt Wasser an das brennende Metall, so wird es in seine Bestandteile Wasserstoff und Sauerstoff (Knallgasbildung) zerlegt.

$$2\,H_2O \rightarrow 2\,H_2 + O_2$$

Die hierbei freigesetzten Mengen an Sauerstoff und Wasserstoff führen dann zu weiteren gefährlichen Reaktionen.

Als weitere Reaktion ist aber auch die direkte Reaktion des Wassers mit dem brennenden Metall möglich. Hierbei kann es ebenfalls zur Abspaltung von Wasserstoff kommen.

d) Glühender Koks reagiert mit Wasser unter Bildung von Wassergas nach der Gleichung:

$$C + H_2O \rightarrow CO + H_2$$

Da beide Gase brennbar sind kann es in geschlossenen Räumen zur Bildung zündfähiger Gasgemische kommen. Außerdem ist die Bildung einer großen Menge von Wasserdampf möglich, hierdurch sind Verbrühungen der eingesetzten Kräfte möglich.

e) Beim Abbrand von Ruß in Kaminen können die Brandtemperaturen innerhalb des Schornsteins etwa 1000 °C betragen. Durch die Zugabe von Wasser in den Kamin können sich hierbei folgende Gefahren ergeben:

- Durch die Bildung großer Mengen an Wasserdampf (1 Liter Wasser ergibt rund 1 700 Liter Wasserdampf) kann der Kamin auseinander gesprengt werden.
- Durch die extreme Abkühlung der heißen Schornsteinwangen treten Spannungen im Material auf, die ein Reißen des Kamins zur Folge haben können.
- Der Zusatz von Wasser begünstigt die Verstopfung des Kamins durch den gebildeten Rußkoks.

15.2.4 Unter der Dissoziation des Wassers versteht man die Zerlegung des Wassers in seine Bestandteile Wasserstoff und Sauerstoff. Dies kann zum Beispiel mit Hilfe des elektrischen Stromes oder durch sehr hohe Temperaturen erreicht werden. Die thermische Dissoziation des Wassers beginnt bei etwa 1 500 °C.

15.2.5 Durch die Verwendung des Sprühstrahls besitzen die einzelnen Wassertröpfchen eine größere Oberfläche, was wiederum eine bessere Wärmeaufnahme bewirkt. Gleichzeitig werden durch den Sprühstrahl größere Flächen abgedeckt, wodurch eventuelle Wasserschäden verringert werden.

15.2.6 Netzmittel sollen die Oberflächenspannung des Wassers herabsetzen und damit für eine bessere Benetzung der brennbaren Stoffe sorgen. Sinnvoll ist der Einsatz von Netzmitteln bei Bränden von Stäuben, Textilballen, Torf oder Holzfaserplatten.

15.2.7 Wird Wasser in das Behältnis einer hoch erhitzten Flüssigkeit (Öl, Fett, Wachs, Teer, Bitumen) gegeben, so sinkt es auf Grund seiner größeren spezifischen Dichte nach unten. Die Temperatur des Wassers kann dabei über 100 °C erreichen, ohne dass es sogleich siedet. Die starke Erwärmung führt jedoch nach kurzer Zeit zu einem Siedeverzug und das plötzlich verdampfende Wasser schleudert die hoch erhitzte Flüssigkeit aus dem Gefäß heraus. Dieser Vorgang stellt eine erhebliche Gefährdung für die Einsatzkräfte dar. Noch größer wird diese Gefahr, wenn die Fette oder Öle bereits brennen oder beim Herausschleudern gezündet werden. Druckanstieg und Zerstörungen im Raum sind die Folge.

15.2.8

Strahlrohr	mit Mundstück	ohne Mundstück
DM	25 l/min	50 l/min
CM	100 l/min	200 l/min
BM	400 l/min	800 l/min

Bei den angegebenen Zahlen handelt es sich um gerundete Werte bei 5 bar Strahlrohrdruck.

15.2.9 Das Löschen von Ethanol (Ethylalkohol) mit Wasser ist möglich, da sich Ethanol in jedem Verhältnis mit Wasser mischen lässt. Ob sich nun brennendes Ethanol in einem Tank durch Wasser ablöschen lässt oder nicht, wird letztlich durch die Füllhöhe und die Konzentration des Ethanols bestimmt.

15.2.10 Durch die Verwendung von Wasser ist nur ein vorübergehendes Ablöschen möglich. Nach dem Ablaufen oder Verdunsten des Wassers kann sich der weiße Phosphor erneut entzünden. Außerdem besteht die Gefahr, dass der weiße Phosphor mit dem Löschwasser an unübersichtliche Stellen gelangt oder durch Auseinanderspritzen die Einsatzkräfte gefährdet.

15.2.11 Natrium und Kalium gehören zur Gruppe der Alkalimetalle und können sich explosionsartig mit Wasser umsetzen. Bereits Luftfeuchtigkeit kann mit diesen Stoffen reagieren. Aus diesem Grund werden beide Stoffe unter Petroleum aufbewahrt. Die Reaktion mit Wasser läuft nach folgender Gleichung ab:

$2\,Na + 2\,H_2O \rightarrow 2\,NaOH + H_2$

$2\,K + 2\,H_2O \rightarrow 2\,KOH + H_2$

Nicht selten kommt es zur Zündung des entstehenden Wasserstoffs und des Alkalimetalles.

15.2.12 Löschwasser leitet den elektrischen Strom. Aus diesem Grund müssen Sicherheitsabstände bei der Wasserabgabe in spannungsführenden Anlagen eingehalten werden. Die Größe der Abstände ist dabei im Wesentlichen vom Mundstücks- beziehungsweise Düsendurchmesser der Strahlrohre, dem Strahlrohrdruck und der Höhe der Spannung abhängig. Wichtig ist vor allen Dingen, dass ein genügend großer Abstand zu dem von der Anlage zurück fließenden Wasser eingehalten wird.

15.2.13 Quellfähige Stoffe vergrößern durch Wasseraufnahme ihr Volumen. Zu diesen Stoffen rechnet man Produkte wie Hülsenfrüchte, Reis oder Getreide. Befinden sich die genannten Produkte in einem Silo, so kann es durch die Volumenvergrößerung zu einer Zerstörung des Objektes kommen.

15.2.14 a) Benzin ist nicht mit Wasser mischbar. Da es außerdem eine kleinere Dichte besitzt, schwimmt es auf dem Wasser auf und der Brandherd wird vergrößert.
b) Da sich Alkohol in jedem Verhältnis mit Wasser mischen lässt, ist ein Ablöschen eines Alkoholbrandes mit Wasser möglich.

15.2.15 Wasser besitzt bei + 4 °C seine größte Dichte. Wird es über diesen Wert erwärmt oder unter diesen Wert abgekühlt, so dehnt es sich aus und vergrößert sein Volumen. Da dieses Verhalten nur bei Wasser auftritt, spricht man von der Anomalie des Wassers.

15.2.16 Durch den Einsatz größerer Wassermengen können erhebliche Mengen des Düngers gelöst werden. Durch das Versickern des Wassers gelangen diese Stoffe in das Erdreich oder das Grundwasser. Dies stellt eine Gefahr für das Trinkwasser und somit für den Menschen dar. Als weitere Folge eines übermäßigen Löschwassereinsatzes ist ein Verbacken des Düngers zu dicken Klumpen möglich. Er wird dadurch unbrauchbar.

15.2.17 Unter einem Wasserschaden versteht man den Folgeschaden durch den Einsatz von Löschwasser. Gerade in Bereichen wie Museen, Büchereien oder elektronischen Anlagen kann durch das Löschwasser ein erheblicher Schaden hervorgerufen werden.

15.2.18 Bei Knallgas handelt es sich um ein Gemisch bestehend aus zwei Teilen Wasserstoff und einem Teil Sauerstoff. Bei der chemischen Reaktion dieser Stoffe kommt es zur Bildung von Wasser.

$$2\,H_2 + O_2 \rightarrow 2\,H_2O$$

15.2.19 Wasser ist nur dann zum Löschen von Gasbränden geeignet, wenn das Gas mit geringem Druck entweicht. In der Regel wird Wasser bei Gasbränden zur Kühlung der Umgebung verwendet.

15.2.20 *Frostschutzmittel:* Sie setzen den Gefrierpunkt des Wassers herab.

Korrosionshemmende Zusätze: Sie sind wichtig, wenn das Wasser in metallischen Behältern aufbewahrt wird.

Konservierungsmittel: Sie sollen die Bildung von Bakterien unterdrücken. Erforderlich sind sie, wenn das Wasser über einen längeren Zeitraum in Behältern gelagert wird.

Löschwirksame Zusätze: Sie sollen die Löschfähigkeit des Wassers steigern.

Netzmittel: Sie dienen zur Herabsetzung der Oberflächenspannung.

15.3 Das Löschmittel Schaum

15.3.1 Das Löschmittel Schaum setzt sich aus den Komponenten Wasser, Schaummittel und Luft zusammen.

15.3.2 Bei Schwer- und Mittelschaum beruht die Löschwirkung auf einer erstickenden sowie einer abkühlenden Wirkung. Leichtschaum besitzt praktisch nur eine erstickende Wirkung.

15.3.3 Die Verschäumungszahl ist ein Vergrößerungsfaktor, welcher die Volumenvergrößerung des Wasser-Schaummittel-Gemisches durch Luftzutritt am Schaumstrahlrohr wiedergibt.

15.3.4 Die Verschäumungszahl kann für Schwerschaum bis zu 20 betragen. Beim Mittelschaum liegt die Verschäumungszahl über 20 bis zu 200. Leichtschaum besitzt eine Verschäumungszahl über 200.

15.3.5 Unter der Zumischung versteht man den prozentualen Anteil von Schaummittel im Wasser-Schaummittel-Gemisch.

15.3.6 Die Höhe der einzustellenden Zumischrate wird im Wesentlichen beeinflusst:
- durch die Art des verwendeten Schaummittels,
- durch die Qualität (Reinheit) des Wassers und
- durch die Wassertemperatur.

15.3.7 Die Wasserhalbzeit ist ein Maß für die Beständigkeit des Schaumes. Sie gibt die Zeit wieder, in der die Hälfte der im Schaum enthaltenen Flüssigkeit ausgetreten ist.

15.3.8 Der Abbrandwiderstand ist ein Maß für die Beständigkeit des Schaumes gegenüber Wärme. In ihn gehen die Zerstörungsraten ein, welche durch heiße Wandungen, direkte Flammenberührung, Strahlungswärme usw. bewirkt werden.

15.3.9 Die Fließfähigkeit beschreibt das Fließverhalten der Schäume und wird im Wesentlichen durch die Dichte und die Dicke der Schaumschicht beeinflusst.

15.3.10 Protein-Schaummittel werden aus eiweißhaltigen Produkten wie zum Beispiel Hornspänen oder Hornmehl hergestellt. Aus ihnen lässt sich nur Schwerschaum erzeugen. Mehrbereichschaummittel sind dagegen hydrolysierte Fettalkohole (auch als Tenside oder Detergentien bezeichnet). Sie eignen sich für die Herstellung aller Schaumarten.

15.3.11 Da es sich bei den Protein-Schaummitteln um eiweißhaltige Produkte handelt, besteht die Gefahr einer Infektion, wenn Schaummittel oder Schaum in eine offene Wunde gelangen.

15.3.12 Charakteristisch für wasserfilmbildende Schaummittel ist die Bildung eines wasserhaltigen Filmes zwischen der Schaumschicht und der brennbaren Flüssigkeit. Die Aufgabe des Films besteht darin, den Austritt von Dämpfen aus der Flüssigkeit zu reduzieren beziehungsweise zu verhindern.

15.3.13 Fluor-Protein-Schaummittel besitzen die gleichen Ausgangsstoffe wie die Protein-Schaummittel. Durch Zusatz von wasserlöslichen Fluortensiden konnten bestimmte Eigenschaften verbessert werden. Hierzu gehören:
- stärkere abweisende Wirkung gegenüber Kohlenwasserstoffen,
- Steigerung des Fließverhaltens,
- niedrigere Verschäumungszahlen.

15.3.14 Der Schwerschaum ist ein gutes Löschmittel für die Brandklassen A, B und F.

15.3.15 Mittelschaum kann zur Brandbekämpfung in den Brandklassen A, B und F eingesetzt werden. Weiterhin dient er zum Einschäumen brandgefährdeter Objekte oder zum Fluten von Räumen. Auch Leichtschaum kann zur Brandbekämpfung bei Feststoff- und Flüssigkeitsbränden benutzt werden. Aufgrund seines geringen Gewichtes ist ein Einsatz nur in geschlossenen Räumen möglich.

15.3.16 Light Water ist ein Schwerschaummittel mit einer wasserfilmbildenden Eigenschaft. Aufgabe des Films ist es, eine Sperrschicht auf der brennbaren Flüssigkeit zu bilden um den Austritt von Dämpfen zu verhindern.

15.3.17 Bevor Räume geflutet werden, sind spannungsführende Anlagen abzuschalten. Die Räume müssen frei von Personen sein. Stoffe, die mit Schaum heftig reagieren würden (z. B. Natrium), dürfen nicht vorhanden sein.

15.3.18 Schäume aus Mehrbereichschaummittel oder Protein-Schaummittel werden durch Stoffe wie Alkohol oder Aceton zerstört. Um Alkoholbrände durch Schaum löschen zu können, müssen alkoholbeständige Schaummittel verwendet werden.

15.3.19 Übersteigt der Druckverlust am Zumischer 2 bar, so unterbleibt die Injektorwirkung, da die eingebaute Kugel den Ansaugstutzen verschließt. Es wird kein Schaummittel mehr angesaugt.

15.3.20 Ein Ablöschen von brennendem Koks mit Schwerschaum ist möglich. Die Gefahr einer Wassergasbildung, wie es sie beim Wassereinsatz gibt, besteht nur in geringem Maße und ist deshalb zu vernachlässigen.

15.3.21 Da die Luftverunreinigungen ebenfalls am Schaumstrahlrohr angesaugt werden, vermischen sie sich mit dem Wasser-Schaummittel-Gemisch und unterdrücken die Schaumbildung. Begünstigt wird dieser Vorgang durch die Anwesenheit von Säuredämpfen, wie sie zum Beispiel bei Kunststoffbränden auftreten.

15.3.22 Zu den Nachteilen des Leichtschaumes gehören:
- der Einsatz ist nur in geschlossenen Räumen möglich,
- Leichtschaumgeneratoren sind sehr teuer,
- schwierige Förderung des Schaumes,
- Probleme bei der Schaumerzeugung im Winter.

15.3.23 Schaumvolumen in einer Minute:

$1\,000 \times 200\,l = 200\ m^3$
Schaumvolumen in zehn Minuten: $10 \times 200\ m^3 = 2\,000\ m^3$

15.3.24 Der Erkundungstrupp muss mit umluftunabhängigem Atemschutz ausgerüstet und durch Feuerwehrleinen gesichert sein.

15.3.25 Die Bezeichnung M4-75 steht für ein Mittelschaumstrahlrohr mit 400 l Flüssigkeitsdurchfluss pro Minute und einer maximalen Verschäumung von 75 bei 5 bar Strahlrohrdruck.

15.3.26 Bei Übungen mit dem Löschmittel Schaum sollten folgende Punkte beachtet werden:
- Im Bereich von Wasserschutzgebieten, Grundwassereinzugsgebieten oder privater Trinkwassergewinnungsanlagen müssen Löschübungen und Erprobungen mit Schaum unterbleiben.
- Übungen und Erprobungen im Zuflussbereich von und auf Oberflächengewässern haben ebenfalls zu unterbleiben. Außerdem in sonstigen wasserwirtschaftlich empfindlichen Bereichen, wie zum Beispiel Vorbehaltsgebiete für die öffentliche Trinkwasserversorgung, Karstgebiete, Gebiete mit flurnahem Grundwasser, Überschwemmungsgebiete und Feuchtgebiete.
- Übungen mit Schaummittel sollten bevorzugt auf befestigten Flächen mit Ablauf zu biologischen Kläranlagen durchgeführt werden. Eine Beeinträchtigung biologischer Kläranlagen ist bei Vorliegen eines Verdünnungsverhältnisses Schaumabwasser zu Kläranlagengesamtzulauf von mindestens 1:250 nicht zu erwarten. Die Zustimmung des Kläranlagenbetreibers ist jedoch vorher einzuholen.
- Auf den Einsatz von Schaummittel allein zu Vorführzwecken sollte aus Gründen des Gewässerschutzes verzichtet werden.
- Lassen sich bei Übungen oder Erprobungen diese Vorsichtsmaßnahmen nicht einhalten, so ist eine entsprechende wasserrechtliche Erlaubnis erforderlich.

15.4 Das Löschmittel Pulver

15.4.1 Zu den Anforderungen an das Löschmittel Pulver gehören u. a.:
- gute Löschfähigkeit,
- keine Leitung des elektrischen Stromes,
- ungiftig,
- unschädlich,
- lange Haltbarkeit,
- gute Lagerfähigkeit.

15.4.2 Das Hydrophobieren der Löschpulver mit Wachs oder Silikon wird durchgeführt um eine Wasseraufnahme und damit ein Verklumpen der Löschpulver zu verhindern.

15.4.3 Bei den meisten ABC-Löschpulvern handelt es sich um Ammoniumverbindungen, die sich bei hohen Temperaturen zersetzen und auf dem Stoff der Brandklasse A eine so genannte Glasurschicht bilden. Durch die Bildung dieser Schicht werden die Poren des brennbaren Stoffes verschlossen und damit der Sauerstoffzutritt verhindert. Außerdem isoliert die Glasurschicht den brennbaren Stoff etwas gegen Strahlungswärme und verhindert so eine weitere Aufbereitung für den Verbrennungsvorgang.

15.4.4 Die Löschwirkung der Pulver in den Brandklassen B und C beruht auf ihrer inhibierenden Wirkung. Bei dieser Reaktion findet ein Zusammenstoß der Pulverteilchen mit den für die Verbrennung verantwortlichen Radikalen statt. Hierbei wird den Radikalen Energie entzogen und der Abbruch der Verbrennung eingeleitet.

15.4.5 Je größer die Oberfläche der Pulverteilchen ist, umso wahrscheinlicher ist das Zusammentreffen der verbrennungswichtigen Radikale mit den Pulverteilchen. Dies hat wiederum einen rascheren Energieentzug bei den Radikalen zur Folge.

15.4.6 Als Grundstoff für die Herstellung von BC-Löschpulver wird häufig Natriumhydrogencarbonat verwendet.

15.4.7 Zur Herstellung von ABC-Löschpulver werden überwiegend Ammoniumsalze, wie zum Beispiel Ammoniumphosphat und Ammoniumsulfat verwendet.

15.4.8 Das D-Löschpulver bildet durch Aufschmelzen auf der Oberfläche des brennenden Metalls eine Kruste, die den Zutritt von Sauerstoff reduziert und letztlich unterbindet.

15.4.9 Als Ersatzlöschmittel bei der Bekämpfung von Metallbränden können Salz, Sand, Zement oder Graugußspäne eingesetzt werden.

15.4.10 Nein, nicht jedes D-Löschpulver ist für jeden Metallbrand geeignet. Aus diesem Grund sollte man sich beim Hersteller über die Einsatzbereiche und -grenzen der verschiedenen D-Löschpulver informieren.

15.4.11 Als Sinterschicht wird eine leitfähige Pulverablagerung im Bereich spannungsführender Anlagen bezeichnet. Durch Einfluss von Temperatur, Nässe und Luftfeuchtigkeit können Löschpulver leitfähige Beläge bilden. Hierdurch auftretende Störlichtbögen stellen eine Lebensgefahr für die Einsatzkräfte dar. Die Gefahr der Bildung von Sinterschichten besteht besonders bei den ABC- und D-Löschpulvern. Daher ist ihr Einsatz im Bereich von Hochspannungsanlagen verboten.

15.4.12 Löschpulver besitzt keine kühlende Wirkung, daher besteht die Gefahr, dass sich die weiterhin freiwerdenden Dämpfe an erhitzten Oberflächen erneut entzünden können (Rückzündungsgefahr).

15.4.13 Die meisten Pulver besitzen schaumzerstörende Eigenschaften. Diese Tatsache hat zur Entwicklung schaumverträglicher Löschpulver geführt. Eine gänzliche Reduzierung der schaumzerstörenden Eigenschaften ist jedoch auch bei diesen Löschpulvern nicht erreicht worden.

15.4.14 Das Feuer ist mit dem Wind anzugreifen, Tropf- und Fließbrände sind von oben nach unten zu löschen. Es ist genügend Löschmittel auf einmal einzusetzen und nach dem Ablöschen sind weitere Löschmittel bereitzuhalten, da die Gefahr der Wiederentzündung besteht.

15.4.15 Der größte Nachteil der Löschpulver ist wohl in der starken Verschmutzung nach deren Verwendung zu sehen. Als weiterer Nachteil kann die fehlende Kühlwirkung bei der Bekämpfung von Flüssigkeitsbränden angesehen werden. Im Bereich spannungsführender Anlagen ist die Bildung leitfähiger Beläge möglich. Ebenso kann es durch den Einsatz von Pulver zu Sichtbehinderungen kommen.

15.4.16 Bei Bränden von Feststoffen (Brandklasse A) ist das Pulver stoßweise abzugeben, damit es seine Löschwirkung entfalten kann. Durch die stoßweise Abgabe kann das Pulver aufschmelzen und die Poren des brennbaren Stoffes verschließen.
Bei Flüssigkeitsbränden ist diese Vorgehensweise wirkungslos. Hier muss die Pulverabgabe solange erfolgen bis der Brand gelöscht ist, da ansonsten die gesamte Flüssigkeitsoberfläche erneut durchzündet.

15.4.17 Wegen der weitreichenden Verschmutzung durch das Löschmittel Pulver ist der Einsatz im Bereich von Großküchen nicht sinnvoll, da hierdurch dort gelagerte Nahrungsmittel unbrauchbar werden könnten.

15.4.18 Der Löschangriff mit Pulver hat mit dem Wind zu erfolgen, denn nur durch diese Maßnahme gelingt ein Zurückdrängen der Flammenfront. Außerdem ist die Sichtbehinderung bei dieser Vorgehensweise geringer.

15.4.19 Verwendetes Löschpulver ist als Sonderabfall zu entsorgen.

15.5 Das Löschmittel Kohlenstoffdioxid

15.5.1 Dichte des festen CO_2: 1,53 kg/l
Dichte des flüssigen CO_2: 0,766 kg/l
Relative Dichte (Luft = 1): 1,529 kg/l
Sublimationspunkt: –78,48 °C bei 1013 hPa
Kritische Temperatur: 31,4 °C
Kritischer Druck: 73,6 bar

15.5.2 Kohlenstoffdioxid entsteht bei der vollständigen Verbrennung von kohlenstoffhaltigen Produkten.

15.5.3 Unter Sublimieren versteht man den direkten Übergang eines Stoffes vom festen in den gasförmigen Aggregatzustand unter Überspringen der flüssigen Phase.

15.5.4 Das für Löschzwecke verwendete Kohlenstoffdioxid wird aus der Atmosphäre gewonnen. Der Anteil des Kohlenstoffdioxid in der Luft liegt bei etwa 0,04 Vol.-%.

15.5.5 Kritische Temperatur und kritischer Druck spielen bei der Verflüssigung von Gasen durch Druckerhöhung eine wichtige Rolle. Eine Verflüssigung von Gasen durch Drucksteigerung lässt sich nur bis zu einer gewissen Grenztemperatur, der sogenannten kritischen Temperatur, durchführen. Der bei dieser Temperatur für die Verflüssigung mindestens aufzuwendende Druck wird als kritischer Druck bezeichnet. Liegt die Temperatur eines Gases oberhalb der kritischen Temperatur, so lässt sich eine Verflüssigung durch Druckerhöhung nicht mehr erreichen.

15.5.6 Kohlenstoffdioxid besitzt eine erstickende Löschwirkung, da es die Luft und damit den Sauerstoff verdrängt.

15.5.7 Der Einsatz von Kohlenstoffdioxid kann als
- CO_2-Schnee (fester Aggregatzustand),
- CO_2-Nebel (fester und gasförmiger Aggregatzustand) oder
- CO_2-Gas

erfolgen.

15.5.8 Beim direkten Ansprühen von Personen mit Kohlenstoffdioxid kann es zu einem Kälteschock kommen. Hervorgerufen wird dies durch das starke Abkühlen komprimierter Gase bei der Expansion.

15.5.9 Konzentrationen bis zu 4 Vol.- % Kohlenstoffdioxid bewirken eine Steigerung der Atemfrequenz. Steigt die Konzentration von CO_2 über 4 Vol.-%, ist dagegen eine Lähmung der Atmung möglich.

15.5.10 Da Kohlenstoffdioxid als Löschmittel keine Rückstände hinterlässt, bietet sich sein Einsatz in Bereichen wie Apotheken, Laboratorien, Küchen und elektrischen Anlagen an.

15.5.11 Als Nachteile des Löschmittels Kohlenstoffdioxid lassen sich folgende Punkte nennen:

- ein rasches Verflüchtigen im Freien, daher geringe oder keine Löschwirkung,
- CO_2 ist ein Atemgift,
- nur geringe kühlende Wirkung,
- chemische Reaktion bei hohen Temperaturen.

15.5.12 Kohlenstoffdioxid ist für die Bekämpfung von Metallbränden nicht geeignet. Bei den hohen Temperaturen, welche bei Metallbränden auftreten, kommt es zu einer chemischen Reaktion des Löschmittels mit dem brennenden Metall. Einige Metalle, wie zum Beispiel Magnesium, brennen sogar in einer 100 %-igen CO_2-Atmosphäre weiter.

15.5.13 Beim Einsatz von Kohlenstoffdioxid in engen Räumen kann die Konzentration des Löschmittels rasch Werte erreichen, die für den Menschen gefährlich sind. Aus diesem Grund ist dort umluftunabhängiger Atemschutz zu tragen.

15.5.14 Kohlenstoffdioxid eignet sich zur Bekämpfung von Bränden der Brandklassen B, C und F.

15.5.15 Zur Reduzierung des Sauerstoffgehaltes der Luft von 21 Vol.-% auf 15 Vol.-% (bei diesem Wert kommen die meisten Brände zum Erliegen) ist eine CO_2-Konzentration von etwa 30 Vol.-% in der Umgebungsatmosphäre erforderlich.

15.5.16 Das Raumvolumen beträgt 6 m^3, somit sind 3 m^3 CO_2-Gas erforderlich.
Aus 1 kg verflüssigtem Kohlenstoffdioxid entstehen bei 20 °C etwa 550 l CO_2-Gas.
Für die Erzeugung von 3 m^3 CO_2-Gas sind somit 5,45 kg CO_2 erforderlich.

15.5.17 Kohlenstoffdioxid besitzt nur eine geringe kühlende Wirkung bei Bränden von Feststoffen. Oft ist zwar ein Abschlagen der Flammen möglich, durch die mangelnde Kühlwirkung kann der brennbare Stoff jedoch erneut durchzünden.

15.6 Sonstige Löschmittel

15.6.1 Bei den Halonen handelt es sich um halogenierte Kohlenwasserstoffe.

15.6.2 Da die Halone in der Lage sind das Ozon in der Atmosphäre zu zerstören, wurden sie verboten.

15.6.3 Die Halone wurden in der Regel durch Kohlenstoffdioxid oder Inergen ersetzt.

15.6.4 Inergen ist ein Gasgemisch bestehend aus 40 Vol.-% Argon, 52 Vol.-% Stickstoff und 8 Vol.-% Kohlenstoffdioxid.

15.6.5 Inergen besitzt eine erstickende Wirkung.

15.6.6 Das Wort Inergen setzt sich aus den Wörtern *Iner*tgas und Nitro*gen* zusammen.

16 Löschwasserförderung

16.1 Wir kennen die *offene* und die *geschlossene* Schaltreihe.

16.2 Bei der geschlossenen Schaltreihe wird das Löschwasser von Feuerlöschkreiselpumpe (FP) bzw. Tragkraftspritze (TS) zu Feuerlöschkreiselpumpe bzw. Tragkraftspritze gefördert. Es ist ein bestimmter Eingangsdruck erforderlich.
Bei der offenen Schaltreihe werden Vorratsbehälter angelegt, von denen aus jede FP bzw. TS erneut ansaugt.

16.3 Bei der offenen Schaltreihe steht mir üblicherweise ein Druck von 8 bar zur Verfügung, bei der geschlossenen Schaltreihe ein Druck von 6,5 bar (8 bar Ausgangsdruck minus 1,5 bar Eingangsdruck).

16.4 Ein natürliches Gefälle ist beispielsweise ein Höhenunterschied im Gelände, ein künstliches Gefälle beispielsweise ein Bauwerk (Turm). Wasser fließt von der Stelle des höheren Druckes zu der Stelle des niedrigeren Druckes.

16.5 Um die Fließgeschwindigkeit zu verdoppeln, ist der vierfache Druck zu wählen.

16.6 Förderströme werden nach der Formel: $Q = A \times v$ berechnet.
Hierbei bedeuten: Q = Förderstrom in l/min oder in m^3/h
A = Querschnittsfläche der Schlauchleitung
v = Fließgeschwindigkeit.

16.7 Bei einer Fördermenge von 800 l/min rechne ich mit 1 bar Druckverlust für 10 m Höhenunterschied und 1,1 bar Druckverlust für 100 m Schlauchleitung.

16.8 Bei einer Löschwasserförderung über lange Wegestrecken ist der Ausgangsdruck so zu wählen, dass alle auftretenden Druckverluste überwunden werden können.

16.9 Der Eingangsdruck bei einer geschlossenen Schaltreihe soll im Mittel 1,5 bis 2,0 bar betragen. Da bei der Erfassung der Druckreibungsverluste und der Druckhöhenverluste Fehler möglich sind, baut man den Eingangsdruck als Sicherheitsfaktor ein, weil möglicherweise der atmosphärische Druck die drucklose Schlauchleitung zusammendrücken würde und der Wasserfluss zum Stillstand käme.

16.10

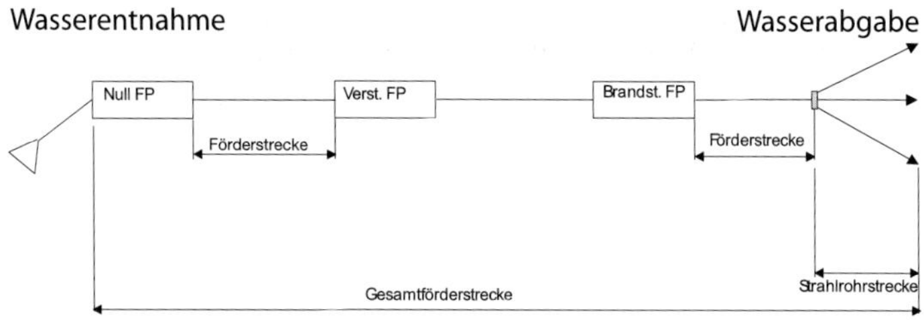

16.11 Die Druckreibungsverluste betragen bei einer Löschwassermenge von:
a) 500 l/min: 0,5 bar/100 m Schlauchleitung
b) 600 l/min: 0,7 bar/100 m Schlauchleitung
c) 800 l/min: 1,1 bar/100 m Schlauchleitung
d) 1 000 l/min: 1,7 bar/100 m Schlauchleitung.

16.12 Pumpenabstand im Gelände:
(Verfügbarer Druck in bar : Reibungsverlust in bar) × 100 m.

16.13 Nachfolgende Angaben sind erforderlich, um eine lange Wegestrecke einzurichten:
- erforderliche Wassermenge,
- Entfernung zur Wasserentnahmestelle,
- Höhenunterschiede (evtl. Karten mit Höhenlinien),
- Material der eigenen Feuerwehr (z. B. Pumpen und Schläuche).

16.14 2 000 000 l : 2 400 l/min = 833 min
833 min : 60 min = 13,8 h
= 13 h 48 min
13 Stunden und 48 Minuten kann Löschwasser entnommen werden.

16.15 Bei 800 l/min ist der Druckverlust 1,1 bar pro 100 m Schlauchleitung.
Bei drei Kilometern Schlauchlänge ergibt sich der Druckverlust zu
(3 000 m × 1,1 bar) : 100 m = 33 bar.

16.16

Kurzzeichen	Bedeutung
Q	Fördermenge, Förderstrom in l/min
Q_{ges}	Gesamtförderstrom in l/min
s	Förderstrecke, FP – Abstand in m
H_{geo}	Höhenunterschied in m
p	Druck in bar
p_a	Ausgangsdruck in bar
p_e	Eingangsdruck in bar
p_{str}	Strahlrohrdruck in bar

16.17 Je größer der Höhenunterschied, also das Druckgefälle ist, desto größer wird die Fließgeschwindigkeit.

16.18 Die Fließgeschwindigkeit wird nach folgender Formel berechnet:

$$V = \sqrt{2 \times g \times h}$$

16.19 Soll der Förderstrom vergrößert werden, so ist entweder die Fläche zu vergrößern (weitere Schlauchleitung) oder die Fließgeschwindigkeit zu erhöhen (Drucksteigerung).

16.20 Eine laminare Strömung fließt fadenförmig, eine turbulente Strömung fließt wirbelnd. Bei der turbulenten Strömung erhöht sich der Druckverlust durch Reibung.

16.21 Die äußere Reibung wird hervorgerufen durch:
- Unebenheiten auf der Oberfläche der Innenbeschichtung (Rauhigkeit),
- die Anhaftkraft (Adhäsion) des Wassers an den Schlauchwandungen,
- durch scharfe Umlenkungen (Knicke).

16.22 Bei abfallendem Gelände hat man zwar einen Druckgewinn zu verzeichnen, da durch Reibung jedoch mehr Druck verloren geht und am Ende der Förderleitung noch genügend Strahlrohrdruck vorhanden sein muss, sind auch in abfallendem Gelände Verstärkerpumpen zu setzen.

17 Löschwasserversorgung

17.1 Gesetzliche Grundlagen, Allgemeines

17.1.1 Die Städte und Gemeinden sind für die Löschwasserversorgung verantwortlich.

17.1.2 Der Eigentümer/Bauherr kann dazu verpflichtet werden, selbst Löschwasser bereitzustellen, wenn aufgrund des Baugenehmigungsverfahrens festgestellt wird, dass eine erhöhte Brandlast oder Brandgefährdung vorliegt.

17.1.3 Die Stadt/Gemeinde ist für die Wartung und Pflege der Hydranten verantwortlich.

17.1.4 An die Sammelwasserversorgung werden nachfolgende Anforderungen gestellt:
- Hydranten in ausreichender Anzahl einzubauen,
- Hydranten in ausreichendem Abstand einzubauen,
- Hydranten planmäßig zu erfassen,
- Hydranten ausreichend kenntlich zu machen,
- Hydranten mit ausreichender Nennweite einzubauen,
- die Zugriffsmöglichkeit zu den Hydranten jederzeit zu sichern.

17.1.5 Hydranten werden innerhalb von geschlossenen Ortschaften in folgenden Abständen eingebaut:
- in offenen Wohngebieten etwa alle 140 Meter,
- in geschlossenen Wohngebieten etwa alle 120 Meter,
- in Geschäftsstraßen etwa alle 100 Meter.

17.1.6 Bauliche Anlagen dürfen nur errichtet werden, wenn zur Brandbekämpfung eine ausreichende Wassermenge zur Verfügung steht. Ausnahmen können für Einzelgehöfte in der freien Feldflur gestattet werden (§ 39, Musterbauordnung).

17.1.7 Vorhaltekosten fallen an, wenn eine Stadt/Gemeinde über ihre vom Gesetzgeber festgelegten Pflichten hinaus zusätzlich Löschwasser bereithält (etwa bei besonders brand- oder explosionsgefährdeten Betrieben).

17.1.8 Zur Ermittlung des Löschwasserbedarfes bestehen folgende Möglichkeiten:

- Schätzung anhand vorzunehmender Strahlrohre oder taktischer Einheiten,
- Erfahrungswerte für verschiedene Nutzungen (Wohngebiete, Kerngebiete, Industriegebiete),
- Ermittlung nach dem Arbeitsblatt W 405 des DVGW e.V.,
- Ermittlung nach Brandlastberechnung und Industriebaurichtlinie.

17.1.9 In Feuerwehrplänen werden Löschwasserentnahmestellen blau gekennzeichnet.

17.1.10 Im Außenbereich sollen Löschwasserentnahmestellen nach höchstens 300 Metern erreichbar sein.

17.1.11 Die Geschossflächenzahl ist eine dimensionslose Zahl, welche die Dichte der Bebauung angibt. Zur Ermittlung der Geschossflächenzahl wird die Summe aller Geschossflächen der auf dem Grundstück befindlichen Gebäude durch die Grundstücksfläche geteilt. Je dichter die Bebauung, desto höher ist der Löschwasserbedarf anzusetzen.

17.1.12 Die örtlichen Verhältnisse sind zum Beispiel:

- Wohndichte,
- Flächengröße,
- Art der Bebauung,
- Bodengestaltung,
- große Waldflächen,
- große Heideflächen,
- Verkehrsnetz,
- Industrieanlagen.

17.1.13 *Objekte mit erhöhtem Brandrisiko:*

- Holzlagerplätze
- Parkplätze
- Betriebe zur Herstellung und Verarbeitung von Lösungsmitteln
- Lagerplätze für leicht entzündliche Güter

Objekte mit erhöhtem Personenrisiko:

- Versammlungsstätten
- Geschäftshäuser
- Krankenhäuser
- Hotels
- Hochhäuser

Sonstige Objekte:

- Aussiedlerhöfe
- Raststätten
- Kleinsiedlungen
- Wochenendhausgebiete

17.2 Die Sammelwasserversorgung

17.2.1 Stationen der Sammelwasserversorgung sind:
- Wassergewinnung,
- Wasseraufbereitung,
- Wasserspeicherung,
- Wasserverteilung,
- Wasserentnahme (Hydranten).

17.2.2 Nachfolgende Hydranten werden für Feuerlöschzwecke eingebaut:
- Unterflurhydranten nach DIN 3221,
- Überflurhydranten nach DIN 3222 (mit und ohne Fallmantel),
- Wandhydranten in Gebäuden.

17.2.3 Vorteile des Unterflurhydranten gegenüber dem Überflurhydranten:
- geringere Anschaffungskosten,
- keine Behinderung des Verkehrs,
- keine Gefahr der Beschädigung durch den Verkehr,
- einfacher Einbau,
- leichte Auswechselbarkeit der Innenteile.

17.2.4 Nachteile des Unterflurhydranten gegenüber dem Überflurhydranten:
- erschwertes Auffinden besonders bei Dunkelheit und Schnee,
- geringere Wasserlieferung,
- Behinderung durch parkende Fahrzeuge,
- Zeitaufwand für die Inbetriebsetzung,
- schlechtes Erkennen von Undichtigkeiten,
- häufige Verunreinigung durch Straßenschmutz.

17.2.5 Vorteile des Überflurhydranten gegenüber dem Unterflurhydranten:
- schnellere Einsatzmöglichkeit,
- leichtes Auffinden, auch bei Dunkelheit und Schnee,
- höhere Wasserlieferung,

17.2.6 Der Überflurhydrant weist gegenüber dem Unterflurhydranten folgende Nachteile auf:
- höhere Anschaffungskosten,
- Behinderung des Verkehrs,
- Gefährdung durch den Verkehr,
- höhere Einbaukosten,
- aufwändiges Auswechseln der Innenteile,
- größere Sicherungsmaßnahmen gegen Frostschäden,
- höhere Wartungskosten.

17.2.7 Ich rechne etwa mit 1 000 l/min.

17.2.8 Ich rechne etwa mit 1 500 l/min.

17.2.9 Folgende Angaben befinden sich auf den Hinweisschildern für Hydranten nach DIN 4066:
- Nennweite der Versorgungsleitung,
- Lage des Hydranten vom Schild aus gemessen, Angaben in Metern.

17.2.10 Bei der selbsttätigen Entleerung und beim Druckwasserschutz handelt es sich um eine Entwässerungsbohrung in der Hydrantensäule, über die im Hydranten stehendes Wasser selbstständig abläuft. Diese Entwässerungsbohrung muss bei geöffnetem Hydranten zunächst geschlossen werden, um ein Austreten von Druckwasser und somit ein Unterspülen des Hydranten zu verhindern.

17.2.11 Die Überprüfung von Hydranten soll etwa alle zwei Jahre erfolgen. Dieser Zeitraum kann nach den jeweiligen Betriebserfahrungen und anhand der Schadensstatistik verkürzt oder verlängert werden.

17.2.12 Es werden Überflurhydranten mit selbsttätiger Entleerung und Druckwasserschutz und ohne selbsttätige Entleerung und ohne Druckwasserschutz unterschieden. Weiterhin können Überflurhydranten mit Fallmantel und mit frei liegenden Abgängen ausgestattet sein. Zwischen Hydrant und Versorgungsleitung kann sich eine zusätzliche Absperrung befinden.

17.2.13 Überflurhydrantenschlüssel nach DIN 3222 werden in Form A und Form B unterschieden. Bei der Form B ist zusätzlich ein Sechskant zur Betätigung der Spindel beim Überflurhydranten mit Fallmantel angebracht. Außerdem ist die Form B etwa 55 Zentimeter lang.

17.2.14 Der Sicherungsbolzen beim Überflurhydranten mit Fallmantel verhindert ein Schließen des Fallmantels bei bewässerter Hydrantensäule. Außerdem dient der Sicherungsbolzen als Belüftungsventil.

17.2.15 *Sollbruchstellen* (Umfahrstellen) bewirken ein Abscheren des Hydranten, etwa durch Fahrzeuge, die vor den Hydranten fahren, an einer bestimmten Stelle. Hierdurch soll verhindert werden, dass der Antrieb und das Ventil des Hydranten aus der Strassendecke herausgerissen werden und Druckwasser aus der Versorgungsleitung herausströmt.

17.2.16 Unterflurhydranten werden nach DIN 3221, Überflurhydranten nach DIN 3222 genormt.

17.2.17 Der DVGW e.V. ist der Deutsche Verein des Gas- und Wasserfaches e.V. Das Arbeitsblatt W 331 befasst sich mit Wasserversorgungsanlagen, das Arbeitsblatt W 405 mit der Bereitstellung von Trinkwasser aus der öffentlichen Sammelwasserversorgung.

17.2.18 Die Wasserlieferung von Hydranten ist abhängig von:
- dem eingebauten Hydrantentyp,
- dem Durchmesser der Versorgungsleitung an welcher der Hydrant angeschlossen ist,
- dem Fließdruck in der Versorgungsleitung,
- dem Grad der Inkrustierungen der Versorgungsleitung (Ablagerungen).

17.2.19 Die Wasserlieferung von Unterflurhydranten wird durch die Verengung im Standrohr (64 mm) erheblich eingeschränkt. Somit liefert ein Unterflurhydrant auf einer Versorgungsleitung DN 100 nur etwa 800 bis 1 000 l/min Löschwasser.

17.3 Die unabhängige Löschwasserversorgung

17.3.1 Als unerschöpfliche Löschwasserentnahmestellen gelten:
- natürliche, offene Gewässer,
- künstliche, offene Gewässer,
- Löschwasserbrunnen nach DIN 14220.

17.3.2 Zu den erschöpflichen Löschwasserentnahmestellen zählen:
- Löschwasserteich nach DIN 14210,
- unterirdischer Löschwasserbehälter,
- sonstige, für die Löschwasserentnahme geeignete Behälter.

17.3.3 Anforderungen an die Löschwasserentnahmestellen der offenen Gewässer:
- geeignete Zufahrt, Breite mindestens 3,0 Meter, Höhe mindestens 3,5 Meter, Befestigung für 12 t,
- mindestens geeigneter Zugang mit Stellplatz für TS 8/8.

17.3.4 Zufahrten zu Löschwasserentnahmestellen müssen wie nachfolgend beschrieben beschaffen sein:
- Breite mindestens 3,0 Meter,
- Höhe mindestens 3,5 Meter,
- Befestigung für 12 t Fahrzeuggewicht,
- Stellplatz für Feuerwehrfahrzeug oder Tragkraftspritze,
- Beschilderung nach DIN 4066,
- Lage außerhalb des Trümmerschattens.

17.3.5 Ob ein offenes Gewässer für Löschwasserentnahmezwecke ausreicht, kann wie folgt beurteilt werden:
1. Querschnittsfläche des Gewässers schätzen,
2. Fließgeschwindigkeit schätzen,
3. nach Formel: $Q = A \times v$ (Wasserlieferung in l/min = Fläche × Fließgeschwindigkeit) Wasserlieferung ermitteln.
4. Zur Sicherheit nur die Hälfte des errechneten Wertes in Ansatz bringen.

17.3.6 Unerschöpfliche Wasserentnahmestellen müssen die geforderten Wassermengen über mindestens drei Stunden liefern.

17.3.7 Löschwasserbrunnen nach DIN 14220 werden wie nachfolgend beschrieben eingeteilt:
- kleine Löschwasserbrunnen: 400 – 800 l/min Wasserlieferung,
- mittlere Löschwasserbrunnen: 800 – 1600 l/min Wasserlieferung,
- große Löschwasserbrunnen: mehr als 1 600 l/min Wasserlieferung.

17.3.8 Die genannten Bezeichnungen haben nachfolgende Bedeutung:
a) Löschwasserbrunnen nach DIN 14220/400 S: Wasserlieferung 400 l/min, Saugbetrieb,
b) Löschwasserbrunnen nach DIN 14220/800 T: Wasserlieferung 800 l/min mit Tiefpumpe.

17.3.9 Ein Löschwasserbrunnen muss nach maximal 60 Sekunden betriebsbereit sein.

17.3.10 Ein Löschwasserteich nach DIN 14210 muss mindestens 1 000 m^3 Fassungsvermögen aufweisen.

17.3.11 Die Wassertiefe muss für einen Löschwasserteich nach DIN 14210 mindestens zwei Meter betragen.

17.3.12 Unterirdische Löschwasserbehälter werden nach ihren Fassungsvermögen wie nachfolgend aufgeführt eingeteilt:
- kleine, unterirdische Löschwasserbehälter: 75 – 150 m^3 Inhalt,
- mittlere, unterirdische Löschwasserbehälter: 150 – 300 m^3 Inhalt,
- große, unterirdische Löschwasserbehälter: mehr als 300 m^3 Inhalt.

17.3.13 Die Behälterabdeckung eines unterirdischen Löschwasserbehälters muss so bemessen sein, dass sie einem Fahrzeuggewicht von 16 t und der auf ihr liegenden Erdlast standhält.

17.3.14 Ein mittlerer unterirdischer Löschwasserbehälter muss mindestens mit zwei Saugrohren ausgestattet sein.

17.3.15 Es ist nicht erlaubt, ungeklärtes Schmutzwasser in einen unterirdischen Löschwasserbehälter oder in einen Löschwasserteich einzuleiten.

17.3.16 Sonstige, für die Löschwasserentnahme geeignete Behälter sind:
- Frei- und Hallenbäder,
- Zierteiche,
- Wasserspeicher der Industrie.

17.3.17 Bei der Wasserentnahme aus natürlichen Gewässern soll die geodätische Saughöhe fünf Meter nicht überschreiten.

17.3.18 Eine fest verlegte Saugleitung zu einem offenen Gewässer soll 20 Meter Länge nicht überschreiten.

17.3.19 Beim Saugbetrieb (max. 7,50 m geodätische Saughöhe möglich) wird das Löschwasser über Feuerlöschkreiselpumpen angesaugt. Tiefenpumpen sind elektrisch betriebene Tauchpumpen, die auch in große Tiefen eingesetzt werden können. Da nicht mehr angesaugt werden muss, ist auch die

Wasserlieferung aus großen Tiefen (100 m) möglich.

17.3.20 Löschwasserbrunnen müssen in maximal 60 Sekunden entlüftet werden können.

17.3.21 Anforderungen, die an unterirdische Löschwasserbehälter zu stellen sind:
- mindestens 15 Zentimeter tiefer Pumpensumpf unter Saugrohr,
- Behälterabdeckung muss Erdlast und 16 t Fahrzeuggewicht aufnehmen,
- der Löschwasservorrat muss frostsicher sein,
- Lüftungsrohr, Innendurchmesser mindestens 100 Millimeter,
- Lage außerhalb des Trümmerschattens,
- Saugschacht, Einstiegschacht, lichte Weite mindestens 80 Zentimeter,
- Saugrohr nicht länger als 10 Meter,
- Beschilderung nach DIN 4066.

17.3.22 Behelfslöschwasserbehälter sind Behälter, an die keine besonderen Anforderungen bezüglich Handhabung, Aussehen und Rauminhalt gestellt werden. Allgemeine Anforderungen sind:
- moderfrei,
- lange Lebensdauer,
- leichter Transport,
- geringes Gewicht,
- wenig Raumbedarf,
- schnelles Instellungbringen.

17.4 Steigleitungen in Gebäuden, Wandhydranten

17.4.1 Nachfolgende Steigleitungsausführungen kommen zur Anwendung:
- Steigleitung nass,
- Steigleitung trocken,
- Steigleitung nass-trocken.

17.4.2 Als nasse Steigleitungen werden Löschwasserleitungen in Gebäuden bezeichnet, die ständig unter Druck stehen und über die der Benutzer eines Gebäudes im Brandfall Löschwasser entnehmen kann.

17.4.3 Trockene Steigleitungen sind Löschwasserleitungen, über die Löschwasser im Brandfall durch die Feuerwehr eingespeist wird. Hierdurch entfällt das mühsame Verlegen von Schlauchleitungen durch die Treppenräume.

17.4.4 Nass-trockene Steigleitungen sind Löschwasserleitungen, die nur dann mit Wasser gefüllt werden, wenn die Niederschraubventile geöffnet werden (Auslösung über Magnetschalter).

17.4.5 Nass-trockene Steigleitungen können im Gegensatz zu nassen Steigleitungen auch in frostgefährdeten Bereichen verlegt werden.

17.4.6 Die nasse Steigleitung und die nass-trockene Steigleitung werden in erster Linie für die Benutzer eines Gebäudes zur Brandbekämpfung eingesetzt.

17.4.7 Bei der Sichtprüfung von Löschwasserleitungen in Gebäuden ist insbesondere zu beachten:
- Ist die Entnahmestelle/Einspeisstelle beschildert?
- Sind Tür und Haspel leichtgängig?
- Ist der Schlauch unversehrt?
- Ist das Schaltorgan gängig und dicht?
- Ist eine Gebrauchsanweisung vorhanden?
- Sind Korrosionsschäden sichtbar?

17.4.8 Am Ende einer nassen Steigleitung ist eine Wasserentnahmestelle (WC, Waschbecken) einzubauen, damit eine ständige Durchspülung der Leitung sichergestellt wird. Somit wird stehendes Wasser und Fäulnisbildung verhindert.

18 Mechanik

18.1 Grundlagen, Größen, Einheiten

18.1.1 Die Mechanik ist ein Teilgebiet der Physik. Sie beschäftigt sich mit den Bewegungsänderungen und Zuständen von Körpern unter dem Einfluss von Kräften.

18.1.2 Mit dem Gesetz über die Einheiten im Messwesen sind die zu verwendenden Einheiten verbindlich festgelegt. Es handelt sich hierbei um so genannte »SI-Einheiten« (Einheiten des Système International), die auf sieben Basiseinheiten aufbauen.

18.1.3

Basisgröße	Basiseinheit	Kurzzeichen
Länge	Meter	m
Masse	Kilogramm	kg
Zeit	Sekunde	s
Stromstärke	Ampere	A
Temperatur	Kelvin	K
Lichtstärke	Candela	Cd
Stoffmenge	Mol	mol

18.1.4 Folgende Basisgrößen finden in der Mechanik Verwendung:
- Länge in Meter,
- Masse in Kilogramm,
- Zeit in Sekunden.

18.1.5 Eine von den Basisgrößen abgeleitete Einheit ist zum Beispiel die Geschwindigkeit gemessen in Meter pro Sekunde. Hier sind die Basiseinheiten für die Länge und die Zeit miteinander verknüpft.

18.1.6 Zahlenwörter und ihre Bedeutung:
a) Giga: Milliarde (10^9)
b) Mega: Million (10^6)
c) Kilo: Tausend (10^3)
d) Hekto: Hundert (10^2)
e) Deka: Zehn (10^1)

f) Dezi: Zehntel (10^{-1})
g) Zenti: Hundertstel (10^{-2})
h) Milli: Tausendstel (10^{-3})

18.1.7 Zur Darstellung von Gesetzmäßigkeiten und Zusammenhängen werden physikalische Größen verwendet (Länge, Zeitdauer ...). Die Einheiten benennen das Maß, in dem diese Größe gemessen wird (Meter, Newton, Sekunden ...).

18.1.8 Die *Kinematik* befasst sich mit der Bewegung von Körpern und beschreibt ihren Ort, ihre Geschwindigkeit und ihre Beschleunigung in Abhängigkeit von der Zeit.

18.1.9 Leistung ist die verrichtete Arbeit pro Zeiteinheit.

18.1.10 Von der Längeneinheit Meter abgeleitete Einheiten sind zum Beispiel Kilometer, Zentimeter, Dezimeter, Quadratmeter, Kubikmeter.

18.1.11 Unter Beschleunigung versteht man die pro Zeiteinheit erfolgte Geschwindigkeitsänderung.

18.1.12 Kraft = Masse × Beschleunigung

18.1.13 Die *»Goldene Regel der Mechanik«* lautet: Was an Kraft gewonnen wird, geht an Weg verloren.

18.1.14 Arbeit = Kraft × Weg (Kraft entlang eines Weges)

Leistung = Arbeit/Zeiteinheit (Arbeit in einer gewissen Zeit)

18.1.15 Der Druck ist die auf die Flächeneinheit wirkende Kraft:
Druck = Kraft/Fläche.

18.1.16 Der Bodendruck einer Flüssigkeit ist das Produkt aus Wichte und Höhe der Flüssigkeit. Der Bodendruck ist abhängig von der Form des Gefäßes.

18.1.17 Der Satz des Archimedes lautet:

»Ein in eine Flüssigkeit eintauchender Körper verliert scheinbar soviel an Gewicht, wie das von ihm verdrängte Flüssigkeitsvolumen wiegt.«

18.1.18 Die Dichte eines Stoffes ist das Verhältnis von seiner Masse zu seinem Volumen.

Die Wichte eines Stoffes ist das Verhältnis von seiner Gewichtskraft zu seinem Volumen.

Die Dichte ist wie die Masse ortsunabhängig, die Wichte ist wie das Gewicht ortsabhängig.

18.1.19 Strömungsgeschwindigkeit und Querschnitt verhalten sich umgekehrt proportional. Tritt eine Flüssigkeit aus einem weiten Rohr in ein enges Rohr über, so erhöht sich in dem Maß die Strömungsgeschwindigkeit, wie der Querschnitt abnimmt.

18.1.20 Das Gesetz von Boyle-Mariotte besagt: Bei einer bestimmten Gasmenge ist das Produkt aus Druck und Volumen bei gleichbleibender Temperatur konstant.

18.1.21 Unter *Viskosität* versteht man die innere Reibung (»Zähigkeit«) von Flüssigkeiten. Sie ist von der Temperatur abhängig.

18.1.22 Wärme ist eine Form der Energie. Wird einem Stoff Wärme zugeführt, so steigt die Temperatur des Stoffes an. Die Bewegung der kleinsten Teilchen nimmt zu, ihre Geschwindigkeit wird größer und damit auch ihre Bewegungsenergie (kinetische Energie).

18.1.23 Metalle wie Silber, Kupfer und Aluminium sind gute Wärmeleiter. Glas, keramische Stoffe, Flüssigkeiten und Gase sind schlechte Wärmeleiter.

18.1.24 Normalerweise ziehen sich Stoffe bei Abkühlung zusammen und dehnen sich bei Wärme aus. Wasser nimmt eine Sonderstellung ein. Eine bestimmte Wassermenge hat bei 4 °C sein kleinstes Volumen. Zwischen 0 °C und 4 °C sowie oberhalb 4 °C ist das Volumen größer. Wasser von 4 °C dehnt sich also sowohl beim Abkühlen als auch beim Erwärmen aus.

18.1.25 Beim Übergang in den festen Zustand nimmt das Volumen des Wassers zu (ungefähr um 11 %). Daher schwimmt Eis auf dem Wasser.

18.2 Geschwindigkeit, Beschleunigung, Kraft, Reibung

18.2.1 Unter Geschwindigkeit versteht man die pro Zeiteinheit zurückgelegte Wegstrecke. Sie wird in Metern pro Sekunde m/s (SI-Einheit) oder Kilometern pro Stunde km/h gemessen.

18.2.2 Die Beschleunigung ist die Geschwindigkeitsänderung pro Zeiteinheit. Eine negative Beschleunigung ist eine Geschwindigkeitsabnahme (Bremsen).

18.2.3 An der Änderung des Bewegungszustandes (Beschleunigung bzw. Verzögerung) kann man erkennen, dass Kräfte auf einen Körper einwirken.

18.2.4 Eine Kraft wird gekennzeichnet durch:
- eine Richtung,
- eine bestimmte Größe (Betrag) und
- einen Angriffspunkt.

18.2.5 Kraft = Masse × Beschleunigung
$F = m \times a$

18.2.6

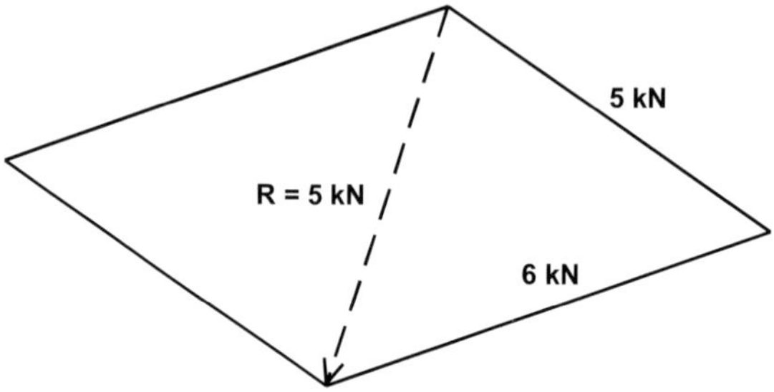

18.2.7

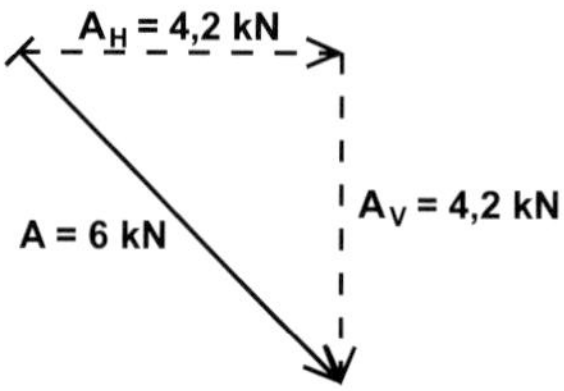

18.2.8 Nachfolgende Reibungsarten werden unterschieden:
- Haftreibung,
- Gleitreibung,
- Rollreibung.

18.2.9 Die Reibung ist abhängig von der Masse des Körpers, also der Gewichtskraft, und der Oberflächenbeschaffenheit der sich berührenden Flächen (glatt oder rau).

18.2.10 a) Gummi auf Asphalt: Reibzahl ungefähr 0,5
b) Gummi auf Beton: Reibzahl ungefähr 0,7.

18.2.11 Nach dem Physiker Isaac Newton, der bereits vor 300 Jahren die Newton'schen Axiome formuliert hat, werden Kräfte benannt. Da die Kraft als $F = m \times a$ definiert ist, hat sie die Einheit $N = kg \times m/s^2$.

18.2.12 Die Gewichtskraft des Fahrzeugs ist 120 kN. Die Reibzahl von Gummi auf Asphalt ist 0,5. Die Zugkraft ergibt sich aus dem Produkt aus Gewichtskraft und Reibzahl: 120 kN × 0,5 = 60 kN
Das Fahrzeug kann mit bis zu 60 kN Zugkraft beaufschlagt werden.

18.2.13

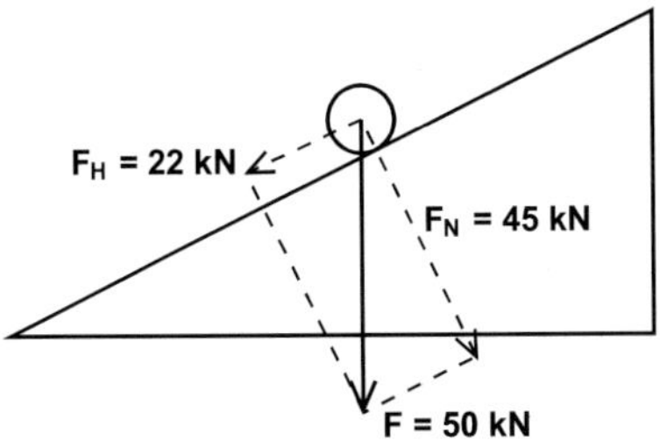

18.2.14 Gegeben: $t = 10\,s$; $v = 100\,km/h$
$v = 100\,000\,m : 3600\,s = 28\,m/s$

Gesucht: s [m]
$s = v \times t = 28\,m/s \times 10\,s = 280\,(m/s) \times s = 280\,m$
Das Fahrzeug legt in 10 Sekunden 280 Meter zurück.

18.2.15 Konstante Beschleunigung auf einer geradlinigen Bahn bedeutet, dass in gleichen Zeiten der Geschwindigkeitszuwachs/die Geschwindigkeitsabnahme gleich groß ist.

18.2.16 Das Geschwindigkeits-Zeit-Gesetz besagt, dass die Geschwindigkeitsänderung aus dem Produkt von Beschleunigung und Zeit besteht ($v_e - v_a = a \times t$).

18.2.17 Das Weg-Zeit-Gesetz hat im Falle der gleichmäßig beschleunigten Bewegung folgende Form:

Weg = 0,5 × Beschleunigung × (Zeit)^2 ($s = 0{,}5 \times a \times t^2$)

18.2.18 Gegeben: $v_a = 0\,km/h$, $v_e = 60\,km/h = 17\,m/s$

Gesucht: a [m/s^2]
$a = v_e - v_a / t = (17\,m/s - 0\,m/s) : 170\,s = 0{,}1\,m/s^2$

18.2.19 Gegeben: $t = 10\,s$, $g = 9{,}81\,m/s^2$, $v_a = 0\,m/s^2$

Gesucht: v_e [m/s] beziehungsweise [km/h]
$v_e - v_a = g \times t$
$v_e - 0 = 9{,}81\,m/s^2 \times 10\,s$
$v_e = 98{,}1\,m/s = 353\,km/h$

Gesucht: s [m]
$s = 0{,}5 \times 9{,}81\,m/s \times (10\,s)^2$
$s = 0{,}5 \times 9{,}81 \times 100\,(m/s^2) \times s^2$
$s = 490{,}5\,m$

18.2.20 Die gleichförmige Kreisbewegung oder Rotation ist eine Bewegung, bei der ein Körper eine geschlossene Kreisbahn mit konstanter Bahngeschwindigkeit durchläuft. Der Betrag der Bahngeschwindigkeit ist konstant, ihre Richtung ändert sich jedoch laufend.

18.2.21 Die Zentrifugalkraft hängt vom Quadrat der Winkelgeschwindigkeit beziehungsweise Quadrat der Drehzahl ab.

18.2.22 Gegeben: n = 2500 U/min
d = 250 mm
m = 1 g

Gesucht: v [m/s] beziehungsweise [km/h]
F_z [N]

$v = (n \times \pi) : 30 \times r = (2\,500 \times 3{,}14) : 30 \times 0{,}125$ m/s = 32,7 m/s
= 117,7 km/h
$F_z = m \times (v^2 : r) = 0{,}001$ kg $\times$ (32,7 m/s)^2 : 0,125 m = 8,5 kg m/s^2= 8,5 N

Ein Gramm Wasser entspricht einer Gewichtskraft von 10 mN = 0,01 N. Jedes Wasserteilchen wird also mit dem 850-fachen seines normalen Gewichtes nach außen geschleudert.

18.2.23 Der englische Physiker Isaac Newton fand bereits vor 300 Jahren ein System von Grundprinzipien, auf dem die gesamte klassische Mechanik aufgebaut werden kann. Er fasste seine Erkenntnisse in drei Gesetzen zusammen, den so genannten *Newton'schen Axiomen.*

18.2.24 *Trägheitsprinzip:* Jeder Körper behält sein Gewicht nach Betrag und Richtung so lange bei, wie er nicht durch äußere Kräfte zu einer Änderung seines Bewegungszustandes gezwungen wird.

18.2.25 *Wechselwirkungsprinzip:* Wirkt ein Körper A auf einen Körper B mit einer Kraft F, so wirkt auch Körper B auf Körper A und zwar mit einer Kraft vom gleichen Betrage, aber mit entgegengesetzter Richtung.

18.2.26 Die Wirkungslinie einer Kraft ist eine gedachte Linie durch die Kraftrichtung, längs derer der Angriffspunkt der Kraft beliebig verschoben werden kann.

18.2.27 Man erhält die Resultierende durch Konstruktion eines Kräfteparallelogramms. Die Verbindungslinie zwischen dem Ausgangspunkt der beiden Kräfte und dem Schnittpunkt der beiden parallel verschobenen Strecken ist die Resultierende.

18.2.28 Ein Anschlagwinkel von 120° soll beim Anschlagen von Lasten nicht überschritten werden. Allgemein ist der Anschlagwinkel möglichst klein zu wählen.

18.2.29 Gegeben: l = 4,00 m, h = 1,50 m, m = 100 kg

Gesucht: F_H [N], W [J]
$F_H = F_G \times h/l = 375$ N
$W = F_H \times l = 1500$ J = 1,5 kJ

18.2.30 v = s : t
v = (7 km × 60 min) : (6 min × h)
v = 70 km/h

18.2.31 Die Drahtseile sind wie nachfolgend aufgeführt anzuschlagen:
Drei Drahtseile werden zwischen RW und dem ersten Anhänger in Stellung gebracht, zwei Drahtseile zwischen dem ersten und dem zweiten Anhänger, ein Drahtseil zwischen dem zweiten und dritten Anhänger.

18.2.32 Bei wenig verzögertem Rollen wirkt der Reibungsbeiwert der Haftreibung, bei blockierten Rädern wirkt der Reibungsbeiwert der Gleitreibung. Der Reibungsbeiwert der Gleitreibung ist kleiner als der Reibungsbeiwert der Haftreibung.

18.3 Hebel, lose und feste Rolle

18.3.1 Das Hebelgesetz lautet: *Kraft × Kraftarm = Last × Lastarm.*

Ist das Produkt aus Kraft × Kraftarm und Last × Lastarm gleich, befindet sich der Hebel im Gleichgewicht.

18.3.2

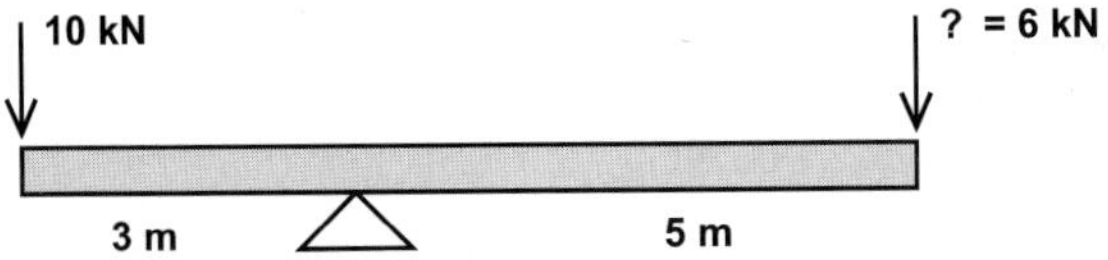

18.3.3 $F \times 10\,m = 250\,kN \times 4\,m$
$F = 100\,kN$
Eine Kraft von 100 kN ist erforderlich, um den Wagon wieder einzugleisen.

18.3.4 $m_1 \times l = (m_1 + m_2)\, l_1$
$l_1 = 2{,}64\,m$

18.3.5 Eine lose Rolle verteilt die Last gleichmäßig auf zwei Seile. Zum Heben benötigt man nur die halbe Kraft, muss dafür aber den doppelten Weg (Seillänge) zurücklegen.

Eine feste Rolle dient nur zum Umlenken der Kraft ohne jegliche Kraftersparnis (Umlenkrolle).

18.3.6 Da eine »lose Rolle« eingebaut ist, wird die Zugkraft halbiert. Es ist jedoch der doppelte Weg (Zugseillänge) zurückzulegen.

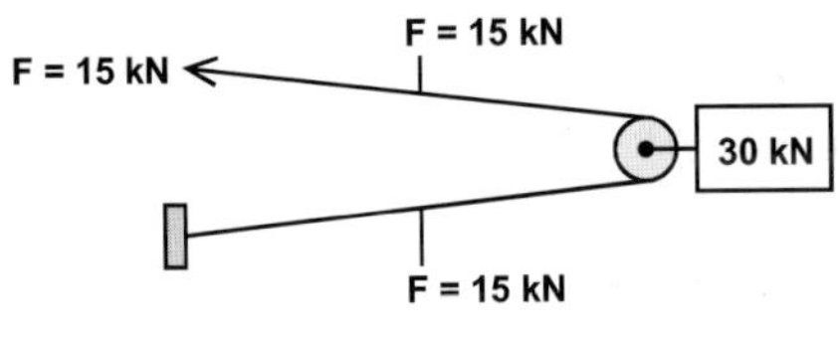

18.3.7 Es wurde eine »feste Rolle« eingebaut. In diesem Fall wird die Zugkraft nur umgelenkt, eine Kraftersparnis wird nicht bewirkt.

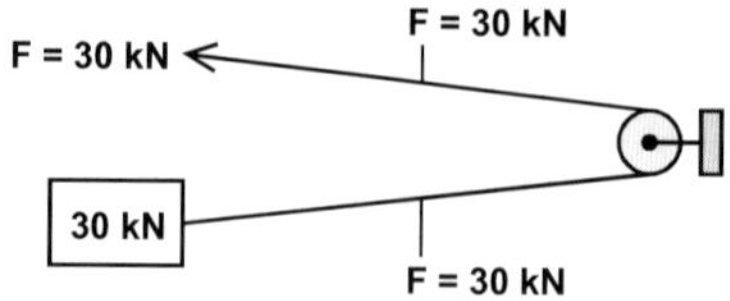

18.3.8 Es wurde eine »lose Rolle« und eine »feste Rolle« eingebaut. Da drei Zugseile angeschlagen sind, beträgt die Zugkraft ein drittel der Gewichtskraft.

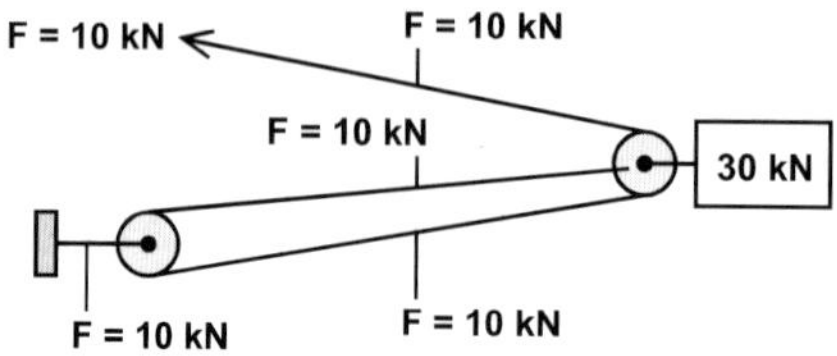

18.3.9 Es wurden zwei »lose Rollen« angeschlagen. Demnach wird die Last (30 kN) zwei mal halbiert, sodass mit einer Zugkraft von 15 kN gearbeitet werden kann.

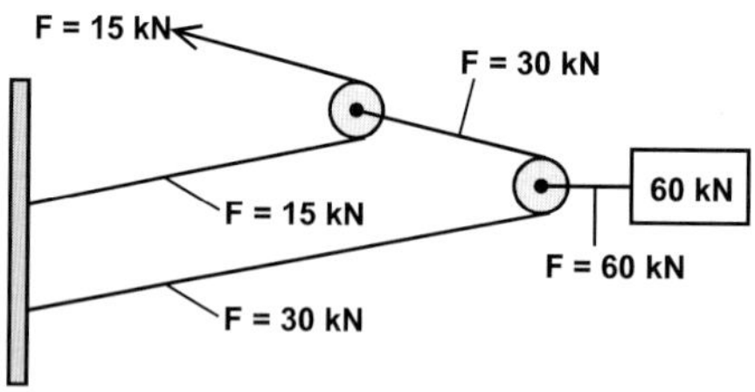

18.3.10 Beim Anschlagen von Lasten soll der Anschlagwinkel (Spreizwinkel) möglichst klein sein, also einen spitzen Winkel bilden (innere Seilkräfte).

18.3.11

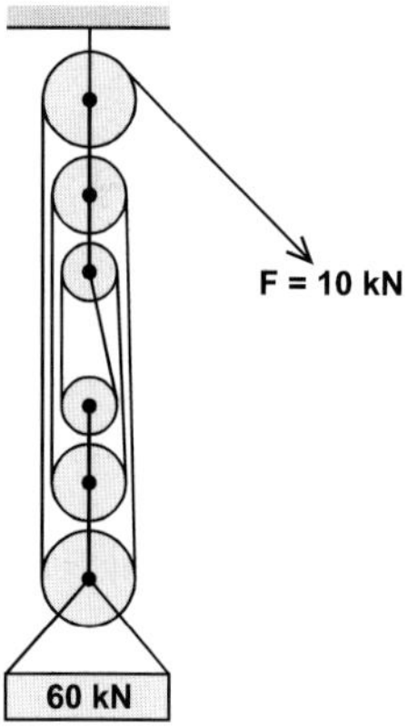

18.3.12 $F = F_1; F_1 = (900\ N + 30\ N) : 3 = 310\ N$

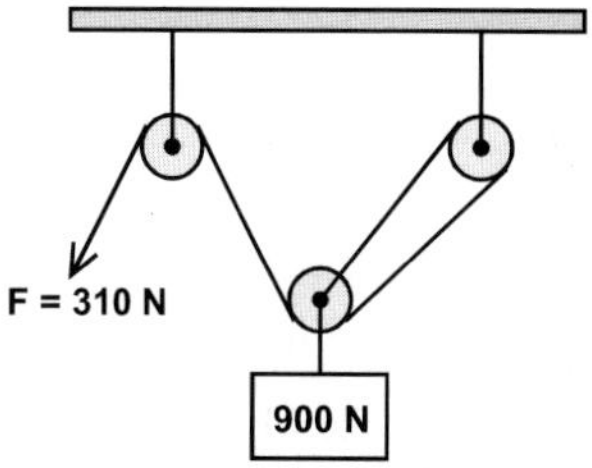

18.3.13 Gegeben: $F_L = 1/3 \times 3000\ kg \times 10\ m/s^2 = 100\ kN$
$s_L = 0{,}5\ m$
$s_K = 2{,}5\ m$

Gesucht: F_K [kN]
$F_K \times s_K = F_L \times s_L$
$F_K = F_L\, s_L / s_K = 20\ kN$

18.3.14 Gegeben: $F = 50\ kN$
$r = 9\ cm = 0{,}09\ m$

Gesucht: M [Nm]
$M = F \times r = 50\ kN \times 0{,}09\ m = 4{,}5\ kNm = 4\,500\ Nm$

19 Mitarbeiterführung

19.1 Bei der Mitarbeiterführung sollten folgende Grundregeln beachtet werden:
- Der Mitarbeiter möchte wichtig genommen werden.
- Der Mitarbeiter möchte Anerkennung.
- Der Mitarbeiter möchte sich sicher fühlen.
- Der Mitarbeiter möchte dazugehören.

19.2 Bei der Mitsprache ist der Mitarbeiter entweder an den Entscheidungen beteiligt oder kann sogar selbst Entscheidungen treffen.

19.3 Unter Delegation versteht man die dauerhafte Übertragung von Entscheidungsbefugnis sowie dazugehöriger Kompetenzen und Verantwortung an nachgeordnete Stellen.

19.4 Bei der Partizipation nimmt der Mitarbeiter an den Prozessen der Willensbildung und den Entscheidungen übergeordneter Führungsebenen teil.

19.5 Beim Empowerment wird dem Mitarbeiter die Möglichkeit gegeben, sich selbst eigene Arbeitsziele zu setzen, eigene Entscheidungen zu treffen und Problemfälle innerhalb seines Verantwortungs- beziehungsweise Zuständigkeitsbereiches zu lösen.

19.6 Durch die Art wie ich mit meinem Mitarbeiter spreche, mache ich deutlich, welches Menschenbild ich von ihm habe.

19.7 Die Qualität von Mitarbeitergesprächen hängt in erster Linie von der persönlichen Einstellung ab, welche ich zu dem jeweiligen Mitarbeiter besitze.

19.8 Durch das Führen von Mitarbeitergesprächen soll/sollen:
- Missverständnisse, Fehlurteile oder Meinungsverschiedenheiten frühzeitig erkannt und sich hieraus eventuell ergebende Konflikte rechtzeitig beigelegt werden,
- bestehende Konflikte beseitigt werden,
- organisatorische Mängel aufgedeckt beziehungsweise vermieden werden,
- Lösungen von Sachproblemen gefunden werden,
- Hilfe geleistet werden bei der Bewältigung persönlicher Schwierigkeiten.

19.9 Ursachen für das Scheitern von Mitarbeitergesprächen können zum Beispiel darin liegen dass:

- die Führungskraft sich nur ungenügend auf das Gespräch vorbereitet hat,
- die Führungskraft während des Gespräches andere Aufgaben erledigt,
- die Führungskraft nicht zuhören kann,
- die Führungskraft gedanklich bereits bei anderen Dingen ist,
- die Führungskraft voreingenommen ist,
- die Führungskraft zu wenig Zeit für das Gespräch vorgesehen hat (Zeitdruck).

19.10 Bei der Vorbereitung auf ein Mitarbeitergespräch sollten folgende Punkte beachtet werden:
- Die Absprache des Termins für das Gespräch sollte nach Möglichkeit persönlich erfolgen.
- Auch dem Mitarbeiter soll genügend Zeit zur Vorbereitung auf das Gespräch gegeben werden.
- Der Mitarbeiter soll Hinweise auf den voraussichtlichen Gesprächsinhalt erhalten.
- Für das Gespräch ist genügend Zeit einzuplanen damit auch der Mitarbeiter eigene Wünsche oder Vorstellungen vortragen kann.
- Der Gesprächsort sollte sorgfältig ausgewählt werden (angenehme Atmosphäre, störungsfrei).
- Vorhandene schriftliche Unterlagen oder sonstige für die Durchführung des Gespräches erforderliche Informationen sind bereitzuhalten oder rechtzeitig zu beschaffen.

19.11 Beim Führen von Kritikgesprächen sind folgende Punkte zu beachten:
- Kritik auszuüben ist Aufgabe der Führungskraft, sie soll nicht auf andere Personen übertragen werden.
- Kritik darf nicht als Strafe gedacht sein.
- Kritik ist nicht vor dritten Personen zu äußern.
- Zeigen Sie Bereitschaft zur Klärung des Sachverhaltes: Dem Mitarbeiter soll die Möglichkeit zur Stellungnahme gegeben werden.
- Entschuldigungen des Mitarbeiters sind anzunehmen.

19.12 Ziel der Kritik ist es, schlechte Leistungen der Mitarbeiter abzustellen oder Fehlerquellen auszuschalten.

19.13 Motivation kann erreicht werden durch:
- Anerkennung des Mitarbeiters als Mensch,
- gemeinsames Erarbeiten von Zielvorgaben und verbindlichen Regeln,
- rechtzeitige und gute Information des Mitarbeiters,
- Gewährung von Freiräumen,
- Anerkennung guter Leistung und Aussprechen von Lob,
- keine Versprechungen geben, die nicht eingehalten werden können,
- Delegieren von Entscheidungsverantwortung,
- gerechtes und faires Behandeln der Mitarbeiter.

19.14 Fehlbeurteilungen lassen sich vermeiden indem
- Fakten über einen längeren Zeitraum gesammelt werden,
- Beobachtungen schriftlich fixiert werden,
- Sie den Mitarbeiter in verschiedenen Situationen beobachten,

– eigene Urteile mit anderen Führungskräften besprochen werden,
– eigene Beobachtungen von Erzählungen Dritter getrennt werden.

19.15 Als Folge eines belastenden Ereignisses kann es zum Auftreten einer
– akuten Belastungsreaktion,
– posttraumatischen Belastungsstörung kommen.

19.16 Bei akuten Belastungsreaktionen handelt es sich um länger anhaltende Reaktionen (Stunden, Tage) als Folge eines außergewöhnlichen körperlichen und/oder seelischen Ereignisses eines ansonsten psychisch nicht gestörten Menschen.

19.17 Der/die unmittelbare/n Vorgesetzte/n, aber auch jede andere Einsatzkraft.

19.18 Symptome einer akuten Belastungsreaktion sind zum Beispiel:
– starkes Zittern,
– Aggressivität,
– Weinen,
– Weglaufen,
– Übelkeit, Erbrechen,
– Atemnot,
– Angst,
– Hilflosigkeit.

19.19 Wichtig ist, dass die Opfer von akuten Belastungsreaktionen keine Versager oder Schwächlinge sind, sondern auf Grund einer ungewöhnlichen Situation ein völlig normales Verhalten zeigen, welches aber ihre Handlungsfähigkeit einschränkt. Unverzügliche Hilfe durch Akzeptanz der Gefühle oder körperlicher Kontakt (z. B. umarmen, halten der Hand) sollten als erste Hilfsmaßnahmen erfolgen. Der Betroffene sollte auf keinen Fall mit seinen Problemen alleine gelassen werden.

19.20 Auslöser einer akuten Belastungsreaktion können zum Beispiel:
– Informationsübermaß,
– Informationsmangel,
– Überforderung,
– schockierende Einsatzbilder (z. B. der Tod kleiner Kinder),
– eine eigene Verletzung,
– die Verletzung oder der Tod eines Kameraden während des Einsatzes,
– das Erkennen der eigenen Hilflosigkeit sein.

19.21 Bei der Durchführung von Einsatznachbesprechungen sind folgende Punkte zu beachten:
– Die Nachbesprechung sollte zeitnah zum Ereignis erfolgen.
– Jede beteiligte Einsatzkraft soll sich an dem Gespräch beteiligen und ihre persönlichen Erlebnisse und Eindrücke schildern.
– Es ist für eine störungsfreie Umgebung zu sorgen.
– Gefühle des Anderen sind zu akzeptieren.
– Die Führungskräfte fungieren als Leiter der Besprechung und sollten auch offen über ihre eigenen Gefühle und Ängste sprechen.

19.22 Notfallseelsorger, Ärzte oder Psychologen, sind dann erforderlich, wenn die Hilfe aus dem Kameradenkreis nicht ausreichend ist.

19.23 PTSD steht als Abkürzung für *Post Traumatic Stress Disorder*, zu deutsch posttraumatische Belastungsstörung.

19.24 Symptome eine PTSD sind zum Beispiel:
- Schlafstörungen, häufig verbunden mit Alpträumen,
- immer wiederkehrende Erinnerungen,
- Verhaltensänderungen,
- Erinnerungslücken,
- körperliche Stresszeichen bei Reizen, die an das Ereignis erinnern.

19.25 Im Prinzip jede Einsatzkraft.

19.26 Das Risiko an einer PTSD zu erkranken kann durch folgende Maßnahmen reduziert werden:
- Durchführung von Vorbereitungen auf den Einsatz,
- Durchführung von Stressbewältigungsmaßnahmen, zum Beispiel Nachbesprechungen,
- Anwendung eigener Bewältigungsstrategien,
- ein gefestigter religiöser Glaube,
- Erfahrung (Einsatz-/Berufserfahrung).

19.27 Posttraumatische Belastungsstörungen können noch Monate oder Jahre nach dem Trauma auftreten.

20 Rechtsgrundlagen

20.1 Beamtenrecht

20.1.1 Das Beamtenrechtsrahmengesetz setzt sich aus den Vorschriften für die Landesgesetzgebung, Vorschriften, die einheitlich und unmittelbar gelten und den allgemeinen Schlussvorschriften zusammen.

20.1.2 Der Beamte steht zu seinem Dienstherrn in einem öffentlich-rechtlichen Dienst- und Treueverhältnis.

20.1.3 Eine Berufung in das Beamtenverhältnis ist nur zur Wahrnehmung hoheitsrechtlicher Aufgaben oder solcher Aufgaben zulässig, die aus Gründen der Sicherung des Staates oder des öffentlichen Lebens nicht ausschließlich Personen übertragen werden dürfen, die in einem privatrechtlichen Arbeitsverhältnis stehen.

20.1.4 Das Beamtenverhältnis kann begründet werden
- auf Lebenszeit,
- auf Zeit,
- auf Probe,
- auf Widerruf.

Des Weiteren ist eine Berufung als Ehrenbeamter möglich.

20.1.5 Wer in ein Beamtenverhältnis berufen werden möchte, muss:
- Deutscher im Sinne des Artikels 116 des Grundgesetzes sein oder die Staatsangehörigkeit eines anderen Mitgliedstaates der Europäischen Gemeinschaften besitzen,
- die Gewähr dafür bieten, dass er jederzeit für die freiheitliche demokratische Grundordnung im Sinne des Grundgesetzes eintritt,
- die für seine Laufbahn vorgeschriebene oder – mangels solcher Vorschriften – übliche Vorbildung besitzen (Laufbahnbewerber).

Sofern es die Aufgaben erfordern, darf nur ein Deutscher im Sinne des Artikels 116 des Grundgesetzes in ein Beamtenverhältnis berufen werden (Artikel 48 Abs. 4 EWG-Vertrag).

20.1.6 Einer Ernennung bedarf es:
- zur Begründung des Beamtenverhältnisses,
- zur Umwandlung des Beamtenverhältnisses in ein solches anderer Art,
- zur ersten Verleihung eines Amtes,
- zur Verleihung eines anderen Amtes mit anderem Endgrundgehalt und anderer Amtsbezeichnung,
- zur Verleihung eines anderen Amtes mit anderer Amtsbezeichnung beim Wechsel der Laufbahngruppe.

20.1.7 Die Ernennung erfolgt durch die Aushändigung einer Ernennungsurkunde.

20.1.8 In der Ernennungsurkunde müssen enthalten sein:
- bei der Begründung des Beamtenverhältnisses die Worte »unter Berufung in das Beamtenverhältnis« mit dem die Art des Beamtenverhältnisses bestimmenden Zusatz »auf Lebenszeit«, »auf Probe«, »auf Widerruf« oder »als Ehrenbeamter« oder »auf Zeit« mit der Angabe der Zeitdauer der Berufung,
- bei der Umwandlung des Beamtenverhältnisses in ein solches anderer Art die diese Art bestimmenden Worte nach Nummer 1,
- bei der Verleihung eines Amtes die Amtsbezeichnung.

20.1.9 Nein, eine Ernennung auf einen zurückliegenden Zeitpunkt ist unzulässig und insoweit unwirksam.

20.1.10 Eine Ernennung zum Beamten auf Lebenszeit ist nur dann zulässig, wenn sich der Beamte in einer Probezeit bewährt und das 27. Lebensjahr vollendet hat.

20.1.11 Nach fünf Jahren.

20.1.12 Ernennungen sind nach Eignung, Befähigung und fachlicher Leistung ohne Rücksicht auf Geschlecht, Abstammung, Rasse, Glauben, religiöse oder politische Anschauungen, Herkunft oder Beziehungen vorzunehmen.

20.1.13 Eine Ernennung ist zurückzunehmen:
- wenn sie durch Zwang, arglistige Täuschung oder Bestechung herbeigeführt wurde,
- wenn nicht bekannt war, dass der Ernannte ein Verbrechen oder Vergehen begangen hatte, das ihn der Berufung in das Beamtenverhältnis unwürdig erscheinen lässt, und er deswegen rechtskräftig zu einer Strafe verurteilt war oder wird.

20.1.14 Bei den Laufbahngruppen wird zwischen:
- dem einfachen Dienst,
- dem mittleren Dienst,
- dem gehobenen Dienst
- und dem höheren Dienst unterschieden.

20.1.15 Unter Anstellung versteht man die erste Verleihung eines Amtes unter Einweisung in eine freie und besetzbare Planstelle.

20.1.16 Gemäß § 9 des Arbeitsplatzschutzgesetzes darf die Anstellung (planmäßige Anstellung) nicht über den Zeitpunkt hinausgeschoben werden, zu dem der Beamte ohne Ableistung des Wehr- oder Ersatzdienstes zur Anstellung herangestanden hätte. Das bedeutet, dass ein Beamter nach dieser Vorschrift bereits während der Probezeit zum planmäßigen Beamten ernannt werden kann, die Ableistung der Probezeit selbst wird dadurch allerdings nicht berührt.

20.1.17 Das Beamtenverhältnis endet außer durch Tod durch
- Entlassung,
- Verlust der Beamtenrechte,
- Entfernung aus dem Dienst nach den Disziplinargesetzen,
- durch Eintritt in den Ruhestand unter Berücksichtigung der die beamtenrechtliche Stellung der Ruhestandsbeamten regelnden Vorschriften.

20.1.18 Zu den Pflichten des Beamten gehören zum Beispiel:
- eine unparteiische und gerechte Aufgabenerfüllung,
- ein Bekenntnis und Eintreten zur freiheitlichen demokratischen Grundordnung im Sinne des Grundgesetzes durch sein gesamtes Verhalten,
- Mäßigung und Zurückhaltung bei politischer Betätigung,
- volle Hingabe zu seinem Beruf,
- uneigennützige Verwaltung seines Amtes,
- ein Verhalten innerhalb und außerhalb des Dienstes, welches der Achtung und dem Vertrauen gerecht wird, die sein Beruf erfordert,
- Beratung und Unterstützung seiner Vorgesetzten,
- das Vorbringen von Bedenken gegen die Rechtmäßigkeit dienstlicher Anordnungen,
- Verschwiegenheit über dienstliche Belange auch nach Beendigung des Beamtenverhältnisses.

20.1.19 Der Begriff Eintreten für die freiheitliche demokratische Grundordnung lässt sich nicht einfach umschreiben.
Entsprechend einem Urteil des Bundesverfassungsgerichtes wird von einem Beamten erwartet, dass er den Staat und seine Verfassung als einen hohen positiven Wert erkennt und anerkennt. Es wird also mehr verlangt als korrekte, kühle, innerlich distanzierte aber uninteressierte Haltung gegenüber dem Staat und seiner Verfassung. Gefordert ist vielmehr eine eindeutige Distanzierung von Gruppen und Bestrebungen, die diesen Staat, seine verfassungsmäßigen Organe und die Rechtsnorm angreifen, bekämpfen oder diffamieren.

20.1.20 Der Beamte bedarf zur Übernahme jeder Nebentätigkeit, soweit er nicht zu ihrer Wahrnehmung verpflichtet ist, der vorherigen Genehmigung.

20.1.21 Zu den nicht genehmigungspflichtigen Nebentätigkeiten gehören:
- eine unentgeltliche Nebentätigkeit (Hinweis: Hier gibt es jedoch einige Ausnahmen),
- die Verwaltung des eigenen oder der Nutznießung des Beamten unterliegenden Vermögens,

- eine schriftstellerische, wissenschaftliche, künstlerische oder Vortragstätigkeit des Beamten,
- die mit Lehr- oder Forschungsaufgaben zusammenhängende selbstständige Gutachtertätigkeit von Lehrern an öffentlichen Hochschulen und Beamten an Wissenschaftlichen Instituten und Anstalten,
- die Tätigkeit zur Wahrung von Berufsinteressen in Gewerkschaften oder Berufsverbänden oder in Selbsthilfeeinrichtungen der Beamten.

Auch wenn es sich hier um nicht genehmigungspflichtige Nebentätigkeiten handelt, so kann jedoch in einigen Bundesländern eine Anzeigepflicht für diese Tätigkeiten bestehen.

20.1.22 Die Genehmigung ist zu versagen, wenn zu befürchten ist, dass durch die Nebentätigkeit dienstliche Interessen beeinträchtigt werden. Dies kann der Fall sein wenn die Nebentätigkeit

- nach Art und Umfang die Arbeitskraft des Beamten so stark in Anspruch nimmt, dass die ordnungsgemäße Erfüllung seiner dienstlichen Pflichten behindert werden kann,
- den Beamten in einen Widerstreit mit seinen dienstlichen Pflichten bringen kann,
- in einer Angelegenheit ausgeübt wird in der die Behörde, der der Beamte angehört, tätig wird oder tätig werden kann,
- die Unparteilichkeit oder Unbefangenheit des Beamten beeinflussen kann,
- zu einer wesentlichen Einschränkung der künftigen dienstlichen Verwendbarkeit des Beamten führen kann,
- dem Ansehen der öffentlichen Verwaltung abträglich sein kann.

20.1.23 Zu den Rechten eines Beamten nach dem Beamtenrechtsrahmengesetz gehören zum Beispiel:

- die Fürsorgepflicht des Dienstherrn,
- das Alimentationsrecht,
- Anspruch auf Erholungsurlaub unter Fortzahlung der Dienstbezüge,
- Recht auf Einsicht in die vollständige Personalakte auch nach Beendigung des Beamtenverhältnisses,
- Anhörungsrecht zu Beschwerden, Behauptungen und Bewertungen vor deren Aufnahme in die Personalakte, wenn sie für ihn ungünstig sind oder ihm nachteilig werden können (die Äußerung ist ebenfalls zu den Personalakten zu nehmen),
- das Recht sich in Gewerkschaften oder Berufsverbänden zusammenzuschließen,
- das Recht bei Anträgen oder Beschwerden den Beschwerdeweg bis zu seiner obersten Dienstbehörde zu bestreiten (der Dienstweg ist jedoch einzuhalten).

20.1.24 Das Recht Beamte zu haben, besitzen außer dem Bund

- die Länder, die Gemeinden und die Gemeindeverbände,
- sonstige Körperschaften, Anstalten und Stiftungen des öffentlichen Rechts, die dieses Recht im Zeitpunkt des Inkrafttretens dieses Gesetzes besitzen oder denen es nach diesem Zeitpunkt durch Gesetz, Rechtsver-

ordnung oder Satzung verliehen wird; derartige Satzungen bedürfen der Genehmigung durch eine gesetzlich hierzu ermächtigte Stelle.

20.1.25 Eine Festlegung aller hergebrachten Grundsätze des Berufsbeamtentums ist sehr schwierig und wegen der Möglichkeit zur Fortentwicklung entsprechend problematisch.
Zu den hergebrachten Grundsätzen gehören zum Beispiel:
- das Beamtenverhältnis als ein öffentlich-rechtliches Dienstverhältnis in Form eines besonderen Gewaltverhältnisses mit Funktionsvorbehalt,
- beiderseitige besondere öffentlich-rechtliche Treuepflicht,
- jederzeitiges Eintreten des Beamten für den Staat und seine verfassungsgemäße Ordnung,
- Neutralitätsgebot sowie Wahrnehmung der Interessen der Gesamtheit und Wahrnehmung der Interessen des Dienstherrn,
- persönliche Verantwortlichkeit des Beamten und Gehorsamspflicht,
- Laufbahnprinzip,
- amtsmäßiges persönliches Verhalten,
- Leistungsprinzip,
- besonders ausgestaltete Amtshaftung,
- Streikverbot.

20.1.26 Ein Grundsatz gilt dann als hergebracht, wenn er schon zur Zeit der Weimarer Republik oder früher Gültigkeit besaß.

20.2 Staatsbürgerkunde

20.2.1 Zum Staatsbegriff gehören die Elemente Staatsgebiet, Staatsvolk und Staatsgewalt.

20.2.2 Als Staatsgebiet bezeichnet man den abgegrenzten Teil der Erdoberfläche, in dem der Staat seine Herrschaft ausübt. Zum Staatsgebiet gehören:
- der abgegrenzte Teil der Erdoberfläche,
- das Erdinnere darunter,
- der Luftraum darüber (nicht Weltraum),
- das Küstenmeer (umstritten, mindestens Dreimeilenzone).

20.2.3 Eine Änderung des Staatsgebietes ist möglich durch:
- Abtretung (freiwillig, durch Vereinbarung),
- Annexion (gewaltsame Besitzergreifung),
- Okkupation (Inbesitznahme des Gebietes ohne Beeinträchtigung der Eigenstaatlichkeit).

20.2.4 Ein Staatsvolk ist eine Gemeinschaft von Menschen, welche dieselbe Staatsangehörigkeit besitzen.

Unter Nation ist eine Gemeinschaft von Menschen zu verstehen, die durch gemeinsame Merkmale wie zum Beispiel Abstammung, geschichtliche Vergangenheit, Kultur, Sprache und Zusammengehörigkeitsgefühl miteinander verbunden sind.

20.2.5 Unter Staatsgewalt versteht man die Anordnungs- und Zwangsgewalt eines Staates zur Aufrechterhaltung seiner Ordnung. Eine Berechtigung des Staates seine Staatsgewalt willkürlich oder unbegrenzt zu gebrauchen besteht jedoch nicht. Auch der Staat ist bei der Erfüllung seiner Aufgaben an den Grundsatz der Verhältnismäßigkeit gebunden. Nach dem Grundgesetz der Bundesrepublik Deutschland geht alle Staatsgewalt vom Volke aus (Ausübung z. B. durch Wahlen und Abstimmungen).

20.2.6 Unter einer Staatsform versteht man die verfassungsmäßige Bestimmung des Trägers der Staatsgewalt und der Art ihrer Ausübung.

20.2.7 Bei den Staatsformen unterscheiden wir zwischen der:
- Monarchie: Herrschaft eines Einzelnen (Kaiser, König, Fürst),
- Republik: Staatsgewalt liegt bei einer Mehrheit von Personen,
- Diktatur: Herrschaft einer Einzelperson (Diktator).

20.2.8 Entsprechend Art. 20 des Grundgesetzes ist die Bundesrepublik Deutschland ein demokratischer und sozialer Bundesstaat.

20.2.9 Unter einem Rechtsstaat ist ein Staat zu verstehen, dessen Ziel die Schaffung eines materiell gerechten Zustandes ist. Die Rechtmäßigkeit staatlichen Handelns wird dabei durch unabhängige Gerichte kontrolliert. Die Rechte der Bürger werden durch die Anerkennung von Grundrechten gesichert. In diese Rechte darf nur aufgrund eines formellen – vom Parlament beschlossenen – Gesetzes eingegriffen werden.

20.2.10 Zu den Merkmalen eines Rechtsstaates gehören zum Beispiel:
- die Gewaltenteilung,
- die Gewähr der persönlichen Freiheitsrechte,
- die Bindung der Staatsgewalt an Gesetz und Recht,
- das Prinzip vom Vorbehalt des Gesetzes,
- das Eingriffe in die Rechtssphäre des Bürgers nur durch oder auf Grund eines Gesetzes möglich sind,
- der Grundsatz der Verhältnismäßigkeit staatlichen Handelns,
- der Rechtsschutz gegen staatliche Gewalt,
- der Grundsatz, dass Handlungen nur dann bestraft werden können, wenn ihre Strafbarkeit vorher gesetzlich bestimmt wurde.

20.2.11 Bei einem Bundesstaat ist die Ausübung der Staatsgewalt auf einen Zentralstaat (Bund) und mehrere Gliedstaaten (Länder) aufgeteilt. Die Gliedstaaten besitzen in der Regel im Bund ein Mitspracherecht.

20.2.12 Die obersten Bundesorgane der Bundesrepublik Deutschland sind:
- der Bundestag,
- der Bundesrat,
- die Bundesversammlung,
- der Bundespräsident,
- die Bundesregierung und der Bundeskanzler,
- der Gemeinsame Ausschuss,
- das Bundesverfassungsgericht.

20.2.13 Die Zuständigkeit des Bundestages erstreckt sich auf:
- das Gesetzgebungsrecht (Legislativgewalt Art. 77 GG),
- das Enqueterecht (Untersuchsrechte Art. 44 GG),
- die Wahl des Bundeskanzlers (Art. 63),
- die Entlassung des Kanzlers durch die Wahl eines Nachfolgers (konstruktives Mißtrauensvotum Art. 67, 68 GG),
- die Wahl der Hälfte der Richter des Bundesverfassungsgerichtes (Art. 94),
- die Wahl der Hälfte der Mitglieder des Richterwahlausschusses, der über die Berufung der Richter der obersten Gerichtshöfe des Bundes entscheidet (Art. 95 Abs. 2 GG),
- die Erhebung der Richteranklage beim BVerfG (Art. 98 GG),
- dem Zitier- und Interpellationsrecht (Art. 43 GG),
- die Feststellung des Bundeshaushalts (Budgetrecht Art. 110, 114 GG).

20.2.14 Die Abgeordneten des Bundestages werden für vier Jahre nach den Grundsätzen des allgemeinen und gleichen Wahlrechts gewählt.

20.2.15 Bei der Mehrheitswahl wird das Wahlgebiet in so viele Wahlkreise aufgeteilt, wie das Parlament Sitze haben soll. In jedem Wahlkreis wird nur ein Kandidat gewählt. Bei einer reinen Verhältniswahl erhalten die Parteien prozentual soviele Sitze im Parlament, wie sie Stimmen im gesamten Wahlgebiet erhalten haben. Die Entsendung der Kandidaten in das Parlament erfolgt nach vorher aufgestellten Listen.

20.2.16 Das Wahlsystem der Bundesrepublik Deutschland besteht aus einer Kombination von Mehrheits- und Verhältniswahl. Eine Hälfte der Sitze des Bundestages wird an die Direktkandidaten, die andere an die Listenkandidaten vergeben.

20.2.17 Die 5%-Klausel soll gegen eine Überzahl kleiner Splitterparteien im Parlament sichern (Problem der Weimarer Republik).

20.2.18 Unter einer Fraktion versteht man den Zusammenschluss gesinnungsmäßig gleich orientierter Abgeordneter (meist einer Partei oder einander nahestehender Parteien z. B. CDU und CSU) im Parlament. Sie soll den technischen Ablauf der Parlamentsarbeit steuern und erleichtern und den Abgeordneten eine effektive Wahrnehmung ihrer Rechte und Pflichten ermöglichen.

20.2.19 Untersuchungsausschüsse sollen Tatbestände des öffentlichen Interesses sowie Unregelmäßigkeiten in der Geschäftsführung von Bundestag oder Bundesregierung durch Beweiserhebung aufklären.

20.2.20 Im Gegensatz zu den Untersuchungsausschüssen werden die Enquetekommissionen nicht nur mit Mitgliedern des Bundestages besetzt, sondern vor allem mit Fachleuten der betreffenden Sachgebiete.

20.2.21 Der Bundesrat soll als Organ des Bundes die Interessen der Länder wahrnehmen.

20.2.22 Die Anzahl der Vertreter richtet sich nach der Einwohnerzahl, wobei jedes Bundesland mindestens drei Vertreter (Stimmen) entsendet.
- Länder mit mehr als zwei Millionen Einwohnern besitzen vier Stimmen.
- Länder mit mehr als sechs Millionen Einwohnern besitzen fünf Stimmen.
- Länder mit mehr als sieben Millionen Einwohnern besitzen sechs Stimmen.

20.2.23 Zu den wichtigsten Aufgaben des Bundesrates gehören die Mitwirkung:
- im ordentlichen Gesetzgebungsverfahren (Art. 77 GG),
- beim Gesetzgebungsnotstand (Art. 81 GG),
- beim Bundeszwang (Art. 37 GG),
- bei der Errichtung von bundeseigenen Mittel- und Unterbehörden (Art. 87 Abs. 3 GG),
- bei der Bundesaufsicht über die Ausführung der Bundesgesetze durch die Länder,
- der Feststellung des Verteidigungsfalles (Art. 115a Abs. 1).

20.2.24 Die Amtszeit beträgt ein Jahr.

20.2.25 Die Aufgabe der Bundesversammlung besteht in der Wahl des Bundespräsidenten.

20.2.26 Die Bundesversammlung besteht aus den Mitgliedern des Bundestages und einer gleichen Zahl von Mitgliedern, die von den Volksvertretungen der Länder gewählt werden. Die Wahl dieser Mitglieder erfolgt nach der Stärke der in den einzelnen Ländern vertretenen Parteien.

20.2.27 Der Bundeskanzler leitet die Bundesregierung, bestimmt die Richtlinien der Politik und trägt dafür die Verantwortung.

20.2.28 Der Bundeskanzler wird auf Vorschlag des Bundespräsidenten vom Bundestag gewählt (absolute Mehrheit erforderlich) und dann vom Bundespräsidenten ernannt.

20.2.29 Zuständigkeiten des Bundeskanzlers:
- Er schlägt dem Bundespräsidenten die zu ernennenden oder zu entlassenden Bundesminister vor.
- Er hat die Richtlinienkompetenz.
- Leitung der Geschäfte der Bundesregierung.
- Mit Verkündung des Verteidigungsfalles geht die Befehls- und Kommandogewalt über die Streitkräfte vom Verteidigungsminister auf den Bundeskanzler über.

20.2.30 Konrad Adenauer 1949 – 1963
Ludwig Erhard 1963 – 1966
Kurt Georg Kiesinger 1966 – 1969
Willy Brandt 1969 – 1974
Helmut Schmidt 1974 – 1982
Dr. Helmut Kohl 1982 – 1998
Gerhard Schröder 1998 – 2005
Angela Merkel seit 2005

20.2.31 Aufgaben der Bundesregierung:
- Gesetzesinitiative nach Art. 76 GG, Erlass von Rechtsverordnungen, Verwaltungsvorschriften (Art. 80 GG),
- Antrag auf Anordnung des Gesetzgebungsnotstandes,
- Maßnahmen bei inneren Notständen und im Verteidigungsfall,
- Aufgaben aus der Stellung als Organ der Exekutive in Innen- und Außenpolitik.

20.2.32 Die Amtszeit des Bundespräsidenten umfasst fünf Jahre, eine Wiederwahl ist einmal möglich.

20.2.33 Zu den Rechten und Pflichten des Bundespräsidenten gehören:
- die Wahrnehmung repräsentativer Aufgaben,
- die Völkerrechtliche Vertretung der Bundesrepublik,
- die Ausfertigung von Gesetzen,
- der Vorschlag des Bundeskanzlerkandidaten im Bundestag,
- die Ernennung und Entlassung der Bundesrichter, der Bundesbeamten, Offiziere und Unteroffiziere,
- die Ausübung des Begnadigungsrechts,
- die jederzeitige Einberufung des Bundestages,
- die Verleihung von Ehrungen (z. B. Bundesverdienstkreuz).

20.2.34 Theodor Heuss 1949 – 1959
Heinrich Lübke 1959 – 1969
Gustav Heinemann 1969 – 1974
Walter Scheel 1974 – 1979
Karl Carstens 1979 – 1984
Richard von Weizsäcker 1984 – 1994
Roman Herzog 1994 – 1999
Johannes Rau 1999 – 2004
Horst Köhler seit 2004

20.2.35 Entsprechend Art. 73 GG hat der Bund bei den nachfolgend aufgeführten Punkten die Gesetzgebungskompetenz:
- auswärtige Angelegenheiten,
- Schutz der Zivilbevölkerung,
- Verteidigung,
- Staatsangehörigkeit,
- Passwesen,
- Geld- und Münzwesen.

20.2.36 Bei der konkurrierenden Gesetzgebung liegt die Gesetzgebungsbefugnis bei den Ländern, solange und sofern der Bund von seinem Gesetzgebungsrecht keinen Gebrauch macht.

20.2.37 Bei der Rahmengesetzgebung darf der Bund nur die Rahmenvorschriften erlassen, den Ländern muss Raum zu eigener Entscheidung belassen werden (z. B. Hochschulrahmengesetz, Beamtenrechtsrahmengesetz).

20.2.38 Die ausschließliche Gesetzgebungskompetenz der Länder erstreckt sich auf:

- das Landesverfassungsrecht,
- die innere Landesverwaltung,
- das Schul- und Kulturwesen,
- das Gemeinderecht (Kommunalverfassungsrecht),
- das Polizei- und Ordnungsrecht,
- das Landessteuerrecht.

20.2.39 Der Vermittlungsausschuss dient der Beilegung von Meinungsverschiedenheiten zwischen dem Bundestag und dem Bundesrat bei Gesetzesvorlagen. Er setzt sich aus einer gleichen Anzahl von Mitgliedern des Bundestages und des Bundesrates zusammen. Die Mitglieder des Bundesrates sind hierbei nicht weisungsgebunden.

20.3 Straßenverkehrsordnung

20.3.1 Die wichtigsten Grundregeln der Straßenverkehrsordnung sind im § 1 der StVO zusammengefasst, hier heißt es:
Die Teilnahme am Straßenverkehr erfordert ständige Vorsicht und gegenseitige Rücksicht. Jeder Verkehrsteilnehmer hat sich so zu verhalten, dass kein Anderer geschädigt, gefährdet oder mehr, als nach den Umständen unvermeidbar, behindert oder belästigt wird.

20.3.2 Beim Ein- und Aussteigen ist darauf zu achten, dass eine Gefährdung anderer Verkehrsteilnehmer ausgeschlossen ist. Weiterhin sind alle nötigen Maßnahmen zu treffen, um Unfälle oder Verkehrsstörungen zu vermeiden.

20.3.3 Gemäß § 35 StVO kann die Feuerwehr von den Vorschriften der Straßenverkehrsordnung befreit werden, soweit das zur Erfüllung hoheitlicher Aufgaben dringend geboten ist.

20.3.4 Unter hoheitlichen Aufgaben ist jede Vornahme von Diensthandlungen zu verstehen, die zur Erfüllung der gesetzlich zugewiesenen Aufgaben der Sonderrechtsträger erforderlich ist.

20.3.5 Eine Befreiung der Fahrzeuge des Rettungsdienstes von den Vorschriften der Straßenverkehrsordnung ist dann möglich, wenn höchste Eile geboten ist, um Menschenleben zu retten oder schwere gesundheitliche Schäden abzuwenden.

20.3.6 Die Sonderrechte dürfen nur unter gebührender Berücksichtigung der öffentlichen Sicherheit und Ordnung ausgeübt werden.

20.3.7 Die Kreuzung darf nur mit entsprechender Vorsicht (Schrittgeschwindigkeit) überquert werden. Weiterhin ist zu beachten, ob die anderen Verkehrsteilnehmer die Sondersignale wahrnehmen und berücksichtigen.

20.3.8 Blaues Blinklicht darf mit dem Einsatzhorn zusammen nur verwendet werden, wenn höchste Eile geboten ist, um Menschenleben zu retten oder schwere gesundheitliche Schäden abzuwenden, eine Gefahr für die öffentliche Sicherheit oder Ordnung abzuwenden, flüchtige Personen zu verfolgen oder bedeutende Sachwerte zu erhalten sind.

20.3.9 Nach der Straßenverkehrsordnung darf das blaue Blinklicht allein nur von den damit ausgerüsteten Fahrzeugen und zur Warnung an Unfall- oder sonstigen Einsatzstellen, bei Einsatzfahrten oder bei der Begleitung von Fahrzeugen oder von geschlossenen Verbänden verwendet werden.

20.3.10 Für die Erteilung der Fahrerlaubnis ist die Straßenverkehrsbehörde zuständig, in deren Zuständigkeit der Marsch beginnen soll.

20.3.11 Die Erlaubnis der zuständigen Straßenverkehrsbehörde ist dann erforderlich, wenn mehr als 30 Kraftfahrzeuge im geschlossenen Verband fahren sollen.

20.3.12 Die Erlaubnispflicht entfällt bei Einsätzen anlässlich von Unglücksfällen, Katastrophen und Störungen der öffentlichen Sicherheit oder Ordnung sowie in den Fällen der Artikel 91 und 87 a Abs. 4 des Grundgesetzes sowie im Verteidigungsfall und im Spannungsfall.

21 Funk

21.1 Sprechfunk

21.1.1 Die DV 810 gilt für den nichtöffentlichen beweglichen Landfunkdienst der Behörden und Organisationen mit Sicherheitsaufgaben (BOS) und sinngemäß für den Sprechfunkverkehr im Grenz-Kurzwellen-Bereich.

21.1.2 Der Sprechfunkdienst hat die Aufgabe, Sprechfunkverbindungen auf den zugewiesenen Kanälen/Frequenzen unter Verwendung der zugeteilten Rufnamen/Rufzeichen herzustellen, zu betreiben und zu unterhalten.

21.1.3 Teilnehmer des Sprechfunkverkehrs haben daran zu denken, dass sie der Verschwiegenheitspflicht unterliegen, die sich aus der in § 11 (1) Nr. 2 und 4 StGB definierten rechtlichen Stellung ergibt.

21.1.4 Der Aufgeber einer Nachricht bestimmt
- die Art,
- die Vorrangstufe,
- den VS-Grad und
- die Maßnahmen zur Sicherung.

21.1.5 Bei den Sprechfunknachrichten wird zwischen den Gesprächen, Durchsagen und den Sprüchen unterschieden.

21.1.6 Bei Gesprächen handelt es sich um einen formlosen, unmittelbaren Informationsaustausch.

21.1.7 Bei einer Durchsage handelt es sich um eine formlose Nachricht deren Inhalt stichwortartig vorgefasst sein sollte und – sofern erforderlich – von der Gegenstelle niedergeschrieben oder aufgezeichnet wird.

21.1.8 Sprüche sind formgebundene, schriftlich festgelegte Nachrichten.

21.1.9 Sprüche gliedern sich in einen Kopf, eine Anschrift, besondere Vermerke, den Inhalt und den Absender.

21.1.10 Der Kopf enthält in fester Reihenfolge
- eine Vorrangstufe,
- den Rufnamen der absetzenden Sprechfunkbetriebsstelle,

- eine Spruchnummer,
- den Annahmetag und -monat als vierstellige Zahlengruppe,
- die Annahmeuhrzeit als vierstellige Zahlengruppe.

21.1.11 Bei den Vorrangstufen unterscheidet man zwischen:
- Einfach-Nachrichten,
- Sofort-Nachrichten,
- Blitz-Nachrichten,
- Staatsnot-Nachrichten.

21.1.12 Einfach-Nachrichten enthalten keine Vermerke des Aufgebers und werden in der Reihenfolge ihres Einganges in der Fernmeldebetriebsstelle abgefertigt.

21.1.13 Als Sofort-Nachrichten werden dringende Nachrichten bezeichnet die vom Aufgeber mit dem Vermerk »Sofort« gekennzeichnet wurden.

21.1.14 Sofort-Nachrichten sind in der Reihenfolge ihres Einganges, jedoch vor Einfach-Nachrichten abzufertigen. Bestehender Sprechfunkverkehr wird nicht unterbrochen.

21.1.15 Bei Blitz-Nachrichten handelt es sich um sehr dringende Nachrichten.

21.1.16 Blitz-Nachrichten sind in der Reihenfolge ihres Eingangs vor Sofort- und Einfach-Nachrichten abzufertigen. Bestehender Sprechfunkverkehr niederer Vorrangstufen ist zu unterbrechen.

21.1.17 Blitz-Nachrichten dürfen aufgegeben werden wenn:
- Menschenleben zu schützen sind,
- Kapitalverbrechen oder Katastrophen zu bekämpfen sind,
- ein dringendes Interesse der öffentlichen Sicherheit und Ordnung vorhanden ist.

21.1.18 Staatsnot-Nachrichten sind Nachrichten mit der höchsten Sendepriorität.

21.1.19 Staatsnot-Nachrichten sind in der Reihenfolge ihres Eingangs vor allen anderen Nachrichten abzufertigen. Bestehender Sprechfunkverkehr niederer Vorrangstufen ist zu unterbrechen.

21.1.20 Staatsnot-Nachrichten dürfen nur von der Bundesregierung oder den Landesregierungen aufgegeben werden.

21.1.21 Nein.

21.1.22 Bei den Verkehrsarten wird zwischen dem Richtungsverkehr, dem Wechselverkehr, dem Gegenverkehr und dem Relaisverkehr unterschieden.

21.1.23 Beim Richtungsverkehr kann entweder nur gesendet oder nur empfangen werden.

21.1.24 Beim Wechselverkehr wird abwechselnd gesendet und empfangen. Nur in den Sendepausen kann unterbrochen werden.

21.1.25 Beim Gegenverkehr ist ein gleichzeitiges Senden und Empfangen möglich. Das Gespräch kann zu jeder Zeit unterbrochen werden.

21.1.26 Beim Relaisverkehr wird über eine zwischengeschaltete Sende-/Empfangseinrichtung (Relaisfunkstelle) zur Vergrößerung der Reichweite beziehungsweise zur Überleitung in einen anderen Sprechfunkverkehrsbereich oder -kreis gesendet und/oder empfangen.

21.1.27 Bei den Verkehrsformen wird zwischen dem Linienverkehr, dem Sternverkehr, dem Kreisverkehr und dem Querverkehr unterschieden.

21.1.28 Die Nachrichten sind zu verschleiern, zu tarnen oder zu verschlüsseln.

21.1.29 Zu den taktischen Maßnahmen zur Sicherung des Sprechfunkverkehrs gehören die

- Funkstille,
- Einschränkung des Sprechfunkverkehrs,
- Benutzung anderer Fernmeldemittel,
- Verwendung von Meldemitteln.

21.1.30 Die Überwachung des Fernmeldebetriebes dient

- zur Gewinnung fernmeldetaktischer Nutzinformationen,
- dem Sammeln fernmeldebetrieblicher Erkenntnisse,
- der Aufrechterhaltung der Fernmeldedisziplin.

21.2 Funkrufnamen

21.2.1 Die Funkrufnamen bestehen aus einem Kennwort, dem Namen des Leitstellenbereichs und einer Kennzahl.

21.2.2 Das Kennwort steht für den Namen der Organisation, zum Beispiel *Florian* für die Feuerwehr.

21.2.3 Die Kennzahl besteht aus drei zweistelligen Zahlenblöcken, welche als Teilkennzahlen bezeichnet werden.

21.2.4 Innerhalb eines Kreises (NRW) steht die erste Teilkennzahl als eine numerische Bezeichnung für eine kreisangehörige Gemeinde. Innerhalb einer kreisfreien Stadt (NRW) wird durch die erste Teilkennziffer die Wache angegeben. Handelt es sich um die IuK-Einheit einer Bezirksregierung (NRW), so wird durch die erste Teilkennziffer der Regierungsbezirk gekennzeichnet.

21.2.5 Durch die zweite Teilkennzahl werden ortsfeste Funkanlagen und mobile Funkanlagen, die auf eine Führungskraft, eine Führungsfunktion oder den eingesetzten Fahrzeugtyp Bezug nehmen, gekennzeichnet.

21.2.6 Die dritte Teilkennzahl wird zur Unterscheidung von Funkanlagen mit gleicher zweiter Teilkennzahl innerhalb einer Gemeinde (bei kreisangehörigen Gemeinden, NRW) beziehungsweise in einer Wache (bei kreisfreien Städten, NRW) oder bei einer Bezirksregierung (IuK-Einheiten, NRW) benötigt.

21.2.7 Der Funkrufnamen lautet:
»Florian Aachen 02/44/01«

21.2.8 Der Funkrufnamen lautet:
»Florian Köln 04/65/03«

22 Stationäre Löschanlagen

22.1 Allgemeines

22.1.1 Ortsfeste Löschanlagen sind:
- Sprinkleranlagen (DIN 14 489),
- Sprühwasserlöschanlagen (DIN 14 494),
- Berieselungsanlagen (DIN 14 495),
- Schaumlöschanlagen (DIN 14 493),
- Kohlendioxidlöschanlagen,
- Funkenlöschanlagen,
- Kleinlöschanlagen,
- Pulverlöschanlagen.

22.1.2 Eine ortsfeste Löschanlage ist eine ständig betriebsbereite Anlage, bei der aus einem ortsfest verlegten Rohrleitungssystem über geeignete Aufgabevorrichtungen Löschmittel abgegeben wird. Die Anlage kann automatisch und/oder von Hand ausgelöst werden.

22.1.3 Bestehende Löschanlagen mit dem Löschmittel Halon sind außer Betrieb zu nehmen. Als Ersatz wären hierfür CO_2-Löschanlagen möglich.

22.1.4 Im Gegensatz zu baulichen Maßnahmen (Brandwand), die nur einer Ausbreitung von Feuer und Rauch vorbeugen, besteht bei der ortsfesten Löschanlage die Möglichkeit, einen Entstehungsbrand aktiv zu bekämpfen. Somit können:
- Brandabschnitte vergrößert werden,
- Versicherungsprämien rabattiert werden,
- die Betriebssicherheit erhöht werden.

22.1.5 Bei *selbsttätigen* Feuerlöschanlagen spricht eine Automatik, (Brandmelder) auf Begleiterscheinungen der Verbrennung an (Temperatur, Rauch). *Handbetätigte* Feuerlöschanlagen werden manuell ausgelöst. Eine Kombination von automatischer Auslösung und Handauslösung ist möglich.

22.1.6 Unter *Raumschutz* versteht man den Schutz eines gesamten Raumes mit Inhalt. Unter *Objektschutz* versteht man den Schutz eines bestimmten Objektes (zum Beispiel einer Maschine).

22.1.7 *Regenvorhänge* sind Schutzanlagen, die offene Fenster und Türen sowie Durchbrüche, die zum Beispiel aus betrieblichen Gründen erforderlich sind, schützen.
Berieselungsanlagen kühlen Öffnungen, die durch Türen, Rollos o.ä. geschlossen sind.

22.2 Sprinkleranlagen

22.2.1 Eine Sprinkleranlage ist eine ständig betriebsbereite Löschanlage, bei der aus einem ortsfest verlegten Rohrleitungssystem Löschwasser über Sprinkler abgegeben wird. Die Anlage wird automatisch ausgelöst. Sie erkennt, meldet und bekämpft Brände.

22.2.2 Sprinklerglasfläschchen haben folgende Auslösetemperaturen:
a) rot: 68 °C
b) gelb: 79 °C
c) blau: 141 °C

22.2.3 Sprinkleranlagen bestehen aus:
- Sprinkler (Glasfässchen oder Schmelzlot),
- Rohrleitungsnetz,
- Alarmventilstation,
- Wasserversorgung,
- Pumpen und elektrische Energieversorgung,
- Druckluftversorgung (für Trockensysteme und Druckluftwasserbehälter).

22.2.4 Arten von Sprinkleranlagen sind:
- Nassanlagen,
- Trockenanlagen,
- Trockenschnellanlagen,
- Tandemanlagen,
- vorgesteuerte Anlagen.

22.2.5 Eine *Tandemanlage* ist eine Trockenanlage, die an das Sprinklerrohrnetz einer Nassanlage angeschlossen ist.

22.2.6 Die Auslösetemperatur eines Sprinklers soll mindestens 30 °C über der Raumtemperatur liegen.

22.2.7 Bestandteile eines Sprinklers sind:
- Unterteil mit Anschlussgewinde,
- Oberteil mit Sprühteller,
- Glasfässchen mit Auslöseflüssigkeit,
- Dichtkegel mit schräg ausgebildeter Unterseite,
- Dichtung aus Teflon.

22.2.8 Sprinklerarten sind zum Beispiel:
- Normalsprinkler,
- Schirmsprinkler,
- Flachschirmsprinkler,
- Seitenwandsprinkler.

22.2.9 Die Wirksamkeit der Sprinkleranlage ist gegeben, wenn die Auslösetemperatur der RWA mindestens 18 °C über der Auslösetemperatur der Sprinkleranlage liegt.

22.2.10 Während bei Sprinkleranlagen sämtliche Öffnungen im Rohrnetz durch Sprinkler geschlossen sind, sind Sprühwasserlöschanlagen selbsttätige Löschanlagen, die mit festverlegten Rohrleitungen und offenen Düsen ausgestattet sind.

22.2.11 Bei elektromotorischem Antrieb einer Sprinkleranlage ist zu beachten, dass die Stromversorgung gegen Brandeinwirkung geschützt wird (mindestens F 30 A).

22.2.12 Sprinkleranlagen sind wie folgt zu prüfen:
- *wöchentlich:* Betriebsbereitschaft, Druck-, Wasser-, Stromversorgung,
- *monatlich:* Nennförderleistung, Alarmeinrichtung,
- *jährlich:* Leistung der Wasserversorgung.

Die Ergebnisse der Prüfung sind in Prüfbüchern festzuhalten.

22.2.13 Für den Bau von Sprinkleranlagen gelten die *Vorschriften für die Errichtung von Sprinkleranlagen*, welche vom Verband der Sachversicherer herausgegeben werden.

22.2.14 a) Eine *Trockenanlage* ist eine Anlage, bei welcher das Rohrnetz im Ruhezustand mit Luft gefüllt ist. Nach Öffnen eines Sprinklers (Druckabfall) strömt Wasser nach.

b) *Trockenschnellanlagen* sind Anlagen, bei welchen das Öffnen der Alarmventilstation durch automatische Brandfrüherkennungseinrichtungen ausgelöst wird. Diese Anlagen werden dort eingebaut, wo mit einer schnellen Brandausbreitung zu rechnen ist.

c) Eine *vorgesteuerte Anlage* wird dort eingebaut, wo mit höheren Schäden durch Fehlauslösungen gerechnet werden muss. Automatische Brandfrüherkennungseinrichtungen bewirken das Öffnen der Alarmventilstationen. Somit haben Störungen der Brandmeldeeinrichtungen keinen Einfluss auf die Funktion der Anlage.

22.2.15 a) Normalsprinkler haben ein kegelförmiges Sprühbild mit einer Schutzfläche von etwa neun Quadratmetern.

b) Schirmsprinkler haben ein parabolförmiges Sprühbild mit einer Schutzfläche von maximal etwa 20 Quadratmetern.

c) Flachschirmsprinkler haben ein sehr flaches Sprühbild und eine Schutzfläche von ebenfalls etwa 20 Quadratmetern.

22.2.16 Bei Auslösetemperaturen von unter 141 °C sind Abweichungen von maximal +10 °C zulässig.

22.2.17 Die Anordnung der Sprinklerdüsen ist abhängig von:
- Art und Wasserleistung des Sprinklers,
- baulichen Gegebenheiten,
- der Raumhöhe.

22.2.18 Der Abstand zwischen Fußboden und Sprinkler darf maximal 15 Meter betragen.

22.2.19 Bei Treppenschrägen müssen die Sprinklersprühteller parallel zu den Schrägen angeordnet werden.

22.2.20 Folgende Objekte eignen sich besonders gut zum Einbau von Sprinkleranlagen:
- Waren- und Geschäftshäuser,
- Theater,
- Versammlungsstätten,
- Verwaltungsgebäude,
- Großgaragen,
- Fertigungshallen der Industrie.

22.2.21 Die ersten Sprinkleranlagen im heutigen Sinn wurden vor etwa 100 Jahren eingebaut.

22.3 Schaumlöschanlagen

22.3.1 Folgende ortsfeste Schaumlöschanlagen werden eingebaut:
- Schwerschaumanlagen (4 bis 20-fache Verschäumung),
- Mittelschaumanlagen (20 bis 200-fache Verschäumung),
- Leichtschaumanlagen (mehr als 200-fache Verschäumung).

22.3.2 Ortsfeste Schaumlöschanlagen werden überall dort eingebaut, wo brennbare Flüssigkeiten gelagert oder verarbeitet werden. Als Beispiele sind hier Tanklager im Freien und in geschlossenen Räumen zu nennen.

22.3.3 Bestandteile einer ortsfesten Schaumlöschanlage sind:
- Pumpen,
- Vorratsbehälter für Schaummittel,
- Zumischereinrichtungen,
- Schaumerzeuger,
- Auslöseeinrichtungen,
- Rohrleitungs- und Verteilungssysteme.

22.3.4 Für eine ortsfeste Schaumlöschanlage muss die erforderliche Wassermenge über mindestens 120 Minuten zur Verfügung stehen.

22.3.5 *Schaumtöpfe* haben die Aufgabe, den Tankinnenraum gegen die Schaumleitung gasdicht abzuschließen. Dies geschieht oft durch eine Glasscheibe oder durch eine Folie.

22.3.6 Schaumkrümmer haben die Aufgabe:
- den Schaumfluss durch Vergrößerung des Querschnittes zu verlangsamen,
- den durch den Schaumkrümmer einströmenden Schaum in gebundenem Strahl gegen die innere Tankwand zu leiten, von wo er dann auf die Tankflüssigkeit fließen und sich ausbreiten kann.

22.3.7 Bei dieser Methode handelt es sich um ein Verfahren, bei welchem das Wasser-Schaummittelgemisch durch ein fest verlegtes Rohrleitungssystem zum Behältergrund geführt wird. Aufgrund der spezifischen Dichte treibt das Gemisch dann an die Flüssigkeitsoberfläche und verschäumt.

22.4 CO_2-Löschanlagen

22.4.1 Zum Einbau von CO_2-Löschanlagen sind folgende Objekte geeignet:
- Tankanlagen im Raum,
- Transformatoren im Raum,
- Rechenzentren,
- Schalt- und Steuerzentralen,
- Hydraulikanlagen,
- Prüfstände,
- Generatoren.

22.4.2 Bei *Hochdruckanlagen* erfolgt die Bereitstellung von CO_2 durch Stahlflaschen (40 l) mit einem Druck von 25 bar (CO_2 unter Druck verflüssigt).

Werden mehr als 4 000 kg CO_2 zum Absichern eines Objektes benötigt, ist es wirtschaftlicher, *Niederdruckanlagen* einzubauen. Hier wird CO_2 bei –20 °C in großen Kesseln bevorratet. Der Druck beträgt hier nur 20 bar.

22.4.3 Anforderungen an CO_2-Löschanlage:
- Das CO_2 muss rein und trocken sein.
- Die Räume müssen so beschaffen sein, dass das CO_2 nicht entweichen kann.
- Sicherheitsauslässe müssen vorhanden sein, um Überdrücke abzubauen.
- Be- und Entlüftungsanlagen müssen selbsttätig abschalten.
- Warnschilder sind an den Ausgangstüren anzubringen.
- CO_2-Feuerlöschanlagen sind zu erden.

22.4.4 Sicherheitseinrichtungen bei CO_2-Löschanlagen sind zum Beispiel:
- Verzögerungseinrichtungen (Flutung erst nach Vorwarnzeit),
- CO_2-Stopptaster (Taster um Vorwarnzeit zu verlängern),
- Odierung (dem CO_2 wird ein Geruchstoff beigemischt),
- Blockierung (Auslöseeinrichtung einer CO_2-Löschanlage kann blockiert werden).

22.4.5 Da hohe Kohlenstoffdioxid-Konzentrationen für Personen im Flutungsbereich lebensgefährlich sind, darf erst nach einer entsprechenden Vorwarnzeit ein Raum geflutet werden (Vorwarnzeit mindestens zehn Sekunden).

22.4.6 CO_2-Löschanlagen kommen bei folgenden brennbaren Stoffen zur Anwendung:
- brennbare Flüssigkeiten,
- brennbare Gase,
- Elektroanlagen,
- brennbare Feststoffe (hier ist allerdings eine längere Einwirkzeit erforderlich).

22.4.7 Die Löschwirkung einer CO_2-Löschanlage beruht hauptsächlich auf der Herabsetzung des Sauerstoffgehaltes der Luft auf einen Wert, bei dem der Verbrennungsvorgang nicht weiter abläuft.

22.5 Sprühwasserlöschanlagen

22.5.1 Während bei Sprinkleranlagen sämtliche Öffnungen im Rohrnetz durch Sprinkler geschlossen sind, sind Sprühwasserlöschanlagen selbsttätige Löschanlagen, die mit festverlegten Rohrleitungen und offenen Düsen ausgestattet sind.

22.5.2 Die Auslösung einer Sprühwasserlöschanlage kann von Hand oder automatisch erfolgen.

22.5.3 Sprühwasserlöschanlagen finden dort Verwendung, wo ein sehr großer Wasserfluss erforderlich ist und wo eintretende Wasserschäden eine geringe Rolle spielen.

22.5.4 Auslöseeinrichtungen für Sprühwasserlöschanlagen können sein:
- selbsttätige mechanische Auslöseeinrichtungen,
- selbsttätige hydraulische Auslöseeinrichtungen,
- selbsttätige pneumatische Auslöseeinrichtungen,
- selbsttätige elektrische Auslöseeinrichtungen.

22.5.5 Der schlagartige Einsatz von großen Wassermengen soll dazu dienen, in Räumen, in welchen mit besonders rascher Brandausbreitung zu rechnen ist, wirksame Löscharbeiten zu ermöglichen. Eine Sprinkleranlage würde in derartigen Objekten dem Brand *nachlaufen*, ihn möglicherweise auch *unterlaufen.*

22.6 Pulverlöschanlagen

22.6.1 Pulverlöschanlagen bestehen im Wesentlichen aus:
- dem Löschmittelbehälter,
- dem Treibgasbehälter,
- den Leitungssystemen und Düsen,
- den Auslöseeinrichtungen,
- der Alarmeinrichtung.

22.6.2 Pulverlöschanlagen sollen bei einer Maximaltemperatur von etwa 72 °C oder etwa 40 °C über der maximalen Raumtemperatur auslösen.

22.6.3 Pulverlöschanlagen können
- elektrisch,
- pneumatisch oder
- mechanisch

auslösen.

22.6.4 Anwendungsbereiche für Pulverlöschanlagen sind:
- Freiluftanlagen für brennbare Flüssigkeiten oder brennbare Gase,
- Kesselwagenbeladungsanlagen,
- Ölabscheideranlagen,
- Prüfstände.

23 Strahlenschutz

23.1 Grundbegriffe und Einheiten

23.1.1 Unter Radioaktivität ist die Fähigkeit bestimmter Atomkerne zu verstehen, sich unter Aussendung von Teilchen oder elektromagnetischer Strahlung umzuwandeln.

23.1.2 Unter der Aktivität eines radioaktiven Stoffes versteht man die Anzahl der Kernumwandlungen pro Zeiteinheit.

23.1.3 Zu Ehren des Entdeckers der natürlichen Radioaktivität wird die Einheit der Aktivität in Becquerel angegeben (1 Becquerel (Bq) = 1 Zerfall/s).

23.1.4 Unter der Energiedosis einer ionisierenden Strahlung versteht man die pro Masse des durchstrahlten Stoffes absorbierte Energie.

23.1.5 Die Einheit der Energiedosis ist das Gray (1 Gray = 1 Gy = 1J/kg).

23.1.6 Die Äquivalentdosis ist ein Maß für die biologische Wirksamkeit der absorbierten Strahlung.

23.1.7 Die Äquivalentdosis errechnet sich aus der Energiedosis multipliziert mit dem Bewertungsfaktor der jeweiligen Strahlenart.

23.1.8

Strahlungsart	Bewertungsfaktor
Alpha-Strahlung	10 bis 20
Beta-Strahlung	1
Gamma-Strahlung	1

23.1.9 Die Einheit der Äquivalentdosis ist das Sievert (Sv).

23.1.10 Die Ionendosis ist ein Maß für die Ionisation der Luft. Sie ist der Quotient aus der durch Ionisation gebildeten Ladung und der Masse der durchstrahlten Luft.

23.1.11 Unter Dosisleistung versteht man den Quotienten aus Dosis und Zeit.

23.1.12 Unter Korpuskularstrahlung ist eine Teilchenstrahlung zu verstehen, wobei die einzelnen Teilchen eine Ruhemasse besitzen.

23.1.13 a) *Isotope* sind Atomkerne eines Elementes mit gleicher Protonenzahl aber einer unterschiedlichen Anzahl von Neutronen.

b) Bei den *Isotonen* liegen Atome verschiedener Elemente mit gleicher Neutronenzahl vor.

c) *Isobare* sind Atome verschiedener Elemente mit gleicher Nukleonenzahl (Summe der Protonen und Neutronen).

d) *Isomere* sind Atome mit gleicher Protonen-, gleicher Neutronen- und gleicher Nukleonenzahl. Die einzelnen Atome unterscheiden sich jedoch in ihrem Energieinhalt.

23.1.14 Die Halbwertszeit ist ein Maß für die Zerfallsgeschwindigkeit eines Nuklides. Sie gibt die Zeit an, in der die Hälfte der vorhandenen zerfallsfähigen Kerne zerfällt.

23.1.15 Unter der Halbwertsdicke ist die Schichtdicke eines Materials zu verstehen, die bei Durchtritt von Gamma-Strahlung die Intensität dieser Strahlung um die Hälfte reduziert.

23.1.16 Nach dem Abstandsgesetz ist die Intensität einer punktförmigen Strahlenquelle umgekehrt proportional zum Quadrat des Abstandes von dieser Strahlenquelle.

23.1.17 Bei der Schwächung der Gamma-Strahlung wird zwischen drei Arten der Wechselwirkung unterschieden. Wir kennen den:

- *Photoelektrischen Effekt:*
  Hierbei dringt ein Gamma-Quant in die Hülle eines Atoms und setzt ein Elektron (in der Regel aus der K-Schale) frei.
- *Compton-Effekt:*
  Beim Compton-Effekt überträgt ein Gamma-Quant einen Teil seiner Energie auf ein äußeres Elektron der Atomhülle. Das Elektron verlässt den Atomverband, während der geschwächte Gamma-Quant seine Richtung ändert.
- *Paarbildung:*
  Bei der Paarbildung gelangt ein Gamma-Quant in die Nähe des Kerns. Hierbei wird seine Energie in Materie umgewandelt. Es entstehen ein Positron und ein Elektron, ein sogenanntes Paar.

23.2 Einsätze im Strahlenschutz

23.2.1 Die Dosisrichtwerte betragen für:
- Einsätze zum Schutz von Sachwerten 15 mSv/a,
- Einsätze zur Abwehr einer Gefahr für Personen oder zur Verhinderung einer wesentlichen Schadenausweitung 100 mSv/Einsatz und Kalenderjahr,
- Einsätze zur Rettung von Menschenleben 250 mSv/Einsatz und Leben.

23.2.2 Nein, Personen vor Vollendung ihres 18. Lebensjahres dürfen bei Feuerwehreinsätzen nicht mit Strahlung exponiert werden.

23.2.3 Der Richtwert der Ganzkörperdosis von 250 mSv darf auf Entscheidung des Einsatzleiters nur überschritten werden, wenn dies nach Beurteilung durch eine fachkundige Person notwendig und vertretbar ist. Die betroffenen Einsatzkräfte sind auf die besondere Lage hinzuweisen.

23.2.4 Der Wert der Körperdosis darf 1 mSv pro Jahr nicht überschreiten.

23.2.5 Der Sicherheitsabstand sollte mindestens 50 Meter betragen.

23.2.6 Außerhalb des Absperrbereiches darf die Dosisleistung 0,025 mSv/h nicht überschreiten.

23.2.7 Die Dosisrichtwerte wurden festgelegt, da ein Schutz der Einsatzkräfte vor direkter äußerer Gamma-Strahlung nicht möglich ist. Sie sollen das Einsatzrisiko in ein zum Einsatzerfolg vertretbares Risiko reduzieren.

23.2.8 Der Leiter der Feuerwehr oder eine von ihm damit beauftragte Person.

23.2.9 Die Einsätze haben so zu erfolgen, dass
- äußere Bestrahlung und Kontamination auf ein Minimum beschränkt bleiben,
- Kontaminationsverschleppungen unbedingt vermieden und
- Inkorporationen ausgeschlossen werden.

23.2.10 Bei den A-Einsätzen sind insbesondere folgende Fragen zu klären:
- Welche Dosisleistung liegt vor?
- Um welches Radionuklid handelt es sich?
- Welche Strahlung wird erzeugt?
- In welcher Form liegt der radioaktive Stoff vor?
- Besteht die Gefahr, dass die Umhüllung umschlossener radioaktiver Stoffe zerstört wurde?
- Sind radioaktive Stoffe frei geworden?
- Welcher Art ist die vorhandene Abschirmung?
- Besteht die Gefahr der Ausbreitung radioaktiver Stoffe durch Brandrauch oder Löschwasser?

23.2.11 Gemäß der FwDV 500 obliegen dem Gruppenführer im Strahlenschutz folgende Aufgaben:

- festlegen des Gefahrenbereichs,
- Erkundung außerhalb des möglichen Gefahrenbereichs,
- Verbindungsaufnahme mit fachkundigen Personen,
- Kontrolle, dass der Gefahrenbereich nicht ohne Sonderausrüstung betreten und nicht ohne geeignete Dekontamination verlassen wird,
- rechtzeitiges Heranführen weiterer Kräfte und Isoliergeräte,
- Kontrolle, dass die Strahlenschutzüberwachung durchgeführt wird.

23.2.12 Der Maschinist.

23.2.13 Dosiswarngeräte dienen zur Überwachung der im Absperrbereich eingesetzten Kräfte. Beim Erreichen des eingestellten Warnschwellenwertes ertönt ein akustischer Warnton.

23.2.14 Bei der persönlichen Sonderausrüstung wird zwischen dem Körperschutz der Form 1, 2 und 3 unterschieden.

Körperschutz Form 1:
Bei der Form 1 wird die Schutzkleidung zur Brandbekämpfung durch eine Schutzhaube (hier Kontaminationsschutzhaube) zum Abdecken freier Stellen im Hals/Kopf-Bereich ergänzt. Sie ist dann zu tragen, wenn das thermische Risiko höher zu bewerten ist als eine mögliche Kontamination.

Bei Einsätzen zur Menschenrettung in den Gefahrengruppen IIA und IIIA sind die Einsatzkräfte mindestens mit dem Körperschutz Form 1 auszurüsten. Darüber hinaus hat die Ausrüstung mit Isoliergeräten, amtlichen Dosimeter und Dosiswarngerät zu erfolgen.

Körperschutz Form 2:
Die Form 2 besteht aus einem Schutzanzug (hier Kontaminationsschutzanzug), der anstelle des Feuerwehrschutzanzuges getragen wird. Der Körperschutz Form 2 ist für alle Einsatzsituationen zulässig, in denen nicht zusätzliche Gefahren das Tragen der Form 3 notwendig machen. Diese Schutzkleidung wird im Regelfall getragen.

Körperschutz Form 3:
Die Form 3 bietet einen Schutz gegen Kontamination mit festen, flüssigen und gasförmigen Stoffen. Es handelt sich hierbei um gasdichte Chemikalienschutzanzüge vom Typ 1 a-ET oder Typ 1 b-ET.

Diese Schutzkleidung ist dann erforderlich, wenn mit radioaktiven Stoffen in Form von Gasen oder Dämpfen zu rechnen ist.

23.2.15 Gemäß der FwDV 500 ist ein Dekon-Platz bei jedem ABC-Einsatz der Gefahrengruppen II und III einzurichten und abzugrenzen.

23.2.16 Bei der Bestimmung der Lage des Dekontaminationsplatzes ist darauf zu achten, dass keine Beeinflussung durch die vorhandene Ortsdosisleistung besteht.

23.2.17 Personen oder Gegenstände gelten dann als kontaminiert, wenn sie das dreifache der natürlichen Nullrate aufweisen.

23.2.18 Dosiswarngeräte dienen der Überwachung der im Absperrbereich eingesetzten Kräfte. Bei Erreichen eines vorgegebenen Dosiswertes ertönt ein Signal. Auf Grund der Entscheidung des Einsatzleiters wird nun der Einsatz entweder abgebrochen oder das Dosiswarngerät auf einen höheren Wert eingestellt. Dosisleistungswarngeräte sind Geräte, die bei Erreichen eines einstellbaren Dosisleistungswertes (0,025 mSv/h) ein akustisches Signal geben. Sie dienen zur Festlegung der Absperrgrenze.

23.2.19 Der Nachweis einer Inkorporation lässt sich mit Hilfe eines Kontaminationsnachweisgerätes nicht durchführen.

23.2.20 Filmdosimeter dienen der Ermittlung der aufgenommenen Dosis. Sie können nur bei einer fachkundigen amtlichen Stelle ausgewertet werden und gelten, weil nicht löschbar, als Dokumente.

23.2.21 In Abhängigkeit von der Strahlenbelastung können Strahlenkater, Übelkeit, Erbrechen, Hautrötung, Durchfall, Kreislaufschwäche oder Schock auftreten.

23.2.22 a) Bei einer Einmalbestrahlungsdosis von 4 bis 5 Sv ist bei 50 % der bestrahlten Menschen mit Todesfällen zu rechnen.
b) Bei einer Einmalbestrahlungsdosis von 7 bis 8 Sv muss damit gerechnet werden, dass 100 % der bestrahlten Menschen sterben.

23.2.23 Als Voraussetzung für das Auftreten natürlicher Radioaktivität lassen sich folgende Punkte aufzählen:
- die Protonenzahl (Ordnungszahl) ist größer als 83,
- die Massenzahl ist größer oder gleich 209,
- es liegt kein optimales Verhältnis zwischen Protonen und Neutronen vor,
- die Nukleonen befinden sich in angeregten Zuständen.

24 Unfallverhütungsvorschrift Feuerwehren

24.1 Die Unfallverhütungsvorschrift Feuerwehren gilt für Feuerwehreinrichtungen und den Feuerwehrdienst.

24.2 a) *Feuerwehren* sind die nach landesrechtlichen Bestimmungen als Feuerwehr aufgestellten Einheiten.
b) *Feuerwehreinrichtungen* sind alle für den Feuerwehrdienst eingesetzten sächlichen Mittel, insbesondere bauliche Anlagen, Fahrzeuge, Geräte und Ausrüstungen mit Ausnahme der Hilfs- und Betriebsstoffe.
c) *Feuerwehrangehörige* sind alle, die aktiv im Feuerwehrdienst tätig sind (Feuerwehrdienstleistende, Feuerwehranwärter und Angehörige der Jugendfeuerwehr).
d) *Feuerwehrdienst* ist die dienstliche Tätigkeit der Feuerwehrangehörigen, insbesondere bei Ausbildung, Übung und Einsatz.
e) *Einsatzort* ist die Stelle, an der die Feuerwehr dienstlich tätig wird.
f) *Unternehmer* ist der nach landesrechtlichen Vorschriften bestimmte Träger der Feuerwehr.

24.3 Die bauliche Anlage muss so eingerichtet und beschaffen sein, dass Gefährdungen von Feuerwehrangehörigen vermieden und Feuerwehreinrichtungen sicher untergebracht sowie bewegt und entnommen werden können.

24.4 Verkehrswege und Durchfahrten von Feuerwehrhäusern müssen so angelegt sein, dass auch unter Einsatzbedingungen Gefährdungen der Feuerwehrangehörigen durch das Bewegen der Fahrzeuge vermieden werden.

24.5 Atemschutz-Übungsanlagen sind so zu gestalten, dass eine schnelle Rettung der Feuerwehrangehörigen sichergestellt ist.

24.6 Maschinell betriebene Leitern und Hubrettungsgeräte müssen über zwei voneinander unabhängige Einrichtungen verfügen, die jede für sich allein auch bei ausgeschaltetem Antrieb die Leiter und das Hubrettungsgerät sicher in jeder Stellung halten kann.

24.7 Bei den kraftbetriebenen Aggregaten ist darauf zu achten, dass sie so beschaffen und ausgerüstet sind, dass Gefährdungen der Feuerwehrangehörigen beim Be- und Entladen, beim Tragen, bei der Inbetriebnahme sowie beim Betrieb vermieden werden.

24.8 Die Stellteile der Befehlseinrichtungen von Lufthebern müssen so angeordnet, gestaltet und gekennzeichnet sein, dass sich Feuerwehrangehörige nicht in Bereiche bewegter Lasten bewegen müssen und der Schaltsinn eindeutig erkennbar ist. Die Einleitung der Bewegungen darf nur über Befehlseinrichtungen mit selbsttätiger Rückstellung und nur aus der Nullstellung erfolgen.

24.9 Hydraulisch betätigte Rettungsgeräte müssen so gestaltet und bemessen sein, dass sie auch von einer Person allein betätigt werden können. Dabei müssen die Stellteile von Befehlseinrichtungen außerhalb der Wirkbereiche der Rettungsgeräte angeordnet, gestaltet und gekennzeichnet sein, damit der Schaltsinn eindeutig erkennbar ist. Außerdem müssen beim Loslassen der Stellteile von Befehlseinrichtungen oder bei unbeabsichtigtem Druckabfall die beweglichen Teile der Rettungsgeräte in der jeweiligen Lage bleiben.

24.10 Kleinboote für die Feuerwehr müssen auch in einem vollgeschlagenen Zustand schwimmfähig sein.

24.11 Zu der zur Verfügung zu stellenden Schutzkleidung gehören:
- Feuerwehrschutzanzug,
- Feuerwehrhelm mit Nackenschutz,
- Feuerwehrschutzhandschuhe,
- Feuerwehrschutzschuhwerk.

Außerdem müssen bei besonderen Gefahren spezielle persönliche Schutzausrüstungen vorhanden sein, die in Art und Anzahl auf diese Gefahren abgestimmt sind.

24.12 Feuerwehrangehörige dürfen nur dann im Feuerwehrdienst eingesetzt werden, wenn sie körperlich und fachlich dafür geeignet sind.

24.13 Zur Rettung von Menschenleben kann in einem begründeten Einzelfall von den Bestimmungen der Unfallverhütungsvorschriften abgewichen werden.

24.14 Werden Feuerwehrangehörige am Einsatzort durch Straßenverkehr gefährdet, so müssen sie gegen diese Gefährdung durch Warn- oder Absperrmaßnahmen geschützt werden.

24.15 Tragbare Feuerwehrgeräte müssen von so vielen Feuerwehrangehörigen getragen werden, dass eine Gefährdung der Feuerwehrangehörigen unterbleibt.

24.16 Feuerwehranwärter dürfen nur gemeinsam mit einem erfahrenen Feuerwehrangehörigen eingesetzt werden.

24.17 Angehörige der Jugendfeuerwehren dürfen nur nach landesrechtlichen Vorschriften und für Aufgaben außerhalb des Gefahrenbereichs eingesetzt werden.

24.18 Bei Übungen mit Sprungrettungsgeräten sind diese so zu handhaben und die Fallkörper und -höhen so zu wählen, dass die Haltemannschaft nicht gefährdet wird. Zu Übungszwecken darf nicht gesprungen werden.

24.19 Bei den Abseilübungen (Rettungs- und Selbstrettungsübungen) ist darauf zu achten, dass die Übenden nicht gefährdet werden.

24.20 Beim Aufstellen von Lufthebern ist darauf zu achten, dass spitze oder scharfe Gegenstände sowie thermische Einwirkungen tragende Teile des Gerätes nicht beschädigen.

24.21 Müssen Feuerwehrangehörige Dienst an oder auf Gewässern leisten, so müssen Auftriebsmittel getragen werden. Ist dies aus betriebstechnischen Gründen nicht möglich, so muss die Sicherung auf andere Art und Weise erfolgen.

24.22 Bei allen Einsätzen in elektrischen Anlagen oder in deren Nähe sind Maßnahmen zu treffen, die verhindern, dass es zu einer Gefährdung durch den elektrischen Strom kommen kann. Außerdem dürfen nur solche ortsveränderlichen elektrischen Betriebsmittel eingesetzt werden, die entsprechend den zu erwartenden Einsatzbedingungen ausgelegt sind.

24.23 Die Sichtprüfung ist nach jeder Benutzung durchzuführen.

25 Vorbeugender Brandschutz

25.1 Gesetzliche Grundlagen/allgemeine Fragen

25.1.1 Die Gemeinden treffen Maßnahmen zur Verhütung von Bränden und sind somit für den vorbeugenden Brandschutz verantwortlich.

25.1.2 Maßnahmen zur Verhütung von Bränden sind:
- Beteiligung im bauaufsichtlichen Verfahren,
- Brandschau, Brandverhütungsschau,
- Brandsicherheitswachen.

Eine weitere Maßnahme zur Verhütung von Bränden ist die Brandschutzerziehung in Schulen und Kindergärten.

25.1.3 Sonderbauverordnungen:
- Garagenverordnung,
- Verkaufsstättenverordnung,
- Gaststättenbauverordnung,
- Feuerungsverordnung,
- Versammlungsstättenverordnung,
- Krankenhausbauverordnung.

25.1.4 *Gebäude besonderer Art oder Nutzung* sind Gebäude, an die wegen ihrer Besonderheiten (Hochhäuser, Verkaufsstätten, Versammlungsstätten) im Einzelfall besondere Anforderungen gestellt oder Erleichterungen gewährt werden können.

25.1.5 Zu den Gebäuden der Gebäudeklasse 1 gehören alle freistehenden Gebäude mit einer Höhe bis zu 7 m und nicht mehr als zwei Nutzungseinheiten von insgesamt nicht mehr als 400 m^2 und freistehende land- und forstwirtschaftlich genutzte Gebäude.

25.1.6 *Hochhäuser* sind Gebäude, bei denen der Fußboden mindestens eines Aufenthaltsraumes mehr als 22 Meter über der Geländeoberfläche liegt.

25.1.7 Aufenthaltsräume sind Räume, die zum nicht nur vorübergehenden Aufenthalt von Menschen bestimmt oder geeignet sind.

25.1.8 *Fliegende Bauten* sind Bauten, die dazu bestimmt sind, an verschiedenen Stellen aufgebaut zu werden, wie zum Beispiel Zelte und Schaustellergeschäfte.

25.1.9 Gebäude sind zum Beispiel:
- Wohnhäuser,
- Versammlungsstätten.

Bauliche Anlagen sind zum Beispiel:
- Sport- und Spielplätze,
- Stellplätze für Kraftfahrzeuge.

25.1.10 Nach der Musterbauordnung und den Landesbauordnungen sind etwa alle 40 Meter Brandwände einzubauen.

25.2 Brandausbreitung

25.2.1 Leitungen dürfen durch Brandwände nur durchgeführt werden, wenn Vorkehrungen getroffen werden, welche die Übertragung von Feuer und Rauch verhindern.

25.2.2 Folgende Anforderungen sind an die Sonderbauteile in einer Brandwand zu stellen:
a) für die Lüftungsleitung L 90 oder eine K 90 Feuerschutzklappe,
b) für die Tür T 90,
c) für die Kabeldurchführung S 90.

25.2.3 *Rauchschutztüren nach DIN 18095* sind Türen, die dazu bestimmt sind, im eingebauten, geschlossenen Zustand den Durchtritt von Rauch zu verhindern.

25.2.4 In zweiflügligen Feuer- oder Rauchschutztüren wird ein Schließfolgeregler eingebaut, ein Bauteil das sicherstellt, dass die Türflügel in der richtigen Reihenfolge schließen.

25.2.5 Ausgedehnte Gebäude sind durch Gebäudetrennwände in höchstens 40 Meter lange Brandabschnitte zu unterteilen.

25.2.6 Es ist eine F 90 Verglasung zu wählen.

25.2.7 Es kann für die einzubauenden Baustoffe eine *Schwerentflammbarkeit* oder eine *Nichtbrennbarkeit* gefordert werden (A 1 oder A 2 oder B 1).

25.3 Rettungswege

25.3.1 Der *erste Rettungsweg* ist der Rettungsweg im Gebäude, der durch Gänge, Ausgänge, Flure, notwendige Treppen und Treppenräume bis ins Freie sichergestellt wird.

25.3.2 Der *zweite Rettungsweg* besteht mindestens aus einem Fenster (90 cm × 120 cm), das geöffnet werden kann, oder aus zusätzlichen Fluren und Treppenräumen, die bis ins Freie führen.

25.3.3 Der erste Rettungsweg darf nach Musterbauordnung (MBO) maximal 35 Meter lang sein. An den zweiten Rettungsweg werden bezüglich der Länge keine Anforderungen gestellt.

25.3.4 Bei dem Schild handelt es sich um eine Sicherheitskennzeichnung, Rettungsweg nach rechts.

25.3.5 Bei Gebäuden der Gebäudeklasse 1 kann der zweite Rettungsweg über ein zu öffnendes Fenster in Verbindung mit einer tragbaren Leiter (Steckleiter) sichergestellt werden.

25.3.6 Zur Gebäudeklasse 5 nach § 2 MBO gehören sonstige Gebäude einschließlich aller unterirdischen Gebäude.

25.3.7 In einem Hochhaus wird der zweite Rettungsweg durch einen zusätzlichen Treppenraum sichergestellt.
Anstelle von zwei Treppenräumen ist ein Sicherheitstreppenraum möglich.

25.3.8 Ein *Sicherheitstreppenraum* ist ein Treppenraum, in den Feuer und Rauch nicht eindringen können.

25.3.9 Rauch- und Wärmeabzugsanlagen werden in Treppenräume eingebaut, um im Brandfall den Brandrauch und die Wärme schnellstmöglich ins Freie abzuführen.

25.3.10 In einem innenliegenden Sicherheitstreppenraum wird durch eine Druckschleuse (Vorraum mit Überdruck) verhindert, dass Brandrauch eindringt.

25.3.11 An den ersten Rettungsweg werden folgende Anforderungen gestellt:
- Schutz vor Brandrauch,
- Schutz vor Wärme und Flammeneinwirkung,
- die Standsicherheit muss auch im Brandfall sichergestellt sein.

25.3.12 Es ist nicht erlaubt, da Brandrauch in den Aufzugschacht eindringen kann. Außerdem können stromführende Leitungen zerstört werden oder die Tür blockiert, wenn sich Brandrauch zwischen den Lichtschranken befindet.

25.3.13 Folgende Anforderungen muss ein Feuerwehraufzug erfüllen:
- begehbar über Vorraum,

- Mindestabmessungen des Fahrkorbes:
  Breite: 1,0 m
  Tiefe: 2,1 m
  Höhe: 2,0 m
- Tragfähigkeit mindestens 900 kg,
- selbstschließende Fahrschachttüren müssen vorhanden sein,
- eine Vorrangschaltung und eine Ersatzstromversorgung müssen vorhanden sein.

25.3.14 Die maximal zulässige Rettungsweglänge nach der Versammlungsstättenverordnung beträgt 25 Meter.

25.3.15 Anforderungen an Fenster, die als zweiter Rettungsweg dienen:
- Größe mindestens 90 cm × 120 cm,
- die Brüstungshöhe darf nicht größer sein als 1,20 m.

25.3.16 In Versammlungsstätten müssen die Türen in Fluchtrichtung aufschlagen.

25.4 Zufahrten für Feuerwehrfahrzeuge

25.4.1 Anforderungen an Feuerwehrzufahrten:
- Breite mindestens 3 Meter,
- Durchfahrt lichte Höhe mindestens 3,5 Meter,
- Befestigung für 12 t Fahrzeuggewicht,
- Wände und Decken von Durchfahrten mindestens F 90.

25.4.2 Feuerwehrzufahrten werden gefordert, wenn die Brüstungshöhe notwendiger Fenster oder sonstiger zum Anleitern bestimmter Stellen mehr als acht Meter über dem Gelände liegen. Außerdem werden Zufahrten gefordert, wenn Gebäude ganz oder in Teilen mehr als 50 Meter von der öffentlichen Verkehrsfläche entfernt liegen.

25.4.3 Ein Zu- oder Durchgang muss mindestens 1,25 Meter breit sein, die lichte Höhe muss mindestens 2,00 Meter betragen.

25.4.4 Ausgedehnte Gebäude sind etwa alle 40 Meter in Brandabschnitte zu unterteilen.

25.4.5 Ausgedehnte Gebäude sind in Abständen von höchstens 40 Metern in Brandabschnitte zu unterteilen. Bei Vorhandensein von ortsfesten Löschanlagen oder Brandmeldeanlagen sind größere Abstände zulässig.

25.5 Brandsicherheitswachdienst

25.5.1 Brandsicherheitswachen werden nach den Feuerschutzgesetzen und nach § 116 der Versammlungsstättenverordnung durchgeführt.

25.5.2 Ein Brandsicherheitswachdienst ist durchzuführen, wenn:
- eine erhöhte Brandgefahr besteht und
- bei Ausbruch eines Brandes eine große Anzahl von Personen gefährdet ist.

25.5.3 Als Führer eines Brandsicherheitswachdienstes habe ich besonders auf Brandgefahren und auf die Sicherung der Rettungs- und Angriffswege zu achten.

25.5.4 Ein Feuersicherheitswachdienst muss gestellt werden:
- bei Vorstellungen und Generalproben mit und ohne Zuschauer auf Vollbühnen, Mittelbühnen und Szenenflächen mit einer Grundfläche von mehr als 200 m^2,
- bei Zirkusvorführungen innerhalb von Versammlungsräumen,
- bei Veranstaltungen mit Fahrzeugen mit Verbrennungsmotor innerhalb von Versammlungsräumen.

25.5.5 Der Brandsicherheitswachdienst soll etwa eine halbe Stunde vor Beginn der Veranstaltung am Objekt sein.

25.5.6 Als Führer des Brandsicherheitswachdienstes verlange ich vor Beginn der Veranstaltung:
- die Überprüfung der Funktionsfähigkeit des Schutzvorhangs,
- eine Einsicht in das Szeneriebuch (feuergefährliche Handlungen).

25.5.7 Im Szeneriebuch finde ich alle Angaben über feuergefährliche Handlungen während einer Aufführung.

25.5.8 Ein Kontrollgang soll durchgeführt werden um:
- Ortskenntnis zu erlangen,
- die Funktionsfähigkeit der Sicherheitseinrichtungen zu überprüfen.

25.5.9 Vor Beginn der Veranstaltung achte ich besonders auf:
- die Zugänglichkeit von Feuermeldern und Wandhydranten,
- die Bedienung der Rauch- und Wärmeabzugsanlage,
- die Freihaltung der Feuerwehrzufahrten,
- Feuerschutzabschlüsse,
- Bestuhlungsplan.

25.5.10 Ich habe auf das Rauchverbot hinzuweisen.

25.5.11 Der verantwortliche technische Leiter des Hauses ist zu verständigen, damit die Mängel behoben werden.

25.5.12 Während der Veranstaltung wird die gesamte Handlung auf der Bühne überwacht. Insbesondere feuergefährliche Handlungen sind zu beobachten.

25.5.13 Die Feuerwehr ist sofort zu alarmieren.

25.5.14 Nach einer Veranstaltung hat der Brandsicherheitswachdienst ebenfalls einen Kontrollgang durchzuführen. Insbesondere ist darauf zu achten, dass sich alle Räume in einem solchen Zustand befinden, der nach Verlassen des Gebäudes durch die Brandsicherheitswache einen Brandausbruch ausschließt.

25.6 Brandschau

25.6.1 In brandschaupflichtigen Objekten ist eine Brandschau (auch Brandverhütungsschau oder Feuerbeschau genannt) längstens alle fünf Jahre durchzuführen.

25.6.2 Folgende Objekte unterliegen der Brandschau:
- Hochhäuser,
- Geschäftshäuser,
- Versammlungsstätten,
- Bürogebäude,
- Krankenhäuser,
- Schulen,
- Museen.

25.6.3 Folgende Personen sind berechtigt, die Brandschau durchzuführen:
- Brandschutztechniker,
- Brandschutzingenieur.

25.6.4 Durch eine so genannte *Brandnachschau* wird kontrolliert, ob die bei der Brandschau festgestellten Mängel auch behoben wurden.

25.6.5 Für die Durchsetzung baulicher Mängel sind die Baubehörden verantwortlich.

25.6.6 Für die Durchsetzung betrieblicher Mängel sind die Ordnungsbehörden verantwortlich.

26 Literaturverzeichnis

DIN 4102 Brandverhalten von Baustoffen und Bauteilen, Teile 1–16.

DIN 14011 Begriffe aus dem Feuerwehrwesen, Teil1, Juli 1977.

DIN 14095 Feuerwehrpläne für bauliche Anlagen, August 1998.

DIN 14461 Feuerlösch-Schlauchanschlußeinrichtungen, Teile 1–6.

DIN 14489 Sprinkleranlagen; Allgemeine Grundlagen, Mai 1985.

DIN 14493 Ortsfeste Schaumlöschanlagen, September 2002.

DIN 14494 Sprühwasserlöschanlagen, März 1979.

DIN 14495 Berieselung von oberirdischen Behältern zur Lagerung brennbarer Flüssigkeiten im Brandfalle, Juli 1977.

DIN 14507 Einsatzleitfahrzeuge, Oktober 2003.

DIN 14555 Rüstwagen und Gerätewagen, Oktober 2003.

DIN 14675 Brandmeldeanlagen; Aufbau und Betrieb, November 2003.

EN 1777 Hubrettungsfahrzeuge; Zweck, Begriffe, Sicherheitseinrichtungen, Anforderungen.

EN 1777 Hubrettungsfahrzeuge; Drehleitern mit maschinellem Antrieb.

EN 1777 Hubrettungsfahrzeuge; Rettungskörbe.

DIN 14800-1 Feuerwehrtechnische Ausrüstung für Feuerwehrfahrzeuge; Einteilung, April 1984 sowie Beiblätter 1 bis 9, Juli 1984.

DIN 18095-1 Türen, Rauchschutztüren; Begriffe und Anforderungen, Oktober 1988.

DIN EN 2 Brandklassen, Januar 2005.

DIN EN 54 Brandmeldeanlagen, Teile 1–12.

DIN EN 132 Atemschutzgeräte; Definitionen, Mai 1991.

DIN EN 133 Atemschutzgeräte; Einteilung, Mai 1991.

DIN EN 134 Atemschutzgeräte; Benennung von Einzelteilen, Mai 1991.

DIN EN 136 Vollmasken für speziellen Einsatz, Dezember 1992.

DIN EN 141 Gasfilter und Kombinationsfilter; Anforderungen, Prüfung, Kennzeichnung, Juni 1991.

DIN EN 143 Partikelfilter; Anforderungen, Prüfung, Kennzeichnung, Mai 1991.

DIN EN 1028-1 Feuerlöschkreiselpumpen mit Entlüftungseinrichtung, November 2002.

DIN EN 1846-1 Feuerwehrfahrzeuge; Nomenklatur und Bezeichnung, Februar 1998.

DIN EN 1846-2 Feuerwehrfahrzeuge; Allgemeine Anforderungen, Sicherheit und Leistung, Februar 2005.

Alle Beuth Verlag GmbH, Berlin.

FwDV 1/1 Grundtätigkeiten; Löscheinsatz und Rettung.

FwDV 1/2 Grundtätigkeiten; Technische Hilfeleistung und Rettung.

FwDV 2 Ausbildung der Freiwilligen Feuerwehren.

FwDV 3 Einheiten im Löscheinsatz.

FwDV 7 Atemschutz.

FwDV 8 Tauchen.

FwDV 10 Die tragbaren Leitern.

FwDV 13/1 Die Gruppe im technischen Hilfeleistungseinsatz.

FwDV 100 Führung und Leitung im Einsatz; Führungssystem.

FwDV 500 Einheiten im ABC-Einsatz.

PDV/DV 810.3 Sprechfunkdienst.

Alle Verlag W. Kohlhammer, Stuttgart.

Aschl, A.: Staats- und Verfassungsrechtliches Lexikon, Verlagsanstalt Courier GmbH, Stuttgart, 1980.

Battis, Felkl: Öffentliches Dienstrecht, Kurseinheit 1-3, Fernuniversität Hagen, 1986.

Chemikaliengesetz, Neugefasst durch Bek. v. 20.06.2002 BGBl. I S. 2090; zuletzt geändert durch Art. 10 G v. 13.05.2004 BGBl. I S. 934.

Empfehlungen zum Üben und Erproben von Schaumlöschmitteln, Beirat Lagerung und Transport wassergefährdender Stoffe beim Bundesministerium für Umwelt, Naturschutz und Reaktorsicherheit, 1988.

Eulenburg, P.R.: Grundlagen des Atemschutzes, Verlag W. Kohlhammer, Stuttgart, 1995.

Grundgesetz für die Bundesrepublik Deutschland, Bundeszentrale für politische Bildung, Bonn, 2002.

Grundsätze für Zusammenarbeit und Führung, Broschüre des Innenministeriums des Landes Nordrhein-Westfalen, Juli 1999.

Häger, A.: Bautechnik und Brandschutz, Verlag W. Kohlhammer, Stuttgart, 1996.

Heuschen, R.: Der Feuerwehrmann auf der Schulbank Nr. 2, Brandlehre, 3. überarbeitete Auflage Verlag GmbH J. Jamelle, Bochum, 1997.

Heuschen, R.: Der Feuerwehrmann auf der Schulbank Nr. 8, Löschlehre, 3. überarbeitete Auflage, Verlag GmbH J. Jamelle, Bochum, 1997.

Inergen-Löschanlagen, Druckschrift der Total Walther Feuerschutz GmbH.

Informations- und Kommunikationstechnik in den Aufgabenbereichen Feuerschutz und Hilfeleistung sowie im Rettungsdienst, Erlass des Innenministeriums Nordrhein-Westfalen, 2001.

Meier, R.: Seminarunterlagen zum Bereich Ausbildung.

Merkkarte, Psychologische Selbst- und Kameradenhilfe, Einsatznachbesprechung, Zentrum Innere Führung, Koblenz.

Musterbauordnung (MBO), Fassung November 2002, verabschiedet von der 106. Bauministerkonferenz am 8. November 2002 in Wiesbaden.

Schröder, H. (Hrsg.): Lexikon der Feuerwehr, 3. Auflage, Verlag W. Kohlhammer, Stuttgart, 2005.

Prüfgrundsätze für Ausrüstung und Geräte der Feuerwehr, GUV 67.13, Januar 2002, Bundesverband der Unfallkassen, München.

Rahmengesetz zur Vereinheitlichung des Beamtenrechts (Beamtenrechtsrahmengesetz – BRRG) in der Fassung der Bekanntmachung vom 31. März 1999 (BGBl. I S. 654), zuletzt geändert durch Art. 5 G v. 27.12.2004 BGBl. I S. 3835.

Rempe, A.: Ortsfeste Feuerlöschanlagen, Die Roten Hefte 35, 3. Auflage, Verlag W. Kohlhammer, Stuttgart, 1996.

Richtlinie für die Feuerwehr im B-Einsatz (vfdb-Richtlinie 10/02) November 2002.

Rodewald, G.: Brandlehre, 5. Auflage, Verlag W. Kohlhammer, Stuttgart, 1998.

Rodewald, G.; Heuschen, R.: Gefährliche Stoffe und Güter, 2. Auflage, Verlag W. Kohlhammer, Stuttgart, 2000.

Schneider, F. A.: Löschwasserförderung, Die Roten Hefte 7, 14. Auflage, Verlag W. Kohlhammer, Stuttgart, 1994.

Schneider, K.: Feuerschutzhilfeleistungsgesetz Nordrhein-Westfalen, Kommentar, 7. Auflage, Verlag W. Kohlhammer, Stuttgart, 2001.

Straßenverkehrsordnung, vom 16. November 1970 (BGBl. I S. 1565, 1971 I S. 38), zuletzt geändert durch Verordnung vom 22. Januar 2004 (BGBl. I S. 117), in Kraft getreten am 1. April 2004.

Timmer, L.: Löschwasserversorgung Teil 2, Die unabhängige Löschwasserversorgung, Die Roten Hefte 27 b, 4. Auflage, Verlag W. Kohlhammer, Stuttgart, 1994.

Unfallverhütungsvorschrift Feuerwehren (GUV 7.13) vom Mai 1989, in der Fassung vom Januar 1997; GV.NRW.2001 S. 622.

Unterrichtsmappe, Menschenführung in der Ausbildung des Führernachwuchses, Zentrum Innere Führung, Koblenz, 1994.

VDE 0833 Gefahrenmeldeanlagen für Brand, Einbruch und Überfall, September 1999, VDE-Verlag GmbH, Berlin.

Verordnung über elektrische Anlagen in explosionsgefährdeten Räumen (ElexV), BGBl I S. 1932 vom 13. Dezember 1996.

Verordnung über Sicherheit und Gesundheitsschutz bei der Bereitstellung von Arbeitsmitteln und deren Benutzung bei der Arbeit, über Sicherheit beim Betrieb überwachungsbedürftiger Anlagen und über die Organisation des betrieblichen Arbeitsschutzes BetrSichV – Betriebssicherheitsverordnung vom 27. September 2002 (BGBl. I Nr. 70 vom 2. 10. 2002 S. 3777), zuletzt geändert durch Art. 9 V v. 23.12.2004 BGBl. I S. 3758.